大数据综合应用实践

陈静 杨美红 张虎 李娜 郭莹◎编著

清華大學出版社
北京

内容简介

本书系统介绍了大数据综合应用实践的技术知识和项目案例。全书共4章,内容包括大数据综合应用概述、基于Python+MySQL+Kettle的点评网数据采集分析及可视化、基于Hive+MySQL+Spark的零售数据分析及可视化、基于Elasticsearch+Logstash+Kibana+Filebeat的日志收集分析及可视化。第1章概要介绍了大数据的技术和综合应用,第2~4章以项目案例为基础对大数据环境部署、技术知识、上机实践操作等进行了详细说明与分析。读者可参照书中的项目环境部署、项目技术知识、项目实践详解,通过系统的项目综合实践更好地学习大数据的关键技术,提高大数据技术的综合应用和实践能力。本书配有微课视频、教学课件、代码等教学资源。

本书可以作为高等院校计算机、大数据、电子信息、数学、网络空间安全等相关学科专业的大数据课程教材,也适合正在学习大数据技术的人员作为实践教材。

图书在版编目(CIP)数据

大数据综合应用实践/陈静等编著. —北京:清华大学出版社,2022.10(2024.8重印)
ISBN 978-7-302-61452-4

Ⅰ. ①大… Ⅱ. ①陈… Ⅲ. ①数据处理 Ⅳ. ①TP274

中国版本图书馆CIP数据核字(2022)第136001号

责任编辑: 张　弛
封面设计: 刘　健
责任校对: 李　梅
责任印制: 宋　林

出版发行: 清华大学出版社
网　　址: https://www.tup.com.cn,https://www.wqxuetang.com
地　　址: 北京清华大学学研大厦A座　　**邮　　编:** 100084
社 总 机: 010-83470000　　**邮　　购:** 010-62786544
投稿与读者服务: 010-62776969, c-service@tup.tsinghua.edu.cn
质量反馈: 010-62772015, zhiliang@tup.tsinghua.edu.cn
课件下载: https://www.tup.com.cn,010-83470410
印 装 者: 三河市龙大印装有限公司
经　　销: 全国新华书店
开　　本: 185mm×260mm　　**印　　张:** 16.5　　**字　　数:** 394千字
版　　次: 2022年12月第1版　　**印　　次:** 2024年8月第3次印刷
定　　价: 59.00元

产品编号:095510-01

大数据技术作为新一代信息技术的重要组成部分，与其他技术相互融合、相互支撑，共同推动数字经济的高速发展。近年来，随着大数据融合应用能力不断深化，大数据应用在越来越多的行业领域发挥着重要价值，其应用场景也更为复杂。随着新基建、数字强国等战略的实施，大数据技术与应用迎来了新一轮的高速发展，迫切需要培养技术与实践能力较强的综合性人才，满足经济社会发展对大数据人才的需要。在此背景下，建立面向应用实践的大数据技术课程体系，为大数据人才提供学习资料，对于培养高质量的大数据专业人才、推动经济社会发展具有重要意义。

本书围绕大数据综合应用，以实践项目为案例，对大数据环境部署、关键技术和知识、上机实践操作等进行了详细介绍。本书共分为4章，包括大数据技术概述和三个项目案例实践。第1章概要介绍了大数据的技术和综合应用，主要对大数据基本概念、发展历程、技术框架、生态圈及处理工具、技术发展趋势、大数据产业、应用领域、典型应用及特征、应用前景与展望等进行了概述。第2章为基于Python＋MySQL＋Kettle的点评网数据采集分析及可视化的项目案例，以点评餐厅的数据统计分析为例，对数据采集、存储、查询、清洗和可视化分析等数据全流程处理的技术知识和实践操作进行了详细阐述，有助于读者进一步熟悉网络爬虫、数据清洗、统计分析和可视化。第3章为基于Hive＋MySQL＋Spark的零售数据分析及可视化的项目案例，对商场零售交易数据进行统计及关联分析，模拟商场、商店、超市等零售商家的大数据存储与分析过程，并可视化展示分析结果，有助于读者理解大数据相关知识及分析方法，并掌握相应的数据挖掘工具软件。第4章为基于Elasticsearch＋Logstash＋Kibana＋Filebeat的日志收集分析及可视化的项目案例，详细介绍了日志采集组件的原理及组件间的关系，对日志数据的收集、传输、过滤、存储、分析及可视化展示等实践操作进行了详细说明，最终实现了网约车平台日志的收集、过滤、分析和可视化整个流程，帮助读者更好地使用ELKF技术栈实现日志的收集和分析。

本书具有以下特点。

(1) 大数据技术及应用实践内容广泛。本书编排内容并不求全，而是针对普通高校大数据课程教学及大数据技术人员的需求，遵循实用、适用和应用原则，基于项目案例对大数据技术综合应用与实践进行深入浅出的讲解。

(2) 每个项目案例均提供了项目简介、环境部署、技术知识、实践操作等详细的内容，并提供了丰富的配套资源和拓展训练内容。

(3) 选取的项目案例贴近实际生活，强调了大数据技术的应用实践，可以有效提高学生的学习兴趣。

本书配套资源丰富，包括教学课件、程序源码、扩展训练答案，还配有微课视频。

本书由齐鲁工业大学（山东省科学院）、山东省计算中心（国家超级计算济南中心）陈静、杨美红、张虎、李娜、郭莹、葛菁、王迪和济南超级计算技术研究院程翠萍、山东正云信息科技有限公司房靖晶共同编写，其中陈静主持编写，杨美红、程翠萍编写第1章，陈静、郭莹编写第2章，李娜、葛菁、王迪编写第3章，张虎、房靖晶编写第4章。齐鲁工业大学孙浩、张传福、李文、袁梦、孙明辉、张淙冕参与了项目实践的验证工作，在此一并表示衷心的感谢！本书获得齐鲁工业大学计算机科学与技术学科经费资助。

由于编者水平有限，书中难免存在疏漏和不足之处，敬请广大读者批评指正。

陈　静

2022年6月

教学课件

目录

第1章

大数据综合应用概述

第1章微课

1.1 大数据技术概述

本节主要包括大数据基本概念、大数据技术的发展历程、大数据的技术框架、大数据生态圈及处理工具、大数据技术的发展趋势等内容。

1.1.1 大数据基本概念

大数据本身是一个抽象的概念。从一般意义上讲,大数据是指无法在有限时间内用常规软件工具对其进行获取、存储、管理和处理的数据集合,但目前还没有一个统一的定义。

美国著名咨询公司麦肯锡2011年在其大数据研究报告BigData: The next frontier for innovation, competition and productivity中给出的大数据定义为:大数据是指规模已经超出了典型数据库软件工具收集、存储、管理和分析能力的数据集。

研究机构Gartner给出的定义为:"大数据"是需要新处理模式才能具有更强的决策力、洞察发现力和流程优化能力的海量、高增长率和多样化的信息资产。

被誉为"大数据时代的预言家"的维克托·迈尔-舍恩伯格在《大数据时代》中认为大数据是人们在大规模数据的基础上可以做到的事情,而这些事情在小规模数据的基础上是无法完成的。

维基百科给出的定义是:大数据,或称巨量数据、海量数据、大资料,指的是所涉及的数据量规模巨大到无法通过人工在合理时间内达到截取、管理、处理并整理成人类所能解读的信息。

百度百科给出的定义是:大数据,或称巨量资料,指的是所涉及的资料量规模巨大到无法通过目前主流软件工具,在合理时间内达到撷取、管理、处理并整理成帮助企业经营决策更积极目的的资讯。

IBM组织提出了大数据的5V特征,即Volume(大量)、Velocity(高速)、Variety(多样)、Value(低价值密度)、Veracity(真实性)。

1.1.2 大数据技术的发展历程

大数据技术的发展历程主要有以下几个阶段。

第一阶段,从20世纪90年代至21世纪初为萌芽阶段。1998年,在Science杂志的《大数据科学的可视化》文章中,正式出现了"大数据"这一专用名词。在此阶段,少数学者对大数据这一概念进行了研究和讨论,数据库、数据仓库、数据挖掘等技术逐渐成熟并开始被应用。

第二阶段，从21世纪初至2010年为发展阶段。2005年，Hadoop技术应运而生，并迅速成为主流的大数据处理技术。而随着互联网行业的崛起，产生了大量的图片、音/视频、文档、HTML等非结构化数据，带动了大数据存储、计算、分析和可视化等数据处理技术和工具快速突破，并开始被应用到不同行业领域。

第三阶段，从2010年至今为繁荣阶段。越来越多的学者从大数据的特征、技术框架、思维等多个角度展开研究，大数据技术繁荣发展，也逐渐渗透到互联网、金融、电信、政务、工业、健康医疗、能源、交通、农业、环保、旅游、体育娱乐等各行各业。

1.1.3 大数据的技术框架

大数据技术框架如图1-1所示。

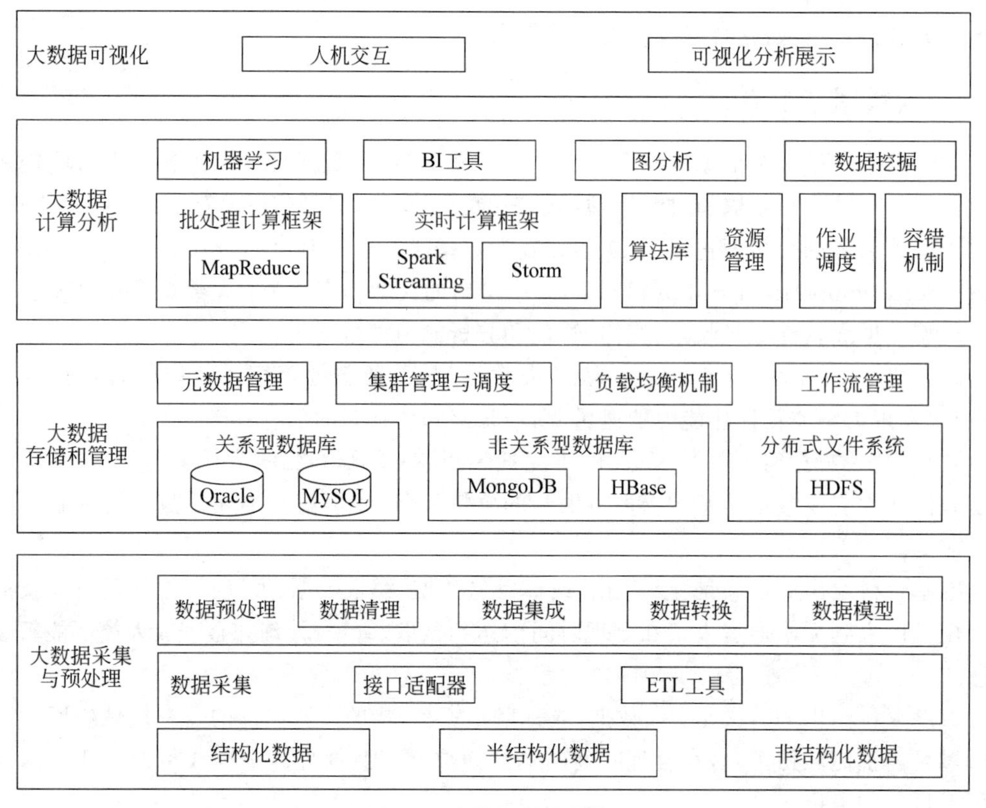

图1-1　大数据技术框架

1. 大数据采集与预处理

（1）数据采集：大数据的数据来源多样，呈异构性，包括结构化数据、半结构化数据和非结构化数据。大数据的采集可根据数据源的类型选择与之对应的ETL工具。常用的ETL工具有Flume、Kafka、Sqoop、Scribe、Chukwa、Kettle等。

（2）数据预处理：海量数据由于其多源异构性，存在噪声数据、缺失数据、错误数据、重复数据等不符合要求的数据，数据质量高低直接影响着数据价值。因此，为提升数据质量和后续的数据计算效率，对数据采取预处理。数据预处理方法主要有数据清理、数据集成和数据转换，其中数据清理方法有不一致性检测、脏数据识别、噪声识别、数据过滤、数据补全等；数据集成则是把来源不同的数据集合后统一存储；数据转换根据数据模型将数据转换成标准形式，使其适应后续的数据计算分析。

2. 大数据存储和管理

大数据存储类型主要有传统的关系型数据库(如 Oracle、MySQL)、非关系型数据库(如 MongoDB、HBase)和分布式文件系统(如 HDFS)，并通过元数据管理、集群管理与调度、负载均衡机制、工作流管理等对大数据进行管理。

3. 大数据计算分析

根据数据时效性，大数据计算一般分为批量处理和实时计算，对应的有批处理计算框架(如 MapReduce)和实时计算框架(如 Spark Streaming、Storm)，并可基于算法库、资源管理、作业调度、容错机制等技术提高计算效率和数据准确性。大数据分析技术有机器学习、BI 工具、图分析、数据挖掘等。

4. 大数据可视化

利用大数据可视化可以快速收集、筛选、分析和展现所需信息，借助人机交互更加直观和高效地洞悉大数据蕴含的知识与规律。目前大数据可视化形式主要包括文本、网络、时空数据和多维数据等几部分，主要技术有人机交互和可视化分析展示等。

1.1.4 大数据生态圈及处理工具

大数据的生态圈及处理工具按数据采集、数据存储、数据计算、数据管理、数据分析、数据可视化进行划分，有 Flume、Kafka、HDFS、Hive、MapReduce、Spark、Storm、YARN、PyTorch、Echarts 等代表性的大数据处理工具，具体如图 1-2 所示。

1. 数据采集

(1) Flume：一个分布式的、高可靠的、高可用的海量日志采集、聚合和传输的系统，支持简单的数据预处理，常用于日志采集系统。

(2) Kafka：一个高吞吐量的、支持分区的、多副本的分布式发布订阅消息系统，可实时处理海量数据，具有低延迟、高并发、易于扩展等特点。

(3) Sqoop：一款开源的、通过一组命令进行数据导入/导出的工具，主要用于 Hadoop(如 HDFS、Hive、HBase)和传统数据库(如 Oracle、Mysql)之间的数据传输，并行性能高、容错性好。

(4) Chukwa：一个开源的数据采集系统，有强大和灵活的工具集，可用于监控大型分布式系统。

(5) Scribe：一个开源的、可扩展、高容错的日志收集系统，可将数据分布式收集、统一集中处理。

2. 数据存储

1) 文件存储

HDFS：Hadoop Distributed File System，分布式文件系统，是 Hadoop 的核心子项目，具有高容错、高吞吐量的特点，为 Hadoop 生态圈提供了基础的数据存储服务。

2) 文档数据库

MongoDB：一个基于分布式文件存储的开源数据库系统，高性能、可扩展、功能丰富、

图 1-2　大数据生态圈及处理工具

应用广泛。

3）K-V 数据库

（1）Redis：一个开源的、高性能的、可基于内存也可持久化的 key-value 存储系统，提供多种语言的 API。

（2）HBase：一个典型的 key-value 分布式存储的 NoSQL 数据库系统，具有高可靠、可伸缩、高性能等特点，主要用于海量结构化和半结构化数据的存储，适合实时性要求不高的业务场景。

4）图数据库

Neo4j：一个开源的、轻量级的、基于 Java 开发的 NoSQL 图形数据库，将结构化数据存储在网络上而不是表中，具有嵌入式、高性能、可伸缩等优势。

5）数据仓库

Hive：一个基于 Hadoop 的数据仓库基础工具，可将结构化的数据文件映射为一张数据库表，提供类 SQL 查询功能，可将 SQL 语句转换为 MapReduce 任务进行运行。

3. 数据管理

1）集群管理及调度

（1）YARN：是 Hadoop 集群的资源管理和调度系统。它的基本思想是把资源管理和作业调度/监控的功能分割到单独的守护进程，支持多个数据计算框架，降低了资源浪费，运行成本低。

(2) Mesos：一个开源的、支持多种架构的集群管理平台，负责集群CPU、内存、存储、网络等资源的调度和分配。

(3) Ambari：一个开源的分布式集群配置管理工具，提供了基于Web的直观界面，支持Hadoop集群的集中管理和监控。

2) 分布式协调系统

ZooKeeper：一个开源的、分布式的应用程序协调服务，可为分布式应用提供配置维护、分布式通知/消息队列、组服务、域名服务等一致性服务。

3) 工作流管理

Oozie：一个开源的、管理Hadoop任务的工作流调度系统。Oozie的工作流是一个有向无环图，可配置多个工作流，流程逻辑清晰。

4) 元数据管理

Apache Altlas：一个用于大数据的元数据管理的平台，支持对Hive、Storm、Kafka、HBase、Sqoop等进行元数据管理。

4. 数据计算

1) 批量计算

(1) MapReduce：一种面向大规模数据集并行处理的计算模型、框架和平台，采用Map和Reduce两个函数高度抽象地实现大规模数据集的并行计算，计算过程易于理解，具有良好的扩展性和高容错性，是目前非常流行的计算模型。

(2) Spark：一个内存迭代式计算的大数据处理引擎。它将中间数据存放在内存中，迭代运算效率高，且容错性高、可扩展。Spark目前生态体系主要有SparkRDD、SparkSQL、Spark Streaming、MLlib、Graphx等组件，支持Java、Scala、Python、R多种编程语言。

2) 流计算

(1) Spark Streaming：一个基于Spark Core之上的实时计算框架，可处理实时数据流，容错性好、吞吐量高、可扩展。Spark Streaming接收来自HDFS、Flume、Kafka等各种来源的实时输入数据，并将连续的数据持久化、离散化，然后进行批量处理。

(2) Flink：一个高效的、分布式的通用大数据处理引擎，可实现无界和有界数据流的有状态计算，能够以内存速度和任何规模在所有常见的集群环境中运行。

(3) Storm：一个开源的、分布式的实时大数据处理框架。Storm编程模型简单，可伸缩性高、容错性好、适用场景广泛，毫秒级低延时，显著降低了实时处理难度。

3) 图计算

(1) Graphx：一个分布式的、基于Spark平台的图处理框架，融合了图并行以及数据并行的优势。

(2) Graph Lab：一个开源的、使用C++语言开发的、基于图像处理模型的图计算框架，其性能在并行图计算领域高于很多其他计算框架。

(3) Giraph：基于Hadoop开发的上层应用，目的是解决大规模图的分布式计算问题，其系统架构和计算模型与Pregel保持了一致并增加了部分新的特性，具有很好的扩展性。

5. 数据分析

1）机器学习

（1）TensorFlow：一个开源的、全面且灵活的深度学习工具，支持 GPU 和高性能数值计算，提供了各种 API，可部署于各类服务器、PC 终端和网页。

（2）PyTorch：一个开源的、基于 Torch 的 Python 机器学习库，用于自然语言处理等应用程序，可实现强大的 GPU 加速。

2）数据挖掘

KNIME：基于 Eclipse 的开源数据挖掘平台，通过工作流方式完成数据挖掘中的 ETL 任务(Extract-Transform-Load，抽取-转换-加载)，具有直观、图形化、拖放式的操作界面。

3）图分析

Gephi：一款开源的、交互式的、网络分析领域的数据分析工具，可将图像数据和网络数据转换成可视化的图像信息。它采用 Java 语言开发，使用 OpenGL 作为可视化引擎，支持 Windows、Mac OS 以及 Linux 等环境。

4）BI 工具

SpagoBI：一个商业智能平台，涵盖了 BI 系统所有方面的功能，包括数据挖掘、查询、分析、报告、Dashboard 仪表板。它具有强大的数据分析能力，从传统的报表和图表功能到自助分析、地理位置分析、What-If 分析和社交网络分析等新兴领域的创新解决方案。

6. 数据可视化

（1）Echarts：一个开源的、基于 JavaScript 的可视化图表库，它提供了直观的、交互丰富、可高度个性化定制的数据可视化设计，能够实现千万级的数据流畅交互和专业的数据多维度分析，可以流畅运行在 PC 端和移动端。

（2）Tableau：一个可视化数据分析平台，可以随时从多种数据源添加数据，进行快速处理和可视化分析。

（3）D3：用来做 Web 页面可视化的组件，可使用 HTML、CSS、SVG 及 Canvas 来展示数据，提供了大量复杂图表样式。D3 可以独立运行在浏览器中，代码简洁，可实现实时交互。

（4）Infogram：一个支持在线制作和实时数据刷新的图表设计工具，提供了大量图表、地图及视频可视化模板，制作的信息图表支持在多终端展示。

1.1.5 大数据技术的发展趋势

1. 数据资源化

数据是数字经济时代的重要生产要素，是国家基础性战略资源。工业和信息化部在 2021 年 11 月印发的《“十四五”大数据产业发展规划》中提出，带动数据资源共享，建立数据资源目录，推动数据融合和开发利用。

目前，数据已经成为政府、企业和社会关注的重要战略资源，是经济社会转型升级的重要资产。数据资源化为大数据发展提供了数据基础和底层支撑，是大数据发展的必然趋势。数据作为基础性战略资源，源源不竭、绿色环保，对其进行融合共享、开发利用，充分挖掘调动其潜在价值，将激活更多产值，发挥促进经济社会高质量发展的重要支柱作用。

2. 大数据实时处理

根据数据的时效性，大数据处理技术主要有批量处理和实时处理两大类。目前的大数据实时处理任务主要采用流计算引擎，如构建在Spark基础上的Spark Streaming大数据处理框架，以及应用较为广泛的Storm、近年来发展迅速的Flink等。

随着智能化设备、移动终端、社交网络、短视频等行业的飞速发展，个性化服务增多，用户体验需求提高，视频监控预警、态势研判、智能分析等业务需求愈加复杂，大数据实时处理技术也面临着更高挑战。未来，随着日益复杂的高并发、高实时应用需求，大数据实时流处理要求能够在毫秒级甚至微秒级的时间内得到响应和处理结果，能够最大限度地、高效地挖掘"热数据"的潜在价值。

3. 多样化数据融合分析

在大数据时代，数据来源呈现多样化特点，且通常是半结构化和非结构化数据。多样化数据分析在大数据处理中占据着重要位置，其分析结果应用在不同行业领域，体现着大数据的应用价值。

《中华人民共和国国民经济和社会发展第十四个五年规划和2035年远景目标纲要》(以下简称"十四五"规划)提出：推动互联网、大数据、人工智能等同各产业深度融合，推动数字经济和实体经济深度融合。随着大数据技术与各产业融合的深入，数据类型也更加多样化。数据分析不再是单纯地统计和分析单一化的数据，而是对文本、图片、音频、视频、文档、日志、地理位置等多样化的数据进行融合分析，探索和分析大数据资源中蕴藏的价值，满足各种场景条件下的多源、多类型数据的处理及融合分析需求。

4. 与新技术深度结合

当前，世界正在进入以新一代信息技术产业为主导的数字经济时期，各类前沿技术相互融合、相互支撑，推动数字经济高速度、高质量发展。《"十四五"大数据产业发展规划》中提出：促进前沿领域技术融合，推动大数据与人工智能、区块链、边缘计算等新一代信息技术集成创新。

新一代信息技术的发展并不是孤立的，大数据作为重要组成部分，为其他技术提供数据支撑、计算支撑。大数据技术与其他技术实现多方位的深度结合，也是大数据技术最关键的发展趋势之一，将会重塑技术架构、产品形态和服务模式，培育发展新技术与新产业，推动数字经济社会的创新发展。

1.2 大数据综合应用概述

本节主要包括大数据产业、大数据的应用领域、大数据的典型应用及特征、大数据应用前景与展望等内容。

1.2.1 大数据产业

《中华人民共和国国民经济和社会发展第十三个五年规划纲要》(简称"十三五"规划)以来，我国大数据产业蓬勃发展，对经济社会的创新驱动和融合带动作用显著增强。"十四五"规划提出加快数字化发展、建设数字中国，明确指出大数据是七大数字经济重点产业之一。"数字中国"和新基建为大数据发展注入了新动能，驱动大数据产业规模持续增长。大数据产业以数据及其蕴含的信息价值为核心生产要素，以数据技术、数据产品、数据服务等形式赋能各行业。将大数据产业按照基础支撑、数据源、大数据管理、大数据应用等层次划分，其分布如图 1-3 所示。

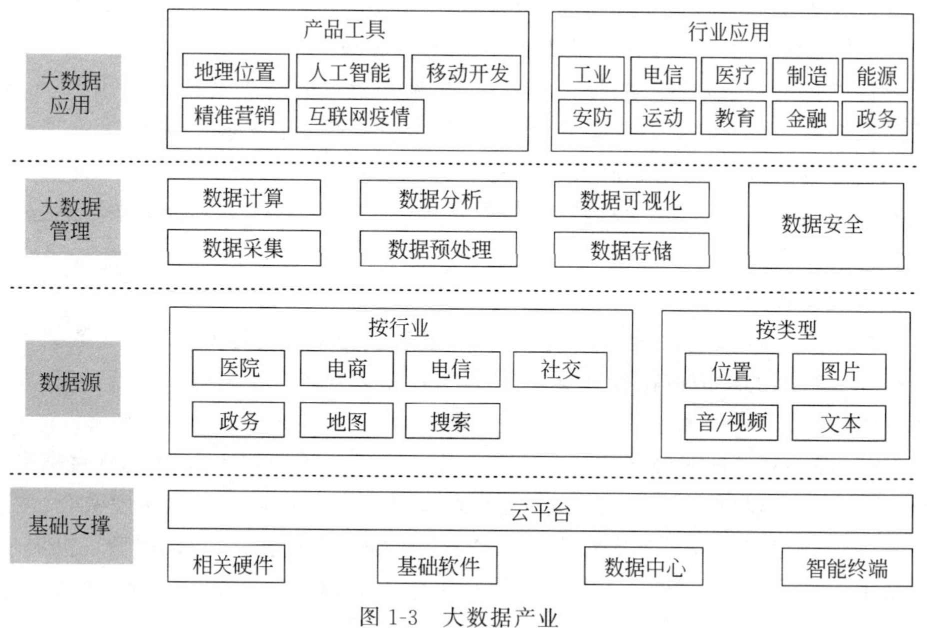

图 1-3　大数据产业

1. 基础支撑

为大数据产业提供软硬件基础设施支撑，涵盖相关硬件、基础软件、数据中心、智能终端以及大规模云平台等内容。

2. 数据源

大数据产业生态圈的数据来源，按行业划分，有来自医院的医疗大数据，来自社交平台的社交网络大数据，以及电信大数据、电商大数据、地图大数据、搜索引擎大数据等。按类型划分，有位置大数据、图片大数据、音/视频大数据和文本大数据。

3. 大数据管理

提供大数据管理服务，涵盖数据采集、数据预处理、数据存储、数据计算、数据分析、数据可视化和数据安全等内容。

4. 大数据应用

提供垂直化的大数据产品工具，面向各行业提供大数据行业应用。其中，产品工具有地理位置产品、人工智能产品、移动开发产品、精准营销产品和互联网舆情产品等；行业应用涵盖工业、电信、医疗、制造、能源、安防、运动、教育、金融、政务等诸多领域的大数据应用产品与服务。

1.2.2　大数据的应用领域

近年来，我国大数据融合应用能力不断深化，越来越多不同行业领域的大数据产品和解决方案多见报道和实施。其中，互联网、金融和电信等领域的大数据应用较广，产品丰富；在政务领域，随着数字政府建设的不断推进，大数据应用逐步在社会治理、民生服务等方面得到广泛推广；此外，在工业和健康医疗领域，随着智能制造、疫情管控等需求增多，大数据应用也发挥着重要价值。大数据在各个行业领域的典型应用如表 1-1 所示。

表 1-1 大数据在各个行业领域的应用

领域	大数据应用
互联网	用户行为分析、产品与服务智能推荐、个性化精准营销、广告追踪和优化等
金融	客户行为分析、金融风险分析、实时欺诈交易识别、信贷风险评估、股市行情预测、反洗钱业务分析等
电信	客户画像分析、客户生命周期管理、精准营销、业务运营监控、电信诈骗分析等
政务	智慧党建、精准扶贫、政务数据共享平台、网上办事大厅、舆情监测、公共事件预警和应急处置、智慧城市规划等
工业	设备故障智能诊断、生产过程监控分析、事故监测预警、生产工艺优化等
健康医疗	互联网问诊、精准医疗、卫生健康事件预警、疫情监测、药物研发、流行病精准预测与防治、居民健康管理等
能源	能耗在线监测、设备状态实时监测、设备故障智能预警与定位、能耗监测分析、反窃电分析、资源调度、能源精细化管理等
交通	高速出入站口车辆数据实时采集、货车高速行驶记录分析、ETC大数据分析、城市实时路况监控分析、城市交通拥堵状况分析、城市通勤时耗分析、车辆出行路径导航、节假日出行预测分析等
农业	水果市场动向预测、水果品种优化、水果区域布局决策分析、蔬菜气象灾害预测预警及灾害评估、农作物产量预估及价格预测、农作物生产计划精确分析、肉类产品质量追溯分析、草原生态监测分析等
环保	污染源自动甄别、水污染在线监测、空气质量监测预警、PM指数监测预警、生态环境监控分析等
旅游	景区全覆盖实时监控、主题乐园市场预测与精准营销、游客来源分析、游客消费指数、游客活动轨迹分析、节假日人数预测、节假日旅游分析等
体育娱乐	运动员动作捕捉分析、运动选材分析、运动员技战术监测分析及优化、运动员体质健康监测、体育节目实时播放及回放数据分析、赛事观众分析、赛事传播分析等

1.2.3 大数据的典型应用及特征

随着大数据在不同行业的应用不断深入，个性化定制、智能化生产等新业态快速发展，精准营销、智能推荐、监测预警、态势研判、实时监测分析与可视化等大数据创新应用快速兴起。下面对大数据在新冠肺炎疫情防控、精准营销、工业领域、旅游领域、交通领域的典型应用及其特征进行介绍。

1. 大数据助力新冠肺炎疫情防控

面对新型冠状病毒引发的肺炎疫情，大数据在新冠肺炎疫情监测、疫情态势研判、医疗救治等各方面得到了广泛应用：在疫情监测方面，通过对位置数据、行为数据等各类数据挖掘分析，构建大数据疫情监测模型，实现高危人群识别、密切接触人员发现和控制、人员和车辆流动监测等，为疫情防控提供了有力支撑；在疫情态势研判方面，运用大数据技术整合交通部门、医院、药店、企业等单位的各类数据，实现疫情信息无缝对接和互联互通，洞察疫情扩散情况，为政府部门研判疫情态势、排查密切接触人员、控制传播路径和抑制疫情扩散，提供了精准的决策支撑；在医疗救助方面，实现疫情信息系统互联和患者病历资料等关键环节数据互通，充分利用大数据技术分析患者病情变化情况、生命体征变化情况等信息，使专家会诊更加精确、全面，为救治患者、跟踪病情、疫情管控等工作提供了支撑保障。

2. 基于大数据的精准营销

传统的网络营销大多凭借已有经验，具有很大的盲目性，且营销效果难以衡量，导致营销决策缺乏科学性。在大数据时代，电商企业通过整合多平台资源、构建用户画像、精准定位目标客户及其需求，提供个性化服务以影响客户的购买意向，实现基于大数据的精准营销。

（1）用户画像：根据客户基本信息、社交属性、生活习惯、社会特征、消费特征、动态特征等信息，通过大数据挖掘分析技术，构建客户画像标签体系。

（2）精准定位：基于用户画像深入洞察客户需求，感知用户行为特征、产品偏好和潜在产品需求，实现目标客户的精准定位，提高客户转化率和营销成效。

（3）精准服务：通过实时关注分析用户动态，提供精细化的、有针对性的、有价值的精准服务，例如帮助企业针对特定人群提供热映电影推荐、餐饮团购、娱乐活动等精准营销产品。

3. 工业大数据应用

《中国制造 2025》明确提出推进信息化与工业化深度融合。《促进大数据发展行动纲要》中强调发展工业大数据，推动大数据在工业各环节的应用，建立面向不同行业、不同环节的工业大数据应用平台，推动制造模式变革和工业转型升级。工信部于 2021 年印发《"十四五"信息化和工业化深度融合发展规划》，提出了新一代信息技术向制造业各领域加速渗透的发展目标。近年来，随着工业大数据技术的迅速发展，出现了一批具有示范性及代表性的工业大数据应用。

（1）在工业产品研发环节，为降低研发成本，利用大数据技术对产品研发设计过程进行虚拟仿真，从而减少工程更改量，优化生产工艺，提高产品研发效率，不仅降低了成本和能耗，也能紧跟市场需求。

（2）在智能化生产方面，利用大数据技术实现对生产计划、执行、设备、质量、仓储、成本为主线的生产全过程全周期的一体化管控，包括制造过程全生命周期透明控制、设备智能诊断与故障预警、质量监测分析、能耗分析、事故监测预警等，实现了生产过程优化、节能降耗、智能化转型升级。

（3）在设备健康管理方面，基于工业大数据模型实现设备运行状态感知、监测与管理。通过实时监测分析当前设备的运行状态，实现设备运行评估、故障智能诊断、设备异常状态预警等应用，帮助企业实时准确地了解设备的运行状态，降低了设备事故风险，大大减小了非计划停工带来的不利影响，提高了设备的健康管理水平。

4. 旅游大数据应用

"十四五"规划提出：推动旅游休闲、交通出行等各类场景数字化，构筑美好数字生活新图景。基于大数据技术对分散的旅游资源进行有效集成和融合，并进行智能化分析，打造智慧旅游大数据应用，服务于政府、景区、游客，能够为政府和景区提供新的服务和科学的治理手段，提升游客的满意度，更好地支撑旅游业创新发展。

（1）面向政府：基于大数据技术对票务、交通、气象、电信运营商等数据进行挖掘分析，构建客流预测、紧急事件预警处理、指挥调度、旅游舆情监控、科学执法、旅游消费分析等智慧旅游应用服务，为政府部门科学管理旅游业提供决策支撑。

（2）面向景区：对景区摄像头、门禁、闸机等获取的景区监控数据、车流量、人流量等物联终端数据以及业务系统数据进行集成分析，实现景区全域监测分析、景区游客行为分析、景点差异分析、景区应急管理、多部门信息共享与协作联动、游客兴趣分析与精准营销等服务，提升景区的服务质量。

（3）面向游客：基于大数据技术，对游客个人基本信息、行为偏好、景区及线路信息、交通、天气等数据进行综合分析，提供旅游线路智能推荐、线路导航、行程规划等应用，为游客提供便捷的、人性化的智能服务，提高了旅游幸福指数。

5. 交通大数据应用

交通大数据是缓解交通拥堵、促进智慧交通发展的关键支撑。因此，基于大数据技术对公共出行数据、车辆及路网传感器采集数据、运营监管数据等进行挖掘分析，实现城市路况监测、高速公路监控大数据综合分析、套牌车监测识别等大数据应用，不仅为居民出行提供便捷服务，也为管理部门构建科学的交通管理体系提供了决策支撑，提高了城市的智能化管理水平。

（1）城市路况监测：基于大数据技术实时采集并更新城市交通实时路况信息，并根据已有交通大数据预测未来一段时间内的交通拥堵情况，通过热力图等形式进行可视化展示，不仅可以为出行者提供交通出行路线规划，减少出行延误，也为交管部门制定交通拥堵缓解措施提供了依据，进一步提高了交通运行效率。

（2）高速公路监控大数据综合分析：对高速公路监控信息、交通事件、收费数据等信息汇聚分析和展示，实现高速公路高峰车流量预警、交通事件分析、基于交通货运的经济景气情况分析等应用，为政府和运营单位及时了解高速公路情况、实现科学管理提供了技术支撑，也大大提升了交通服务质量。

（3）套牌车监测识别：基于大数据技术比对分析电子警察提供的车辆行驶信息与数据库内的车牌数据，识别出行车轨迹存在异常的车辆，并对车辆特征、车辆出现时间、车辆位置、实时轨迹、历史轨迹等信息进行综合分析，进一步判别套牌车辆，以科学手段辅助支撑交管部门精准打击假套牌行为。

1.2.4 大数据应用前景与展望

1. 发展行业大数据应用

“十三五”期间，我国大数据应用从无到有，行业应用快速推广，发展势头较好，但行业大数据的应用范围和深度明显不足，尤其是与经济社会发展息息相关的行业大数据蕴藏的巨大价值有待挖掘。“十四五”规划提出加强关键数字技术创新应用，加快数字化发展。《“十四五”国家信息化规划》中提出建设重点行业大数据平台，加快行业大数据共享流通、融合利用，推动行业大数据应用创新。在数字经济背景下，大数据应用场景更为复杂，应充分发挥人的主观能动性，努力实现大数据技术创新与应用，推动大数据行业实现新一轮高速发展。

（1）数字政府：深化“互联网＋政务服务”，推动政务信息汇聚和开放共享，运用大数据驱动流程再造，构建一体化的政务服务平台；构建基于高频大数据的精准动态监测预警应用，全面提升预警和应急处置能力，提升政府的数字化管理水平。

（2）工业互联网：推动工业大数据采集汇聚，建立工业大数据中心和综合服务平台，形成工业大数据生态体系；深化工业大数据融合应用，推动智能车间、数字孪生、远程监控诊断等创新应用，打造可借鉴、可推广的典型应用场景，深入推进工业互联网创新发展。

（3）现代农业：推动大数据技术、地面物联网、智能控制等技术在农业领域的融合与创新应用，实现农机装备智能导航、种子追溯、农作物长势监测、病虫害防控、禽畜品圈舍智能温控、禽畜品质量安全追溯等典型行业应用，大力促进农业生产和管理的智能化转型升级，加快发展特色、高效、智慧的现代农业。

（4）智慧海洋：运用大数据技术实现海洋信息的智能感知、高效传输、海量存储和实时分析，构建海洋大数据共享与服务体系，研发实现海洋水文气象监测大数据平台、大规模海洋药物虚拟筛选、智慧港口、海洋生态环境监测预警等应用，实现智慧海洋高质量发展。

2. 大数据产业生态

“十三五”时期，我国大数据产业快速起步并取得显著成效，市场规划快速攀升，产业链初步形成，逐步发展成为支撑经济社会发展的优势产业，2020 年大数据产业规模超过 1 万亿元。但大数据产业仍存在数据壁垒突出等瓶颈约束，大数据价值未能得到充分释放。

“十四五”时期是我国加快建设制造强国、网络强国、数字中国的关键时期，对大数据产业发展提出了新的更高要求。“十四五”规划提出，培育壮大人工智能、大数据等新兴数字产业，加快推动数字产业化。《“十四五”大数据产业发展规划》也为未来几年的大数据产业发展提供了行动纲要。

大数据产业作为以数据为主的战略性新兴产业，提供全链条技术、工具和平台，是激活数据要素潜能的关键支撑，是新时代经济社会发展的重要组成部分。未来，需要充分激发释放数字要素价值潜能，聚力打造大数据产品和服务体系，构建稳定高效产业链，打造繁荣有序的产业生态，加快推动大数据产业高质量发展，构建发展新格局。

在大数据时代，我国科技创新持续取得重要成果和进展。作为新时期的大学生和科技人员，是未来社会主义事业的中流砥柱，应树立远大志向，脚踏实地、艰苦奋斗，成为思想过硬、具有实践能力和创新精神的复合型人才，不断推动大数据等新一代信息技术在更多行业应用，推动产业创新发展，为经济社会发展贡献力量，为实现中华民族伟大复兴而努力奋斗。

1.3 本章小结

本章主要对大数据技术和综合应用进行了阐述。其中，大数据技术概述部分介绍了大数据的基本概念和大数据技术的发展历程，总括描述了大数据的技术框架、生态圈及处理工具，分析了大数据技术的发展趋势；大数据综合应用概述部分介绍了大数据产业和应用领域，举例分析了大数据的典型应用及特征，并对大数据的应用前景进行了分析和展望。

第 2 章

基于 Python+MySQL+Kettle 的点评网数据采集分析及可视化

本项目案例包括数据采集、存储、查询、清洗和可视化分析等数据处理全流程所涉及的各种典型操作，涵盖 Python、MySQL、Navicat、Kettle 等系统和软件的使用方法。本项目案例适合高校计算机、大数据等相关专业教学，可以作为学习大数据的综合实践案例。通过本项目案例，有助于读者综合运用大数据知识以及各种工具软件，实现数据全流程操作。

2.1 项目概述

2.1 微课

1. 项目简介

本项目案例实践数据来源于国内某点评网处理后的数据，通过对美食评分数据进行统计分析，评估各城市餐厅、菜品。项目实践的目的是让学生进一步熟悉数据库的构建、kettle 数据清洗，掌握 Python 编程技术实现网络爬虫采集数据、统计分析与可视化。

2. 项目适用对象

(1) 高校(高职)教师；

(2) 高校(高职)学生；

(3) 大数据学习者；

(4) 数据处理分析者。

3. 项目时间安排

本项目案例可以作为计算机科学与技术、数据科学与大数据技术、数据计算及应用等专业大数据相关课程的案例或集中实践案例，建议实践 16 课时。

4. 项目环境要求

本项目案例对系统环境的要求如表 2-1 所示。

表 2-1 项目环境

实践环境	操作系统	软件版本	硬件要求
模拟点评网站机器	ubuntu 18.04	python3.6、apache2、django1.9、MySQL 5.7	建议 8CPU，8GB 以上内存，100GB 以上硬盘，单个 PC 或虚拟机
项目实践环境机器	windows 10	JDK：1.8 Python：3.7 Pycharm：Community 2018.2 MySQL：5.7 Navicat for MySQL：11.1.13 Kettle：9.2	可以在单个 PC、单个虚拟机或虚拟集群上完成，单机建议硬件配置为：8CPU，8GB 以上内存，100GB 以上硬盘

5. 项目架构及流程

本项目架构如图 2-1 所示,实践流程如下。

(1) Python 网络爬虫：Python 编程爬取点评网数据,存储于 MySQL 数据库。

(2) Kettle 数据清洗：利用 Kettle 对 MySQL 表数据进行清洗,存储到 MySQL 新表。

(3) Python 统计分析与可视化：Python 编程进行数据统计分析、可视化展示。

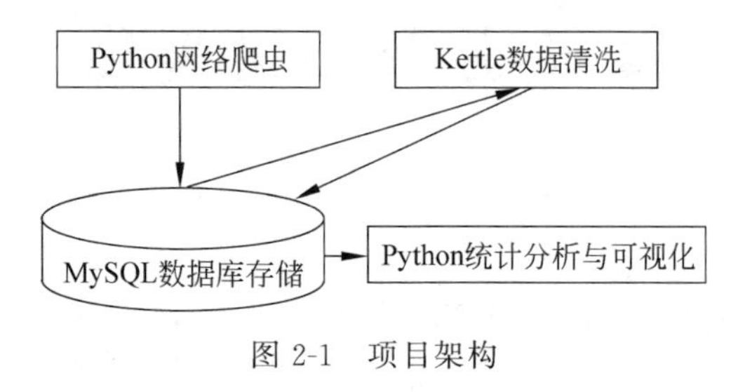

图 2-1　项目架构

2.2　项目环境部署

2.2.1 模拟点评网站部署文件

2.2.1　模拟点评网站的部署

获取真实点评网站 200 个热门城市排名 TOP100 餐厅的评分数据,对敏感数据进行部分隐藏和模拟处理后,基于 ubuntu 18.04 操作系统部署模拟点评网站。假设部署机器 IP 地址为：192.168.42.129,从本章配套教学资源中下载网站项目文件 spider,将项目文件添加到部署机器/home 目录下。假设系统默认普通用户为 sunh,下述安装部署均在 root 用户下进行,安装过程中若提示缺少某软件,请读者自行安装。

1. 安装 python3.6

终端下执行 apt-get install python3.6,等待下载安装完成,完成后执行 python3-version 命令查看 Python 版本,如图 2-2 所示。

```
root@sunh-virtual-machine:/home/sunh# python3 --version
Python 3.6.9
```

图 2-2　查看 Python 版本

2. 安装 apache2

终端下执行 apt-get install apache2 命令下载安装 apache2,如图 2-3 所示。

```
root@sunh-virtual-machine:/home/sunh# apt-get install apache2
正在读取软件包列表... 完成
正在分析软件包的依赖关系树
正在读取状态信息... 完成
将会同时安装下列软件:
  apache2-bin apache2-data apache2-utils libapr1 libaprutil1
  libaprutil1-dbd-sqlite3 libaprutil1-ldap liblua5.2-0
建议安装:
  apache2-doc apache2-suexec-pristine | apache2-suexec-custom
下列【新】软件包将被安装:
  apache2 apache2-bin apache2-data apache2-utils libapr1 libaprutil1
  libaprutil1-dbd-sqlite3 libaprutil1-ldap liblua5.2-0
升级了 0 个软件包, 新安装了 9 个软件包, 要卸载 0 个软件包, 有 0 个软件包未被升级。
需要下载 1,710 kB 的归档。
解压缩后会消耗 6,932 kB 的额外空间。
您希望继续执行吗? [Y/n] y
```

图 2-3　下载安装 apache2

终端下执行 apt-get install libapache2-mod-wsgi-py3 命令，下载安装 mod-wsgi 依赖文件，如图 2-4 所示。

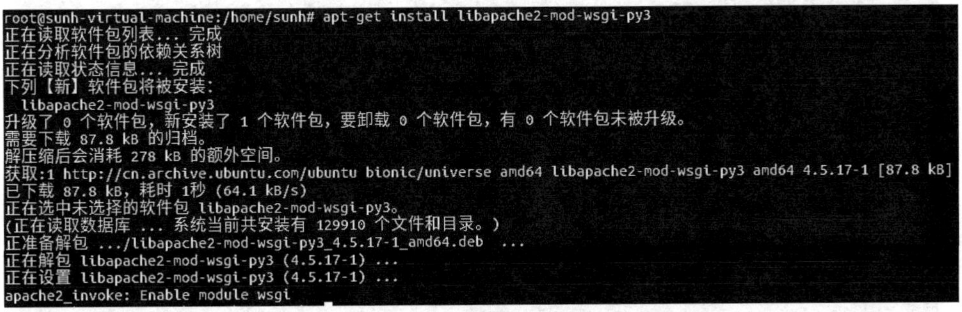

```
root@sunh-virtual-machine:/home/sunh# apt-get install libapache2-mod-wsgi-py3
正在读取软件包列表... 完成
正在分析软件包的依赖关系树
正在读取状态信息... 完成
下列【新】软件包将被安装:
  libapache2-mod-wsgi-py3
升级了 0 个软件包，新安装了 1 个软件包，要卸载 0 个软件包，有 0 个软件包未被升级。
需要下载 87.8 kB 的归档。
解压缩后会消耗 278 kB 的额外空间。
获取:1 http://cn.archive.ubuntu.com/ubuntu bionic/universe amd64 libapache2-mod-wsgi-py3 amd64 4.5.17-1 [87.8 kB]
已下载 87.8 kB，耗时 1秒 (64.1 kB/s)
正在选中未选择的软件包 libapache2-mod-wsgi-py3。
(正在读取数据库 ... 系统当前共安装有 129910 个文件和目录。)
正准备解包 .../libapache2-mod-wsgi-py3_4.5.17-1_amd64.deb  ...
正在解包 libapache2-mod-wsgi-py3 (4.5.17-1) ...
正在设置 libapache2-mod-wsgi-py3 (4.5.17-1) ...
apache2_invoke: Enable module wsgi
```

图 2-4　下载安装 mod-wsgi 依赖文件

3. 安装 Django1.9

终端下执行 pip3 install Django==1.9 命令，下载安装 Django1.9，如图 2-5 所示。

```
root@sunh-virtual-machine:/home/sunh# pip3 install Django==1.9
Collecting Django==1.9
  Downloading https://files.pythonhosted.org/packages/ea/9b/b5a6360b3dfcd88d4b
    100% |████████████████████████████████| 6.6MB 28kB/s
Installing collected packages: Django
Successfully installed Django-1.9
```

图 2-5　下载安装 Django1.9

4. 配置 apache2

终端下执行 vim /etc/apache2/sites-available/000-default.conf 命令，打开 apache2 的链接文件，输入如下内容并保存，如图 2-6 所示，其中网站系统的放置路径需对应实际路径，本书将 spider 工程文件解压缩放于/home/sunh/目录下。

```
Alias /static /home/sunh/spider/app/static
<Directory /home/sunh/spider/app/static>
   Require all granted
</Directory>
WSGIDaemonProcess spider python-path=/home/sunh/spider:/usr/local/lib/python3.6/
dist-packages
WSGIProcessGroup spider
WSGIScriptAlias / /home/sunh/spider/spider/wsgi.py
<Directory /home/sunh/spider/spider>
    <Files wsgi.py>
      Require all granted
  </Files>
</Directory>
```

终端下执行 a2ensite 000-default.conf 命令，激活配置文件 000-default.conf。

5. 安装配置 MySQL 数据库

终端下执行 apt update 命令，更新软件列表，如图 2-7 所示。

终端下执行 apt install mysql-server mysql-client 命令，安装 MySQL 服务器和客户端，如图 2-8 所示。

```
<VirtualHost *:80>
        # The ServerName directive sets the request scheme, hostname and port that
        # the server uses to identify itself. This is used when creating
        # redirection URLs. In the context of virtual hosts, the ServerName
        # specifies what hostname must appear in the request's Host: header to
        # match this virtual host. For the default virtual host (this file) this
        # value is not decisive as it is used as a last resort host regardless.
        # However, you must set it for any further virtual host explicitly.
        #ServerName www.example.com

        ServerAdmin 10.0.0.22

        # Available loglevels: trace8, ..., trace1, debug, info, notice, warn,
        # error, crit, alert, emerg.
        # It is also possible to configure the loglevel for particular
        # modules, e.g.
        #LogLevel info ssl:warn

        ErrorLog ${APACHE_LOG_DIR}/error.log
        CustomLog ${APACHE_LOG_DIR}/access.log combined
        Alias /static /home/sunh/spider/app/static
        <Directory /home/sunh/spider/app/static>
                Require all granted
        </Directory>
        WSGIDaemonProcess spider python-path=/home/sunh/spider:/usr/local/lib/python3.6/dist-packages
        WSGIProcessGroup spider
        WSGIScriptAlias / /home/sunh/spider/spider/wsgi.py
        <Directory /home/sunh/spider/spider>
                <Files wsgi.py>
                        Require all granted
                </Files>
        </Directory>
        # For most configuration files from conf-available/, which are
        # enabled or disabled at a global level, it is possible to
        # include a line for only one particular virtual host. For example the
        # following line enables the CGI configuration for this host only
        # after it has been globally disabled with "a2disconf".
        #Include conf-available/serve-cgi-bin.conf
</VirtualHost>

# vim: syntax=apache ts=4 sw=4 sts=4 sr noet
~
```

图 2-6　配置 apache2 的链接文件

```
root@sunh-virtual-machine:/etc/apache2/sites-available# apt update
获取:1 http://security.ubuntu.com/ubuntu bionic-security InRelease [88.7 kB]
命中:2 http://cn.archive.ubuntu.com/ubuntu bionic InRelease
获取:3 http://cn.archive.ubuntu.com/ubuntu bionic-updates InRelease [88.7 kB]
获取:4 http://cn.archive.ubuntu.com/ubuntu bionic-backports InRelease [74.6 kB]
已下载 252 kB，耗时 2秒 (112 kB/s)
正在读取软件包列表... 完成
正在分析软件包的依赖关系树
正在读取状态信息... 完成
有 99 个软件包可以升级。请执行 'apt list --upgradable' 来查看它们。
```

图 2-7　更新软件列表

```
root@sunh-virtual-machine:/home/sunh# apt install mysql-server mysql-client
正在读取软件包列表... 完成
正在分析软件包的依赖关系树
正在读取状态信息... 完成
将会同时安装下列软件:
  libaio1 libevent-core-2.1-6 libhtml-template-perl mysql-client-5.7 mysql-client-core-5.7 mysql-common mysql-server-5.7 mysql-server-core-5.7
建议安装:
  libipc-sharedcache-perl mailx tinyca
下列【新】软件包将被安装:
  libaio1 libevent-core-2.1-6 libhtml-template-perl mysql-client mysql-client-5.7 mysql-client-core-5.7 mysql-common mysql-server mysql-server-5.7
升级了 0 个软件包，新安装了 10 个软件包，要卸载 0 个软件包，有 121 个软件包未被升级。
需要下载 19.1 MB 的归档。
解压缩后会消耗 154 MB 的额外空间。
您希望继续执行吗？ [Y/n] y
```

图 2-8　安装 MySQL

执行 cat /etc/mysql/debian.cnf 查看用户名和密码，如图 2-9 所示。

根据用户名和密码登录并进行密码修改。执行下述命令操作，可修改用户 root 的密码：

```
use mysql;
update mysql.user set authentication_string=password('123456') where user='root' and
host='localhost';
update user set plugin="mysql_native_password";
```

```
flush privileges;
quit;
```

```
root@sunh-virtual-machine:/home/sunh# cat /etc/mysql/debian.cnf
# Automatically generated for Debian scripts. DO NOT TOUCH!
[client]
host     = localhost
user     = debian-sys-maint
password = zUc8uuOtS0Q3baqV
socket   = /var/run/mysqld/mysqld.sock
[mysql_upgrade]
host     = localhost
user     = debian-sys-maint
password = zUc8uuOtS0Q3baqV
socket   = /var/run/mysqld/mysqld.sock
```

图 2-9　查看 MySQL 的用户名和密码

执行结果如图 2-10 所示。

```
mysql> use mysql;
Reading table information for completion of table and column names
You can turn off this feature to get a quicker startup with -A

Database changed
mysql> update mysql.user set authentication_string=password('123456') where user='root' and Host ='localhost';
Query OK, 1 row affected, 1 warning (0.00 sec)
Rows matched: 1  Changed: 1  Warnings: 1

mysql> update user set  plugin="mysql_native_password";
Query OK, 1 row affected (0.00 sec)
Rows matched: 4  Changed: 1  Warnings: 0

mysql> flush privileges;
Query OK, 0 rows affected (0.02 sec)

mysql> quit;
Bye
```

图 2-10　MySQL 密码修改

用 root 用户和新密码登录 mysql 数据库，执行下述命令操作创建 spider 数据库，将项目文件中的 spider.sql 数据库文件导入数据库。

```
create database spider;
use spider;
source /home/sunh/spider/spider.sql;
```

执行结果如图 2-11 所示。

```
mysql> create database spider;
Query OK, 1 row affected (0.00 sec)

mysql> use spider;
Database changed
mysql> source /home/sunh/spider/spider.sql;
```

图 2-11　spider 数据库创建和数据导入

执行下述命令操作，将 root 用户赋予远程访问权限，执行结果如图 2-12 所示。

```
use mysql;
select host, user from user;
update user set host = '%' where user = 'root';
select host , user from user;
flush privileges;
quit;
```

```
mysql> use mysql;
Reading table information for completion of table and column names
You can turn off this feature to get a quicker startup with -A

Database changed
mysql> select host,user from user;
+-----------+------------------+
| host      | user             |
+-----------+------------------+
| localhost | debian-sys-maint |
| localhost | mysql.session    |
| localhost | mysql.sys        |
| localhost | root             |
+-----------+------------------+
4 rows in set (0.00 sec)

mysql> update user set host='%' where user = 'root';
Query OK, 1 row affected (0.00 sec)
Rows matched: 1  Changed: 1  Warnings: 0

mysql> select host,user from user;
+-----------+------------------+
| host      | user             |
+-----------+------------------+
| %         | root             |
| localhost | debian-sys-maint |
| localhost | mysql.session    |
| localhost | mysql.sys        |
+-----------+------------------+
4 rows in set (0.00 sec)

mysql> flush privileges;
Query OK, 0 rows affected (0.00 sec)
```

图 2-12　远程访问权限赋予

退出数据库，执行 vim /home/sunh/spider/spider/settings.py 命令打开配置文件，将HOST 修改为本机的 ip 地址，如图 2-13 所示，保存退出。

```
DATABASES = {
    'default': {
        'ENGINE': 'django.db.backends.mysql',
        'NAME': 'spider',
        'USER': 'root',
        'PASSWORD': '123456',
        'HOST': '192.168.42.129',
        'PORT': '3306',
        'OPTIONS': {
            "connect_timeout": 60,
            "init_command":"SET foreign_key_checks = 0;",
        }
    },
}
```

图 2-13　网站配置文件设置数据库地址

打开/etc/mysql/mysql.conf.d 修改配置，如图 2-14 所示，将标记行注释后保存退出。

```
#
# Instead of skip-networking the default is now to listen only on
# localhost which is more compatible and is not less secure.
bind-address            = 127.0.0.1
#
# * Fine Tuning
#
```

图 2-14　MySQL 配置文件修改

执行 service mysql restart，重启数据库。

6. 安装 restframework

执行 pip3 install djangorestframework==3.4.4，下载安装 restframework，如图 2-15 所示。

```
root@sunh-virtual-machine:/home/sunh/spider# pip3 install djangorestframework==3.4.4
Collecting djangorestframework==3.4.4
  Downloading https://files.pythonhosted.org/packages/fc/33/c4aea0f3f1e9110ab5814ded2cd68651813028
    100% |████████████████████████████████| 706kB 25kB/s
Installing collected packages: djangorestframework
Successfully installed djangorestframework-3.4.4
```

图 2-15　下载安装 restframework

7. 安装 pymysql 模块

执行 pip3 install pymysql 命令，下载安装 pymysql 模块，如图 2-16 所示。

```
root@sunh-virtual-machine:/home/sunh# pip3 install pymysql
Collecting pymysql
  Using cached https://files.pythonhosted.org/packages/4f/52/a115fe1750
Installing collected packages: pymysql
Successfully installed pymysql-1.0.2
```

图 2-16　下载安装 pymysql

8. 启动 apache2

执行 service apache2 start，启动 apache2，进入 manage.py 所在的文件夹，在 manage.py 所在文件夹下执行 python3 manage.py runserver 192.168.42.129:80 命令完成部署。

9. 访问测试

浏览器登录部署机器 IP 地址 http://192.168.42.129，显示如图 2-17 所示，部署成功。

济南评价餐厅

192.168.42.129

济南

排名	商户	商区	口味	环境	服务	人均
1	宋府美食私家菜	祝甸	95	94	95	¥95
2	柒班Cafe&Food	市中区	92	93	93	¥71
3	日和美時・日式烧肉	大明湖	92	93	93	¥121
4	小城记忆火锅串串香	香港街	93	93	93	¥0
5	熊猫大師西餐酒吧	泺源大街	91	93	93	¥76
6	新草堂锅物料理	恒隆广场	91	92	92	¥153
7	盛玖锅・锅物料理火锅	千佛山公园	92	93	93	¥253
8	王品牛排	泉城广场	91	93	93	¥408
9	胡马八破川菜小馆	会展中心	92	92	92	¥70
10	隐家本格日式烧肉	会展中心	92	90	92	¥147
11	海底捞火锅	万达广场	92	92	92	¥115
12	枫多士	世茂广场和宽厚里	91	93	92	¥61
13	松果西餐厅	体育中心	91	93	93	¥114
14	好多海鲜的面	世茂广场和宽厚里	92	91	93	¥28
15	TEN・面馆	大明湖	90	93	93	¥31

显示第 1 到第 15 条记录，总共 100 条记录 每页显示 15 条记录　‹ 1 2 3 4 5 6 7 ›

图 2-17　网站部署成功

2.2.2 项目实践环境部署

操作系统版本：Windows 10。

1. JDK 安装

（1）官网下载 JDK 1.8.0_191 安装包，双击进行安装，单击“下一步”按钮，如图 2-18 所示。

（2）修改默认目录，单击“下一步”按钮，如图 2-19 所示。

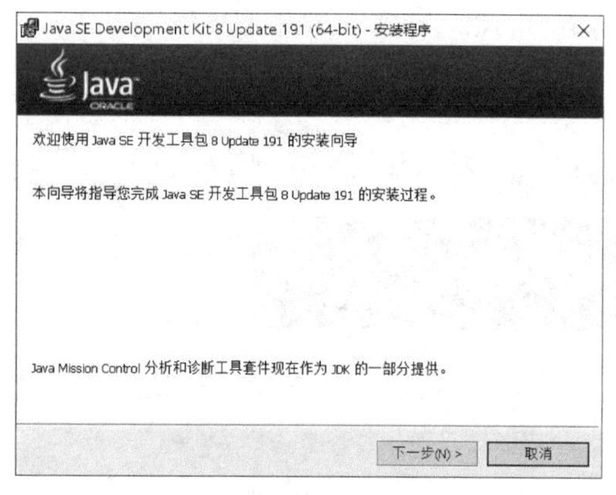

图 2-18　安装首页

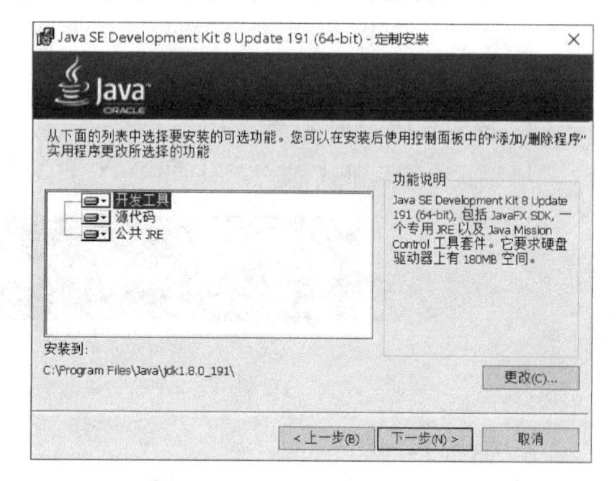

图 2-19　JDK 修改安装目录

此处提示 JRE 安装，同样修改默认目录，单击“下一步”按钮，完成安装后关闭。

（3）配置环境变量，具体步骤如下。

① 右击“此电脑”，选择“属性”→“高级系统设置”→“高级”，单击“环境变量”，如图 2-20 所示。

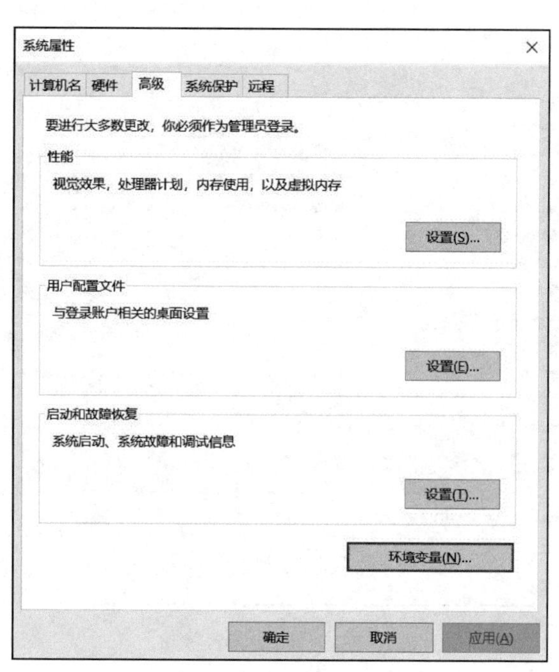

图 2-20　高级系统设置界面

② 选择系统变量，单击“新建”，输入变量名 JAVA_HOME，变量值为 JDK 所在路径，单击“确定”按钮，如图 2-21 所示。

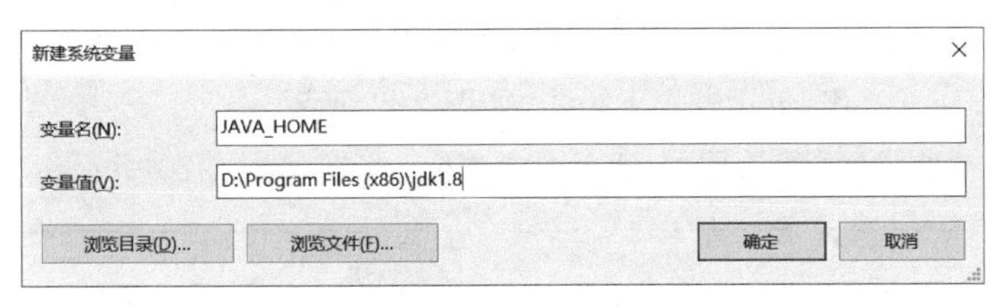

图 2-21　新建系统变量

③ 选择系统变量，找到 Path 变量，单击“编辑”按钮，如图 2-22 所示。

④ 单击“新建”按钮，输入%JAVA_HOME%\bin，单击“确定”按钮，如图 2-23 所示。

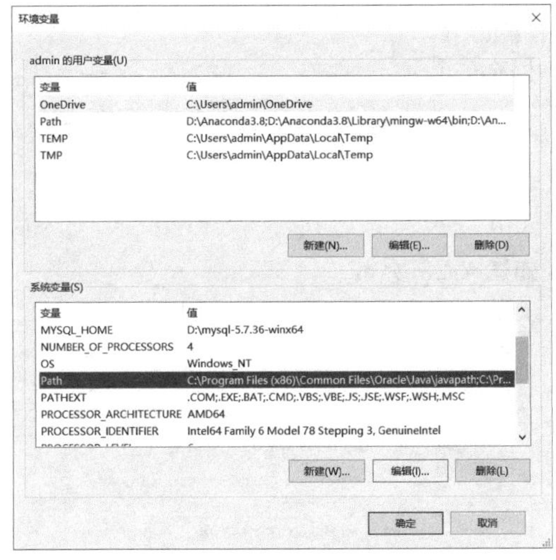

图 2-22　编辑 path 变量

编辑环境变量

- C:\Program Files (x86)\Common Files\Oracle\Java\javapath
- C:\Program Files (x86)\Intel\iCLS Client\
- C:\Program Files\Intel\iCLS Client\
- C:\Windows\system32
- C:\Windows
- C:\Windows\System32\Wbem
- C:\Windows\System32\WindowsPowerShell\v1.0\
- C:\Program Files (x86)\NVIDIA Corporation\PhysX\Common
- C:\Program Files\Intel\WiFi\bin\
- C:\Program Files\Common Files\Intel\WirelessCommon\
- %SystemRoot%\system32
- %SystemRoot%
- %SystemRoot%\System32\Wbem
- %SYSTEMROOT%\System32\WindowsPowerShell\v1.0\
- %SYSTEMROOT%\System32\OpenSSH\
- %MYSQL_HOME%\bin
- %JAVA_HOME%\bin

新建(N)　编辑(E)　浏览(B)...　删除(D)　上移(U)　下移(O)　编辑文本(T)...　确定　取消

图 2-23　新建环境变量

⑤ 以管理员身份运行命令提示符，输入 javac，按 Enter 键，显示如图 2-24 所示，表示 Path 变量配置成功。

```
C:\WINDOWS\system32>javac
用法: javac <options> <source files>
其中, 可能的选项包括:
  -g                         生成所有调试信息
  -g:none                    不生成任何调试信息
  -g:{lines,vars,source}     只生成某些调试信息
  -nowarn                    不生成任何警告
  -verbose                   输出有关编译器正在执行的操作的消息
  -deprecation               输出使用已过时的 API 的源位置
  -classpath <路径>            指定查找用户类文件和注释处理程序的位置
  -cp <路径>                   指定查找用户类文件和注释处理程序的位置
  -sourcepath <路径>           指定查找输入源文件的位置
  -bootclasspath <路径>        覆盖引导类文件的位置
  -extdirs <目录>              覆盖所安装扩展的位置
  -endorseddirs <目录>         覆盖签名的标准路径的位置
  -proc:{none,only}          控制是否执行注释处理和/或编译。
  -processor <class1>[,<class2>,<class3>...] 要运行的注释处理程序的名称; 绕过默认的搜索进程
  -processorpath <路径>        指定查找注释处理程序的位置
  -parameters                生成元数据以用于方法参数的反射
  -d <目录>                    指定放置生成的类文件的位置
  -s <目录>                    指定放置生成的源文件的位置
  -h <目录>                    指定放置生成的本机标头文件的位置
  -implicit:{none,class}     指定是否为隐式引用文件生成类文件
  -encoding <编码>             指定源文件使用的字符编码
  -source <发行版>              提供与指定发行版的源兼容性
  -target <发行版>              生成特定 VM 版本的类文件
  -profile <配置文件>            请确保使用的 API 在指定的配置文件中可用
```

图 2-24　命令提示符界面

2. Python 和 Pycharm 安装

1）Python 安装

（1）在官网下载好相应版本后开始安装，双击 Python-3.7.9.exe 文件，勾选下方两个选项，单击 Customize installation 进入下一步，如图 2-25 所示。

（2）进入以下的界面，默认即可，直接选择“下一步”，如图 2-26 所示。

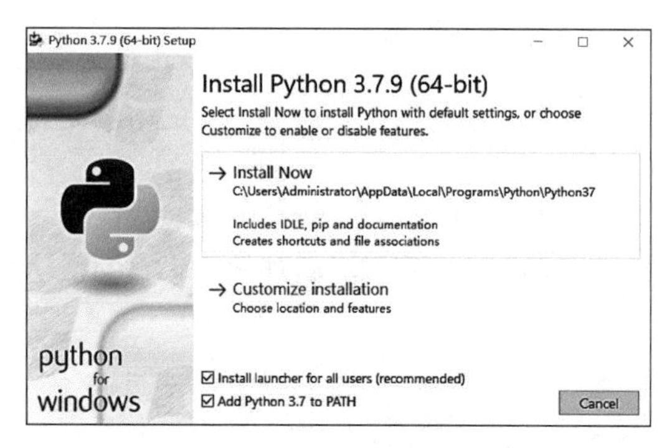

图 2-25　Python 安装首页

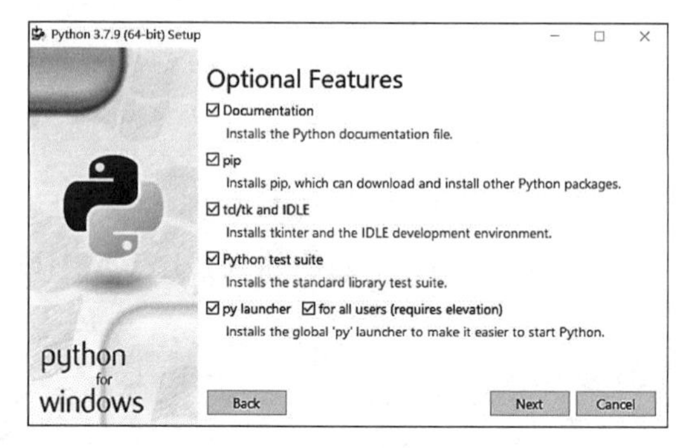

图 2-26　python 安装页面

（3）单击 Browse 自定义安装路径，单击 Install 等待安装，如图 2-27 所示。

（4）安装结束后单击 Close 关闭安装页面，如图 2-28 所示。

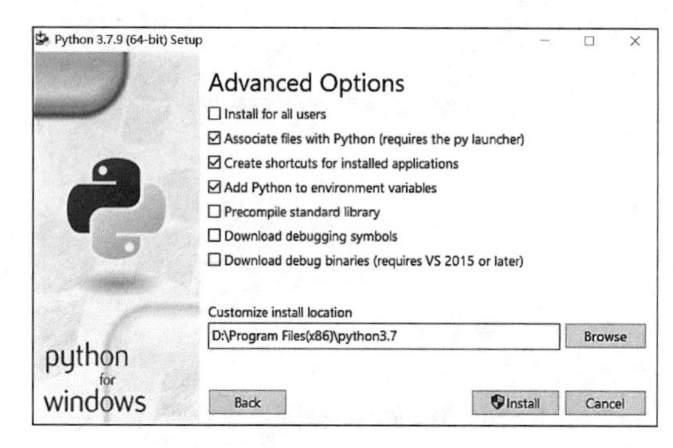

图 2-27　自定义安装路径

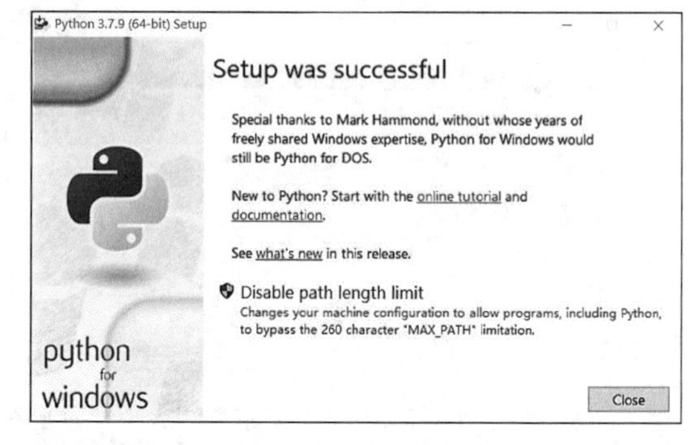

图 2-28　安装完成

（5）以管理员身份运行命令提示符，执行 Python 命令，显示如图 2-29 所示信息，表示安装成功。

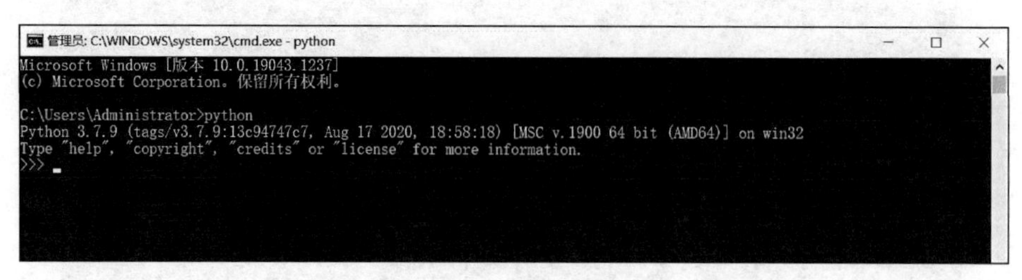

图 2-29　命令提示符界面

2）Pycharm 安装

（1）双击下载的 python community 2018.2.8 安装包，进行安装，单击 Next，如图 2-30 所示。

（2）选择安装目录，单击 next，如图 2-31 所示。

图 2-30　安装首页

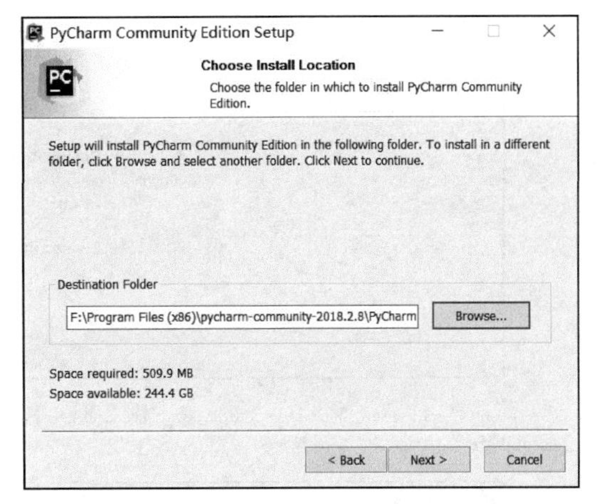

图 2-31　自定义安装路径

（3）根据计算机系统类型选择 32 位或 64 位，勾选 Create Associations 是否关联文件，选择以后打开.py 文件就会用 PyCharm 打开，继续单击“下一步”按钮，如图 2-32 所示。

（4）单击 Install 默认安装即可，等待安装完成，如图 2-33 所示。

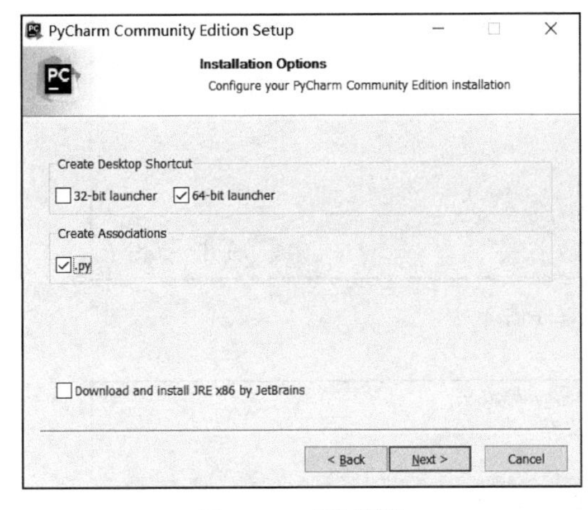

图 2-32　安装配置

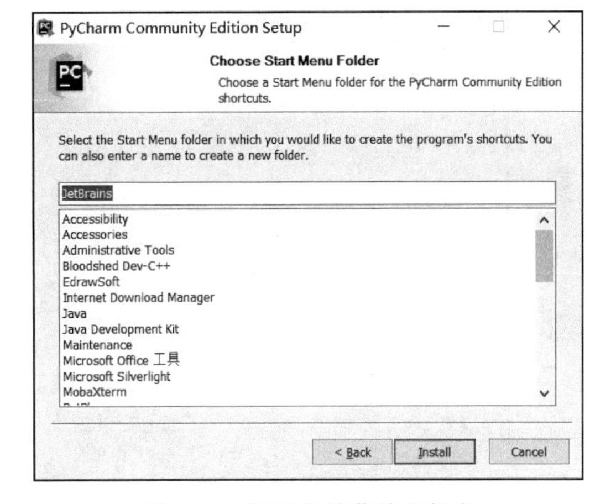

图 2-33　配置开始菜单文件夹

（5）打开 PyCharm，进行相关设置后进入如图 2-34 所示界面，单击 Create New Project，创建新的项目。

（6）Base interpreter 下查找 Python3.7 的安装路径，选择 python.exe，如图 2-35 所示。

（7）创建完成后，进入如图 2-36 所示界面，新建 python 文件 helloworld.py，输入程序语句 print("hello world!")，右击“run”运行成功，如图 2-37 所示。

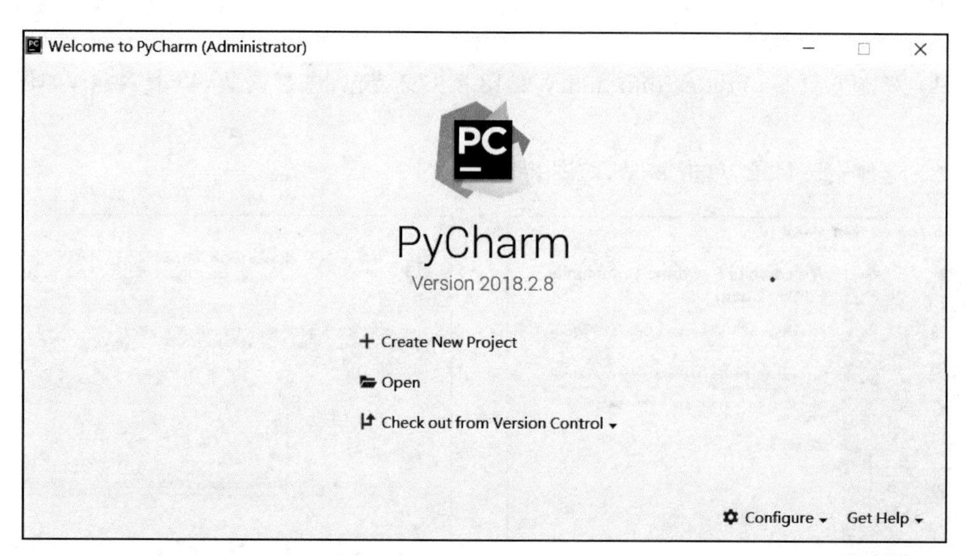

图 2-34　PyCharm 启动首页

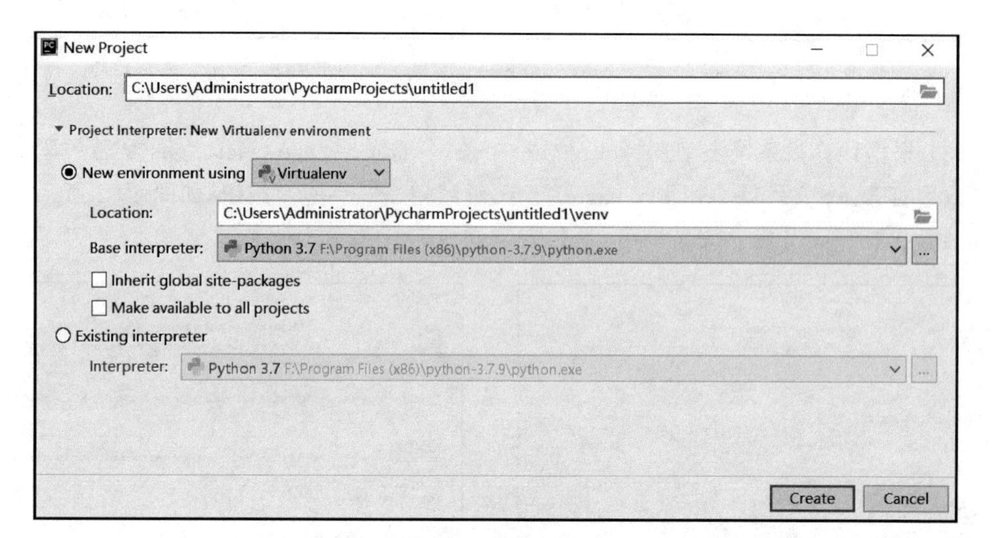

图 2-35　配置界面

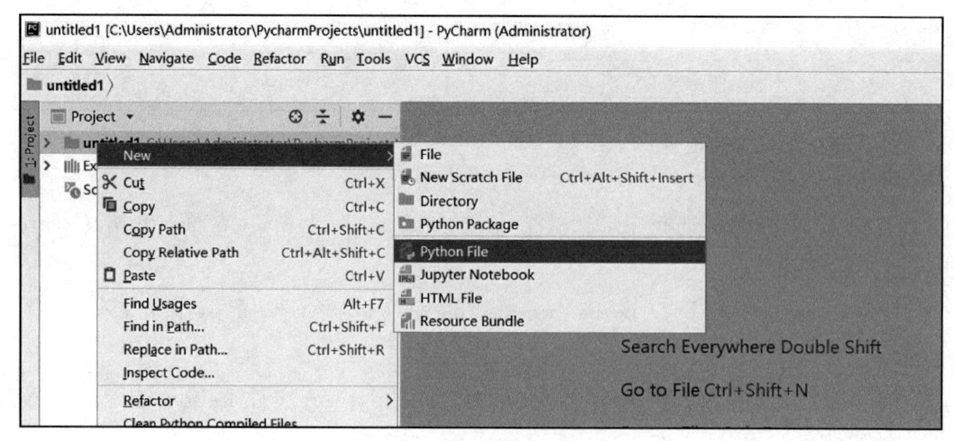

图 2-36　创建 Python 文件

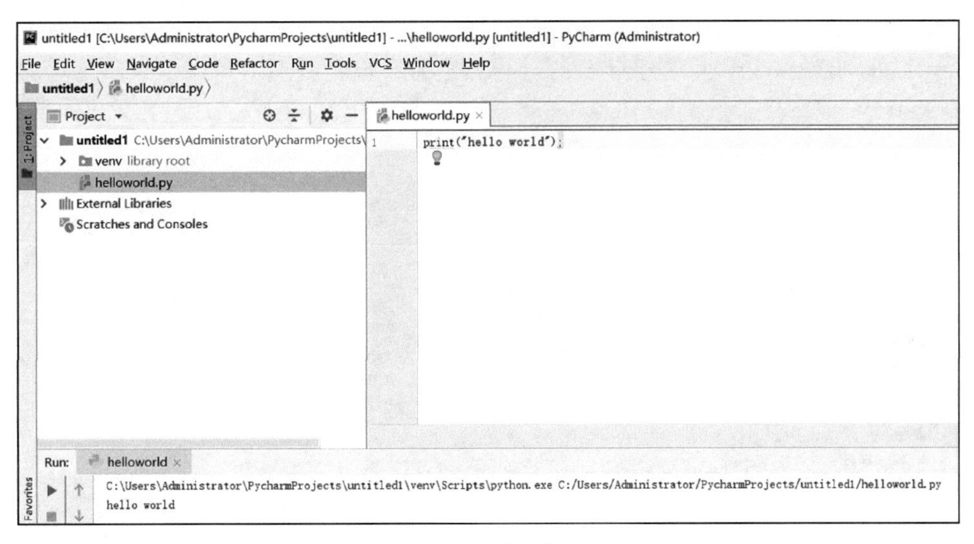

图 2-37　运行成功

3. MySQL 数据库安装

（1）下载完毕后将文件解压到自定义的目录中。

（2）配置环境变量，在系统变量中选择新建，变量名为：MYSQL_HOME，变量值为 mysql-5.7.36-winx64 文件所在位置，单击“确定”按钮，如图 2-38 所示。

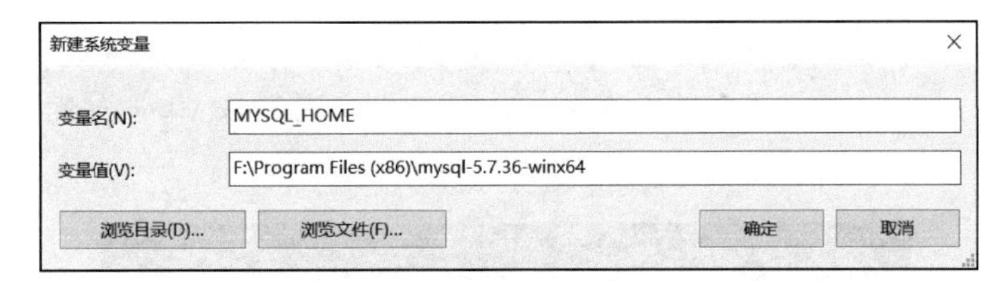

图 2-38　新建系统变量

选择系统变量，找到 Path 变量，单击“编辑”→“新建”，输入%MYSQL_HOME%\bin，单击“确定”。

（3）配置 my.ini 文件，在 mysql-5.7.36-winx64 目录下新建 my.ini 文件，如图 2-39 所示，my.ini 文件的内容为：

```
[mysqld]
#端口号
port =3306
#mysql-5.7.36-winx64 的路径
basedir=F:\Program Files (x86)\mysql-5.7.36-winx64
#mysql-5.7.36-winx64 的路径+\data
datadir=F:\Program Files (x86)\mysql-5.7.36-winx64\data
#最大连接数
max_connections=200
#编码
character-set-server=utf8
```

```
default-storage-engine=INNODB
sql_mode=NO_ENGINE_SUBSTITUTION,STRICT_TRANS_TABLES
[mysql]
#编码
default-character-set=utf8
```

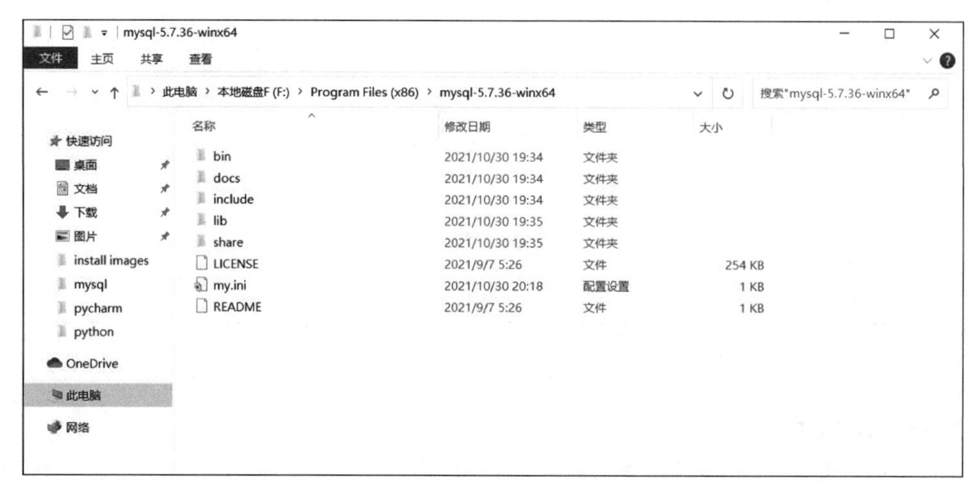

图 2-39　文件夹页面

(4) 安装 MySQL,具体步骤如下。

① 以管理员身份运行命令提示符,在 cmd 中进入 mysql-5.7.36-winx64 的 bin 目录下,执行安装命令:mysqld --install,若出现 Service successfully installed,如图 2-40 所示,表明安装成功。

```
F:\Program Files (x86)\mysql-5.7.36-winx64\bin>mysqld -install
Service successfully installed.
```

图 2-40　安装命令

② 继续执行命令:mysqld --initialize,如图 2-41 所示。

```
F:\Program Files (x86)\mysql-5.7.36-winx64\bin>mysqld --initialize
```

图 2-41　初始化命令

③ 等待运行完成,执行启动命令:net start mysql,出现如图 2-42 的提示则运行成功。

```
F:\Program Files (x86)\mysql-5.7.36-winx64\bin>net start mysql
MySQL 服务正在启动 .
MySQL 服务已经启动成功。
```

图 2-42　启动命令

(5) 设置 MySQL 密码,具体步骤如下。

① 执行 net stop mysql 命令停止 MySQL 服务,如图 2-43 所示,并在前面创建的 my.ini 文件[mysqld]字段下的任意一行添加 skip-grant-tables 后保存。

② 重启 MySQL,执行启动命令:net start mysql,执行命令 mysql -u root -p,如图 2-44

```
F:\Program Files (x86)\mysql-5.7.36-winx64\bin>net stop mysql
MySQL 服务正在停止.
MySQL 服务已成功停止。
```

图 2-43　停止 mysql 服务

```
F:\Program Files (x86)\mysql-5.7.36-winx64\bin>mysql -u root -p
Enter password:
Welcome to the MySQL monitor.  Commands end with ; or \g.
Your MySQL connection id is 2
Server version: 5.7.36 MySQL Community Server (GPL)

Copyright (c) 2000, 2021, Oracle and/or its affiliates.

Oracle is a registered trademark of Oracle Corporation and/or its
affiliates. Other names may be trademarks of their respective
owners.

Type 'help;' or '\h' for help. Type '\c' to clear the current input statement.
```

图 2-44　登录 mysql

所示，不需要输入密码，直接按回车键。

③ 执行命令 use mysql，进入数据库。

④ 执行命令 update user set uthentication_string = password("xxxxxx") where user = "root"，如图 2-45 所示，xxxxxx 是设置的新密码。

```
mysql> use mysql
Database changed
mysql> update user set authentication_string=password("123456") where user="root";
Query OK, 1 row affected, 1 warning (0.06 sec)
Rows matched: 1  Changed: 1  Warnings: 1
```

图 2-45　密码修改

⑤ 打开服务，找到 MySQL，手动停止服务，如图 2-46 所示。

服务
文件(F)　操作(A)　查看(V)　帮助(H)
服务(本地)
服务(本地)
MySQL
启动此服务

名称	描述	状态	启动类型	登录为
Microsoft Passport Container	管理...		手动(触发...	本地服务
Microsoft Software Shado...	管理...		手动	本地系统
Microsoft Storage Spaces S...	Micr...		手动	网络服务
Microsoft Store 安装服务	为 M...	正在...	手动	本地系统
Microsoft Update Health S...	Main...		禁用	本地系统
Microsoft Windows SMS 路...	根据...		手动(触发...	本地服务
Microsoft 键盘筛选器	控制...		禁用	本地系统
MySQL			自动	本地系统
Net.Tcp Port Sharing Service	提供...		禁用	本地服务
Netlogon	为用...		手动	本地系统
Network Connected Devic...	网络...		手动(触发...	本地服务
Network Connection Broker	允许 ...	正在...	手动(触发...	本地系统
Network Connections	管理"...		手动	本地系统
Network Connectivity Assis...	提供 ...		手动(触发...	本地系统
Network List Service	识别...	正在...	手动	本地服务
Network Location Awarene...	收集...	正在...	自动	网络服务
Network Setup Service	网络...		手动(触发...	本地系统
Network Store Interface Se...	此服...	正在...	自动	本地服务
NVIDIA Display Container LS	Cont...	正在...	自动	本地系统
Office 64 Source Engine	Save...		手动	本地系统

扩展 标准

图 2-46　服务页面

⑥ 打开 my.ini 文件，删除 skip-grant-tables 这一行，保存后关闭。

⑦ 再次用管理员身份打开命令提示符，执行启动命令：net start mysql，打开服务后，执行 mysql -u root -p，如图 2-47 所示，输入密码登录进入。

```
C:\Users\Administrator>net start mysql
MySQL 服务正在启动 ..
MySQL 服务已经启动成功。


C:\Users\Administrator>mysql -u root -p
Enter password: ******
Welcome to the MySQL monitor.  Commands end with ; or \g.
Your MySQL connection id is 2
Server version: 5.7.36

Copyright (c) 2000, 2021, Oracle and/or its affiliates.

Oracle is a registered trademark of Oracle Corporation and/or its
affiliates. Other names may be trademarks of their respective
owners.

Type 'help;' or '\h' for help. Type '\c' to clear the current input statement.
```

图 2-47　登录 mysql

⑧ 执行命令 alter user user() identified by "xxxxxx"，如图 2-48 所示，进行密码重置。

```
mysql> alter user user() identified by "123456";
Query OK, 0 rows affected (0.00 sec)
```

图 2-48　密码重置

⑨ 运行命令：use mysql 出现如图 2-49 所示的提示，表示配置完成。

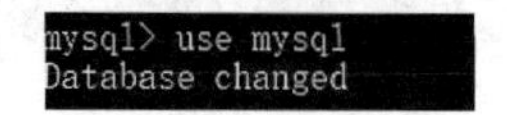

```
mysql> use mysql
Database changed
```

图 2-49　配置完成

4. Navicat 安装

(1) 前往官网下载安装包 Navicat 11.1.13，运行安装程序，单击“下一步”按钮，勾选“我同意”，自定义安装路径，单击“下一步”按钮，如图 2-50 所示。

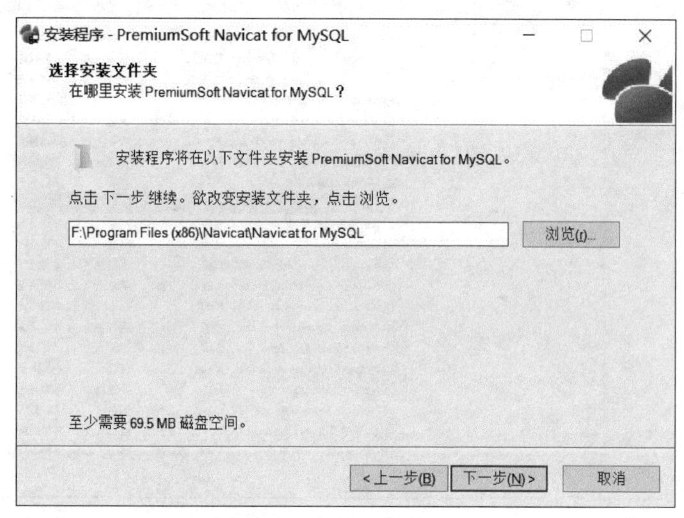

图 2-50　自定义安装路径

（2）单击“安装”，等待安装完成，如图 2-51 所示。

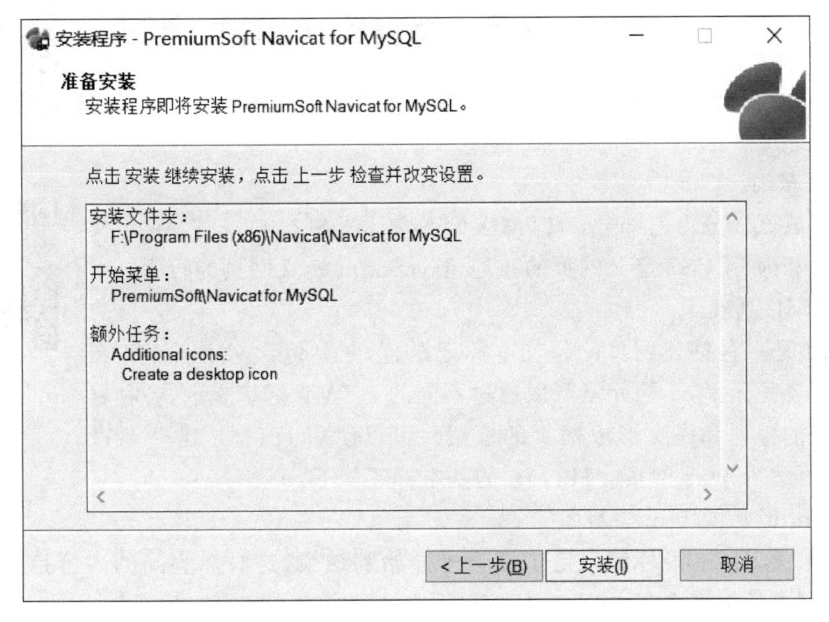

图 2-51　安装页面

5. Kettle 安装

Kettle 是基于 Java 编程的开源软件，下载 Kettle 文件 pdi-ce-9.2.0.0-290，解压后无须安装即可直接使用。下载 mysql-connector-java-5.1.48-bin.jar，将其放入解压文件中的\data-integration\lib 目录下，然后双击 spoon.bat 即可进入 Kettle 首页，如图 2-52 所示。

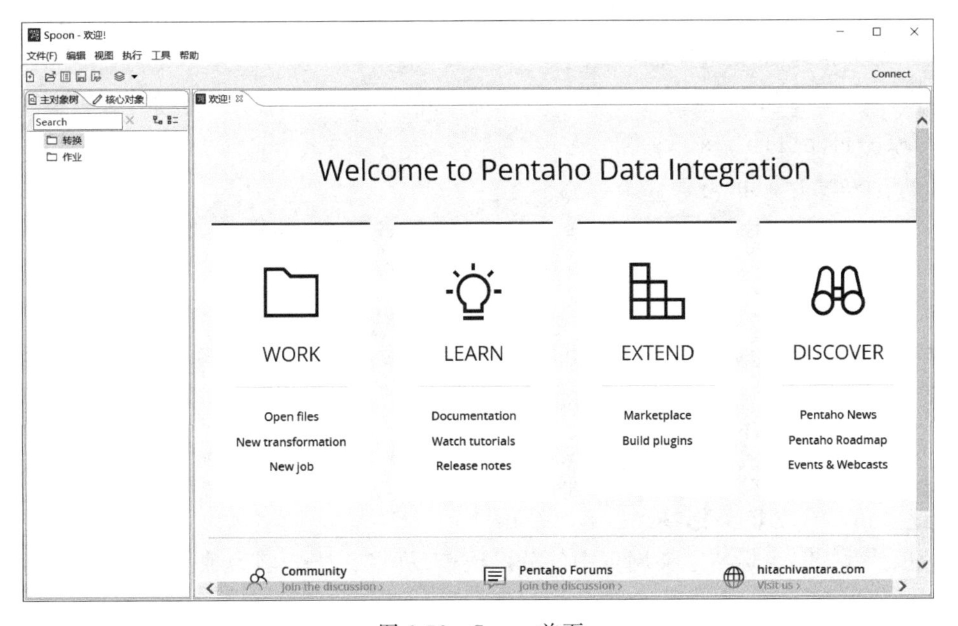

图 2-52　Spoon 首页

2.3 项目技术知识

2.3 微课

2.3.1 网页解析

2.3.1 例子

1. 网页基础

网页组成可以分为三部分：HTML、CSS 和 JavaScript。HTML 定义网页的结构和内容，CSS 定义网页的布局，JavaScript 定义网页的行为。

1）HTML 基础

HTML 是一种描述网页的超文本标记语言，网页包含文字、按钮、图片和视频等各种元素，不同元素可以通过不同的 HTML 标签表示，各种标签通过不同的排列和嵌套形成网页的框架。可以使用 HTML 建立 Web 站点，浏览器解析 Web 网页。HTML 的基本标签如下。

（1）<html></html>标签。

<html></html>标签限定了网页的开始和结束，这对标签间的内容描述网页的头部和主体，网页的头部内容由<head>定义，主体内容由<body>定义。

（2）<head></head>标签。

<head></head>标签定义了网页的头部，描述网页的各种属性和信息，包括标题、在 Web 中的位置以及与其他文档的关系等。<head>中可以加入的标签包括<base>、<link>、<meta>、<script>、<style>以及<title>。<head>标签放在文档的开始处，紧跟在<html>后面，并处于<body>标签之前。

（3）<title></title>标签。

<title></title>标签定义文档的标题，是<head>标签中唯一要求包含的内容。

（4）<style></style>标签。

<style></style>标签定义 HTML 的样式信息，type 属性是必需的，表明 style 元素的内容，唯一可能值是"text/css"。

（5）<body></body>标签。

<body></body>标签定义网页的主体，包含文本、超链接、图像、表格和列表等内容。

（6）<h1><h6>标签。

标题(Heading)是通过 <h1> <h6> 标签进行定义的。<h1> 定义最大标题，<h6> 定义最小标题。

（7）<p></p>标签。

<p></p>标签将网页分割为若干段落。

（8）<div></div>标签。

<div></div>标签定义网页中的分区或节，可将文档分割为独立的、不同的部分，可以通过<div>的 class 或 id 应用额外的样式。

（9）<a></a>标签。

<a></a>标签定义超链接，从一个网页链接到另一网页，其最重要属性是 href，指明

链接的目标对象。

(10) <form></form>标签。

<form></form>标签用于创建 HTML 表单，多数情况下用于输入标签(<input>)，输入类型由 type 属性定义，包括文本字段、复选框、单选框、提交按钮等。

【例 2-1】 test1.html。

```
<html>
<head>
<title>第一个 HTML 案例 </title>
<style type="text/css">
h1 {color: red}
h2 {color: green}
p {color: blue}
</style>
</head>
<body>
<div class="para1">
<h1>这是第一个标题</h1>
<p>这是第一个段落 </p>
</div>
<div class="para2">
<h2>这是第二个标题</h2>
</div>
</body>
</html>
```

2) CSS 基础

HTML 定义网页结构，但仅是简单节点元素的排列，布局并不美观。网页设计可采用层叠样式表 CSS 技术，对网页布局、字体、颜色、背景进行排版，使网页变得美观。

(1) CSS 基本语法。CSS 层叠式样式表一般由若干条样式规则组成，告知浏览器如何显示网页内容，每条样式规则是一条 CSS 基本语句，结构如下。

```
选择器{
    属性名: 值;
    ...
}
```

【例 2-2】 demo1.css。

```
p {
    background-color: yellow;
    color: blue
}
```

该语句包含一个选择器 P，指定 HTML 网页中标记元素 P 的两条声明，即声明 background-color 属性的值是 yellow，color 属性的值是 blue，每个声明通过分号分隔，属性名称和值以冒号分隔。

(2) CSS样式应用。HTML网页可使用style元素定义内部样式表。

【例2-3】 test2.html。

```
<html>
<head>
<style type="text/css">
h1 {color: red}
h2 {color: green}
</style>
</head>
<body>
<h1>这是第一个标题颜色</h1>
<h2>这是第二个标题颜色</h2>
</body>
</html>
```

也可先定义一个样式表文件，多个HTML网页使用Link元素引用这个外部样式表文件。

【例2-4】 创建style.css文件。

```
h1 {color: red}
h2 {color: green}
p {color: blue}
```

HTML网页引用style.css。

【例2-5】 test3.html。

```
<html>
<head>
<link rel="stylesheet" type="text/css" href="style.css">
</head>
<body>
<h1>这是第一个标题 </h1>
<p>这是第一个段落 </p>
<h2>这是第二个标题 </h2>
</body>
</html>
```

(3) CSS选择器。CSS选择器主要用于选择添加样式的元素，主要包括3种。

① 标记选择器：HTML网页由许多标记元素组成，标记选择器决定哪些标记元素采用相应的CSS样式。若HTML网页使用例2-2的选择器p，则所有p标记的背景颜色均为黄色，文字颜色为红色。

② 类别选择器：HTML网页可使用class属性指定元素的类别，方法如下。

```
.类名{
    属性: 值;
    属性: 值
}
```

例如：

```
.demo1{
    color: red;
    font-size:12px
}
```

HTML 可定义使用该类，所有使用 demo1 类的元素都应用该样式。

③ ID 选择器：将 HTML 元素的 ID 包含在样式中，根据 ID 选取 HTML 元素样式，如下语句将 id=" demo2"的元素设置为黄色。

```
#demo2{color:red}
```

3）Javascript 基础

JavaScript 是一种轻量级编程语言，可用于 HTML 控制网页的行为。JavaScript 能够改变 HTML 内容，例如：

```
x=document.getElementById("demo");
x.innerHTML="Hello World";
```

利用 getElementById 方法查找 id="demo" 的 HTML 元素，并把元素内容(innerHTML)更改为 "Hello World"。

JavaScript 能够改变 HTML 样式 (CSS)，改变 HTML 元素的样式，例如：

```
document.getElementById("demo").style.fontSize ="25px";
```

将 id="demo"的 HTML 元素字体修改为 25px.

JavaScript 能够显示/隐藏 HTML 元素。

【例 2-6】 test4.html。

```
<html>
<body>
<h2>JavaScript 基础教程</h2>
<p id="demo">JavaScript 显示/隐藏 HTML 元素</p>
<button type="button" onclick="document.getElementById('demo').style.display=
'none'">
隐藏 HTML 元素
</button>
<button type="button" onclick="document.getElementById('demo').style.display=
'block'">
显示 HTML 元素
</button>
</body>
</html>
```

HTML 页面中插入 JavaScript 脚本，需使用<script>标签，脚本可放于 HTML 页面的<head>或<body>部分中。

【例 2-7】 test5.html。

```
<html>
<body>
```

```
<script>
document.write("<h1>第一个标题</h1>");
document.write("<p>第一个段落</p>");
</script>
</body>
</html>
```

JavaScript 能够调用带参或者不带参的函数,函数采用关键字 function,必须小写,代码放于花括号中,可在任何位置进行调用。

【例 2-8】 test6.html。

```
<html>
<head>
<title>测试调用函数</title>
</head>
<body>
<p>调用函数</p>
<p id="demo"></p>
<script>
function myFunction (a, b) {
  c=a+b;
  return c;
}
document.getElementById("demo").innerHTML=myFunction(22,23);
</script>
</body>
</html>
```

定义一个 myFunction(a,b)的函数,返回两个参数之和,输出到 id="demo"的 HTML 元素中。

2. 网页解析技术

通过浏览器开发者工具或者源代码查看 HTML 网页的元素,分析各 HTML 元素的属性名称和属性值,如图 2-53 所示。

```
<li>
  <a href="https://u.163.com/aosoutbdbd8">
    <span>
      <em class="ntes-nav-app-yanxuan">网易严选</em>
    </span>
  </a>
</li>
<li>
  <a href="https://mail.163.com/client/dl.html?from=mail46">
    <span>
      <em class="ntes-nav-app-mail">邮箱大师</em>
    </span>
  </a>
</li>
```

图 2-53 HTML 元素及属性值

网页内容即使由 JavaScript 脚本动态生成，其也需要调用某接口，根据接口返回的 JSON 数据再进行加载与渲染。JavaScript 通常调用 AJAX 接口实现网页部分内容的异步更新，其工作原理如图 2-54 所示。

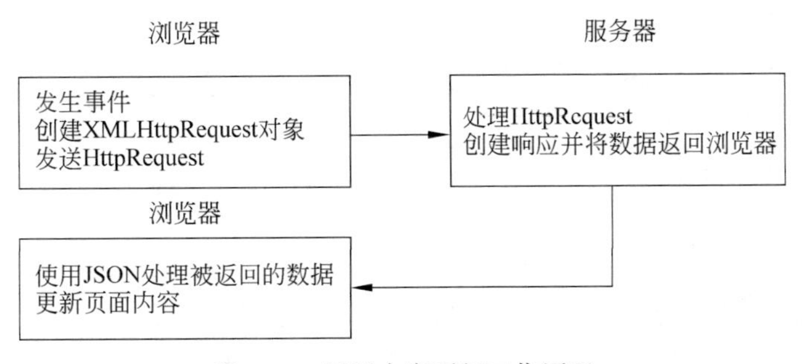

图 2-54　网页内容更新工作原理

网页中页面加载、单击按钮时，JavaScript 创建 XMLHttpRequest 对象，XMLHttpRequest 对象向 web 服务器发送请求，服务器处理该请求并将响应发送回网页，由 JavaScript 读取 JSON 数据并执行更新页面等操作。下面使用 XMLHttpRequest 从服务器获取 JSON 数据。

```
var xmlhttp =new XMLHttpRequest();
xmlhttp.onreadystatechange =function(){
    if (this.readyState ==4 && this.status ==200) {
        myObj =JSON.parse(this.responseText);
        document.getElementById("demo").innerHTML=myObj.name;
    }
};
xmlhttp.open("GET", "json_demo.txt", true);
xmlhttp.send();
```

3. JSON 基础知识

JSON 是轻量级的文本数据交换格式，是存储和交换文本信息的语言。JSON 采用 JavaScript 语法描述数据对象，其独立于语言和平台。JSON 解析器和 JSON 库支持不同的动态编程语言，如 PHP、JSP、.NET。

JSON 具有层级结构，类似 XML 语言，可通过 JavaScript 解析，可使用 AJAX 进行传输。与 XML 的不同之处是没有结束标签，能够使用内建的 JavaScript eval()方法进行解析，读取 JSON 字符串，用 eval()处理 JSON 字符串，比 XML 更小、更快、更易解析。

1) JSON 基本语法

JSON 语法是 JavaScript 对象表示语法的子集，其数据在 key/value(键/值)对中，书写格式为：

```
key: value
```

key 必须是字符串，包含在双引号中；value 是 JSON 值的形式，两者通过冒号分隔，例如：

```
"name" : "示例"
```

2）JSON 数据类型

JSON 数据类型包括以下几种。

- 数字：整数或浮点数；
- 字符串：在双引号中；
- 布尔值：true 或 false；
- 数组：在中括号中；
- 对象：在大括号中。
- NULL 值。

3）JSON 对象

JSON 对象放于大括号中，包含多个 key/value（键/值）对，key 必须是字符串，value 可以数字、字符串、数组、对象、布尔值或 NULL 等 JSON 数据类型。如：

```
{"name": "Li wei", "age": 24, "gender": "female"}
```

JSON 对象可以嵌套，一个 JSON 对象可以包含另一个 JSON 对象，如：

```
{ "name": "Li wei", "age": 24, "gender": "female",
    "subjects":{
        "chinese":"room1",
        "english":"room2",
        "math":"room3"
    }
}
```

4）JSON 数组

JSON 数组放于中括号中，可包含多个对象，用逗号分隔，每个对象可包含多个键值对，用逗号分隔，如：

```
"jobs":[
{ "name":"liming" , "job":"软件工程师" },
{ "name":"zhangwei" , "job":"教师" },
{ "name":"wangfeng" , "job":"律师" }
]
```

例 JSON 字符串 data：

```
{
    "personData":[
        {
            "age": 24,
            "name": "Li wei",
            "city": "北京"
        },
        {
            "age": 22,
            "name": "Zhou qiang",
            "city": "重庆"
        }
```

```
    ]
    "result":1
}
```

第一层是一个大括号，即 JSONObject 对象，里面有一个 personData 的 JSONArray 数组，以及一个 result 属性。第二层 personData 的 JSONArray 数组，里面包含 2 个 JSON 对象，每个对象包含 3 个键值对，用逗号分隔，如"age"：24，"name"："Li wei"，"city"："北京"。

2.3.2 网络爬虫

1. 网络爬虫基本原理

网络爬虫，可理解为蜘蛛在互联网这张大网上爬来爬去，抓取各种资源。如图 2-55 所示，用户浏览网页，输入 URL 网址后，经过 DNS 服务器解析找到 Web 服务器向其发送一个请求，Web 服务器解析后发送响应消息，用户就可以看到 HTML 网页了，包含文本、图片等内容。

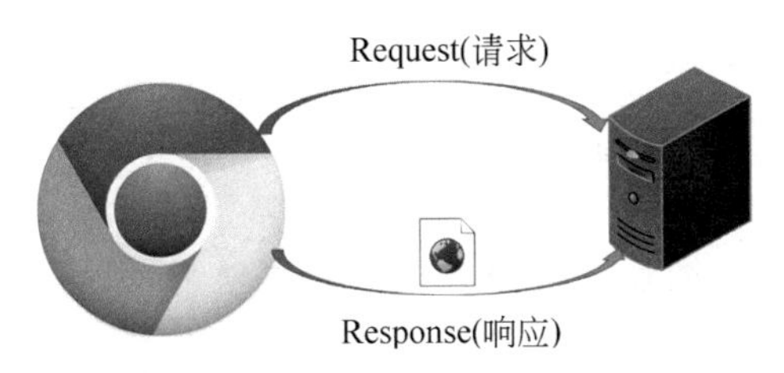

图 2-55 爬虫基本原理

爬虫爬取的网页内容，通过分析其 HTML 代码，获取相应的图片和文本内容，例如，打开一个如图 2-56 所示的网页。

图 2-56 网页

右击"查看网页源代码"，可以看到 HTML 代码如图 2-57 所示，其中包含标签、块、元素、属性等信息。

通过程序模拟浏览器向服务器站点发起请求，将站点返回的响应，例如 HTML 代

```
1  <!DOCTYPE HTML>
2  <!--[if IE 6 ]> <html class="ne_ua_ie6 ne_ua_ielte8" id="ne_wrap"> <![endif]-->
3  <!--[if IE 7 ]> <html class="ne_ua_ie7 ne_ua_ielte8" id="ne_wrap"> <![endif]-->
4  <!--[if IE 8 ]> <html class="ne_ua_ie8 ne_ua_ielte8" id="ne_wrap"> <![endif]-->
5  <!--[if IE 9 ]> <html class="ne_ua_ie9" id="ne_wrap"> <![endif]-->
6  <!--[if (gte IE 10)|!(IE)]><!--> <html phone="1" id="ne_wrap"> <!--<![endif]-->
7  <head>
8  <meta http-equiv="Content-Type" content="text/html; charset=gbk">
9  <meta name="google-site-verification" content="PXunD38D60ui1T440kAPSLyQtFUloFi5plez040mU0c" />
10 <meta name="baidu-site-verification" content="oiT80Efzes" />
11 <meta name="360-site-verification" content="527ad00f66a93c31134d6a20b2246950" />
12 <meta name="shenma-site-verification" content="12c2d7067c72735f0bd75c8dcd26b0d8_1509937417"/>
13 <meta name="sogou_site_verification" content="tCLG1xJc76"/>
14 <meta name="model_url" content="http://www.163.com/special/0077rt/index.html" />
15 <title>网易</title>
16 <base target="_blank" />
17 <meta name="Keywords" content="网易,邮箱,游戏,新闻,体育,娱乐,女性,亚运,论坛,短信,数码,汽车,手机,财经,科技,相册" />
18 <meta name="Description" content="网易是中国领先的互联网技术公司，为用户提供免费邮箱、游戏、搜索引擎服务，开设新闻、娱乐、体育等30多个内容频道，及博
   客、视频、论坛等互动交流，网聚人的力量。" />
19 <meta name="robots" content="index, follow" />
20 <meta name="googlebot" content="index, follow" />
21 <script type="text/javascript">
22     var matchStr =window.location.href;
23     var reURL = /^(https):\/\/.+$/;
24     if(!reURL.test(matchStr)){
25         window.location.href = "https://www.163.com/";
26     }
27 </script>
28 <script type="text/javascript">
29 (function() {
30     if(/s=noRedirect/i.test(location.search)) return;
31     if(/AppleWebKit.*Mobile/i.test(navigator.userAgent) ||
   (/MIDP|SymbianOS|NOKIA|SAMSUNG|LG|NEC|TCL|Alcatel|BIRD|DBTEL|Dopod|PHILIPS|HAIER|LENOVO|MOT-|Nokia|SonyEricsson|SIE-
   |Amoi|ZTE/.test(navigator.userAgent))) {
32         try {
33             if(/Android|Windows Phone|webOS|iPhone|iPod|BlackBerry/i.test(navigator.userAgent)) {
34                 window.location.href = "https://3g.163.com";
35             } else if(/iPad/i.test(navigator.userAgent)) {
36                 window.location.href = "https://www.163.com/ipad/";
37             }
38         } catch(e) {}
39     }
40 })();
41 if(navigator.platform.indexOf("Mac") > -1) document.documentElement.classList.add("ua-mac");
```

图 2-57　HTML 网页元素

码/JSON 数据/二进制数据(图片、视频)等爬取到本地，提取自己需要的数据存放起来使用。爬虫基本步骤如图 2-58 所示。

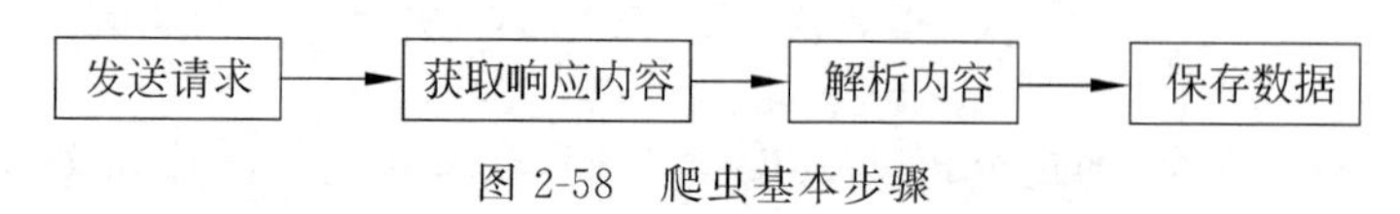

图 2-58　爬虫基本步骤

1) 发起请求

使用 HTTP 协议向目标站点发起一个 Request 请求，请求包含请求头、请求体等，等待服务器响应。

(1) 请求头参数如下。

- User-agent：访问的浏览器，若没有 user-agent 客户端配置，可能会被当作一个非法用户。
- Cookie：Cookie 用来保存登录信息，可通过浏览器查看网页控制台或者利用 requests 发送 post 请求获取。

(2) 请求体。

- get 方式：请求体一般没有内容，放在 url 后面参数中。
- post 方式：请求体是 format data。

2) 获取响应内容

首先分析响应状态码，200：成功，301：跳转，404：文件不存在，403：无权限访问，502：服务器错误。若服务器能正常响应，会得到一个 Response，其内容即所要获取的页面内容，可能是 HTML、JSON 字符串、二进制数据(图片或者视频)等类型。

3）解析内容

爬取到的内容不同，解析方式也不同。

（1）HTML 页面：利用正则表达式或者使用 Beautifulsoup、Pyquery 等第三方解析库进行解析。

（2）JSON 数据：转换为 JSON 对象解析。

（3）二进制数据：可以保存或者进一步处理。

4）保存数据

可以保存为文本，也可保存到数据库，或者其他格式的文件。

2. Python 常用爬虫库

1）Python 常见的爬虫框架

Python 是非常适合网络爬虫的编程语言，拥有各种各样的框架，对网络爬虫具有非常重要的作用，常见的爬虫框架包括 Scrapy、PySpider、Crawley、Portia、Newspaper 等。

（1）Scrapy：Python 开发的成熟、快速、高层次的爬取框架，可高效爬取 web 网页的结构化数据，可用于数据挖掘、信息处理等程序中。

（2）PySpider：Python 语言编写、分布式架构的网络爬虫系统，支持多种数据库后端，强大的 WebUI 支持脚本编辑器、任务监视器、项目管理器以及结果查看器。

（3）Crawley：Python 开发的爬虫框架，能够高速爬取网站内容，支持关系、非关系数据库，数据可导出为 JSON、XML 等。

（4）Portia：开源可视化爬虫规则编写工具，提供可视化的 Web 页面，只需单击标注需要抽取的数据，不需要任何编程知识即可完成规则的开发。

上述爬虫框架主要用于相对比较大型的爬虫需求，主要是便于管理以及扩展等，一般的爬虫需求常用的 Python 爬虫库有 requests 库和内置的 urllib 库。urllib 是 Python 中请求 url 连接的官方标准库，一般要先构建 get 或者 post 请求，然后发起请求；urllib3 是 Python 一个增强版的 HTTP 客户端开发包，提供了许多 urllib 没有的重要特性，如线程安全、连接池等；requests 是 urllib3 的再次封装，可以直接构建常用的 get 和 post 请求并发起，更容易使用和理解，一般建议使用 requests 库。

2）requests 库

requests 库的 7 个主要方法如表 2-2 所示。

表 2-2　requests 库的 7 个主要方法

方　法	说　　明
requests.request()	构造一个请求，是以下各方法的基础方法
requests.get()	获取 HTML 网页的主要方法，对应 HTTP 的 GET
requests.head()	获取 HTML 网页头信息的方法，对应 HTTP 的 head
requests.post()	向 HTML 网页提交 post 请求的方法，对应 HTTP 的 post
requests.put()	向 HTML 网页提交 put 请求的方法，对应 HTTP 的 put
requests.patch()	向 HTML 网页提交局部修改请求，对应 HTTP 的 patch
requests.delete()	向 HTML 网页提交删除请求，对应 HTTP 的 delete

request 方法 requests.request(method,url, * * kwargs)主要参数如下。

(1) method：请求方式,对应 get/put/post 等 7 种。

(2) url：拟获取页面的 url 链接。

(3) * * kwargs：控制访问参数,为可选项,共有以下 13 项。

① params：字典或字节序列,作为参数增加到 url 中。

② data：字典、字节序列或文件,作为 request 的内容。

③ json：JSON 格式的数据,作为 request 的内容。

④ headers：字典,HTTP 定制头。

⑤ cookies：字典或 CookieJar,request 中的 cookie。

⑥ files：字典类型,传输文件。

⑦ timeout：字典类型,传输文件。

⑧ proxies：字典类型,设定访问代理服务器,可以增加登录认证。

⑨ allow_redirects ：True/False,默认为 True,重定向开关。

⑩ stream ：True/False,默认为 True,获取内容立即下载开关。

⑪ verify ：True/False,默认为 True,认证 SSL 证书开关。

⑫ cert ：本地 SSL 证书。

⑬ auth ：元组,支持 HTTP 认证功能。

网络爬虫时构造一个向服务器请求资源的 request 对象,常用 get()方法获取 HTML 网页信息,其语法结构为：

```
requests.get(url, params=None, * * kwrags)
```

(1) url：拟获取 HTML 网页的 url 链接。

(2) params：url 中的额外参数,字典或字节流格式,可选。

(3) * * kwargs：上述除 params 外的 12 个控制访问参数,可选。

服务器返回一个包含服务器资源的 response 对象,存储了服务器响应的内容。response 对象主要属性如表 2-3 所示。

表 2-3 response 对象的主要属性

属　性	说　　明
response.status_code	HTTP 请求的返回状态,200 表示连接成功,404 表示失败
response.text	HTTP 响应内容的字符串形式,即 url 对应的页面内容
response.encoding	从 HTTP header 中猜测的响应内容编码方式
response.apparent_encoding	从内容中分析出的响应内容编码方式(备选编码方式)
response.content	HTTP 响应内容的二进制形式

可以用 response.status_code 来检查网页的状态,返回 200 表明能正常打开网页,不能打开则返回 404;可通过 response.text 获得 url 对应的页面内容,也可通过 response.content 获取以字节形式显示的页面内容;response.encoding 表明页面内容采用的编码方式;respose.text 根据 response.encoding 显示网页内容。

requests 爬虫通用代码框架如下：

```
import requests
def getHTMLText(url):
    try:
        r =requests.get(url)
        return r.text
    except:
        return "产生异常"
if __name__=="__main__":
    url ="爬虫网址"
    print(getHTMLText(url))
```

main主函数调用getHTMLText(url)方法获取响应数据，正常情况下通过requests.get(url)获得相应的HTML网页，response.text获得网页内容，异常情况下返回“产生异常”提示。

3. Python解析JSON数据

Python中JSON是一个非常常用的模块，使用前首先导入：import json。JSON模块主要有4个方法：json.dumps，json.dump，json.loads，json.load，如表2-4所示。

表2-4 JSON模块常用方法

方　法	描　　述
json.dumps( )	将Python类型数据转换成JSON字符串
json.dump( )	将Python类型数据序列化为JSON对象后写入文件
json.loads( )	将JSON字符串转换成Python类型数据
json.load( )	读取文件中JSON形式的字符串并转化为Python类型数据

1) json.dumps( )

json.dumps( )将Python类型数据转换成JSON字符串。

【例2-9】 dumps.py。

```
import json
testdata={'name': 'chen hao','age':25,'province':'shandong'}
s=json.dumps(testdata)
print(s)
```

运行结果如下：

```
{"name": "chen hao", "age": 25, "province": "shandong"}
```

2) json.dump( )

json.dump( )将Python类型数据序列化为JSON对象后写入文件。

【例2-10】 dump.py。

```
import json
data={ 'name': 'chen hao', 'age':25, 'province':'山东'}
f=open('datafile.json', 'w',encoding='utf-8')
json.dump(data,f)
f.close()
```

运行结果可查看 datafile.json 文件内容写入 data 数据。

3）json.loads( )

json.loads( )将 JSON 字符串转换成 Python 对象。

【例 2-11】 loads.py。

```
import json
testdata={ 'name': 'chen hao', 'age':25, 'province':'shandong' }
s=json.dumps(testdata) #将 python 类型数据转换成 json 字符串
m=json.loads(s) #将 json 字符串转换成 python 类型数据
print(m)
```

运行结果如下：

```
{'name': 'chen hao', 'age': 25, 'province': 'shandong'}
```

4）json.load( )

json.load( )读取文件中的 JSON 形式的字符串转化为 Python 类型数据。

【例 2-12】

```
import json
f=open('datafile.json', 'w',encoding='utf-8')
data=json.load(f)
print(data)
```

运行结果如下：

```
{'name': 'chen hao', 'age': 25, 'province': 'shandong'}
```

可见 json 的 loads( )和 load( )方法都是把 JSON 对象转为 Python 类型数据，不同之处在于 loads( )操作的是字符串，load( )操作的是文件，常见的就是把字符串通过 json.loads 转为字典。JSON 数据类型和 Python 数据类型的转化关系如表 2-5 所示。

表 2-5 JSON 与 Python 数据类型转化关系

JSON 数据类型	Python 数据类型	JSON 数据类型	Python 数据类型
object	dict	array	list
string	str	true/false	True/False
number(int)	int	null	None
number(real)	float		

2.3.3 数据清洗

大数据时代，数据来源复杂，具有多样性，数据量激增，数据质量难以保证，大数据必须经过清洗、分析、建模、可视化才能挖掘出其潜在的巨大价值。大数据中总是存在数据不一致、不准确、不完整、不规范的问题，数据清洗就是将这些“脏”数据进行清洗。

1. 数据清洗原理

数据清洗原理是利用统计方法、数据挖掘方法、模式匹配方法等将“脏”数据转换成高质量的满足要求的数据。数据可以通过人工对数据进行检查处理的方式进行数据清洗，虽然方法简单但需要投入较高的人力和时间成本，效率低且容易出错。自动化数据清洗方法可通过数据清洗工具或者编写程序脚本，利用数据清洗算法与规则自动进行数据转换。

数据清洗对象主要是过滤或修改不符合要求的数据，包括缺失数据、无效数据、异常数据等。数据清洗的总体流程如图 2-59 所示。

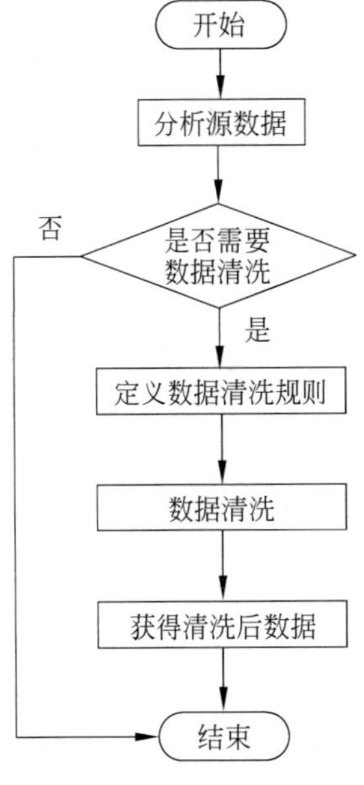

图 2-59 数据清洗总体流程

2. 数据清洗常用方法

1）缺失数据

缺失数据是最常见的数据质量问题，对于缺失数据可采用以下方法进行处理。

（1）删除该条记录：若一条记录中的某属性值被遗漏，可将此条记录删除，尤其是该属性值非常重要，缺失会极大影响数据的分析结果时。

（2）手工填补数据：少量数据缺失时，可采用该方式；缺失大规模数据时，该方式可行性较差。

（3）利用默认值填补数据：对同一个属性值利用事先确定的默认值来填补，但当一个属性值遗漏较多时，采用该方法可能影响数据挖掘和分析的结果。

（4）利用均值填补数据：对同一属性缺失数据值，可计算该属性的平均值来填补空缺数据的值。

（5）利用同类别均值填补数据：对同一属性利用同一类别已有数据的平均值填充空缺数据值，这种方法尤其适合分类挖掘使用。例如，对顾客收入这一属性的空缺值，可以按照收入良好类别的顾客收入平均值进行填补。

（6）其他方法：利用邻近上下数据、中位数、插值法等进行数据填充。

2）无效数据

数据不在取值范围内，数值型数据存在字符、拼写错误导致数据无效的情况，这类数据可采用多种方法进行处理，对难以处理的数据采用删除后进行填补。

3）异常数据

缺失数据显而易见，而异常数据的确不易发现，常见的异常值检测方法有四分位法、Z-score 法、孤立森林法、均方差法等。

3. 数据清洗工具 Kettle

Kettle 是一款国外开源的数据清洗工具，纯 Java 编写，可以在 Windows、Linux、Unix 上运行，绿色无须安装。Kettle 是 ETL 工具集，提供一个图形化环境，可管理来自不同数据库的数据。Kettle 中有两种脚本文件，即 transformation 和 job，transformation 完成针对数据的基础转换，job 则完成整个工作流的控制。Kettle 9.2 目前包括 4 个产品：Spoon、Pan、CHEF、Kitchen。数据清洗使用 Spoon 工具进行数据导入、过滤处理及转换。

Spoon 的使用步骤如下。

（1）启动。双击“Spoon.bat”图标启动 Kettle，显示如图 2-60 所示界面。

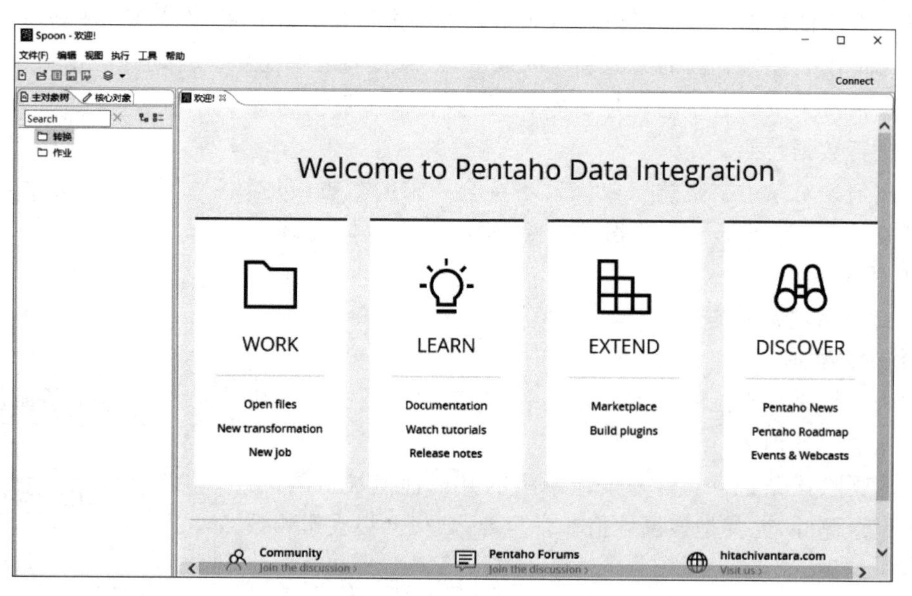

图 2-60　Kettle 首页

(2) 新建转换。选中左侧栏内的“转换”菜单，右键选择“新建”即可建立一个新的转换任务，如图 2-61 所示。

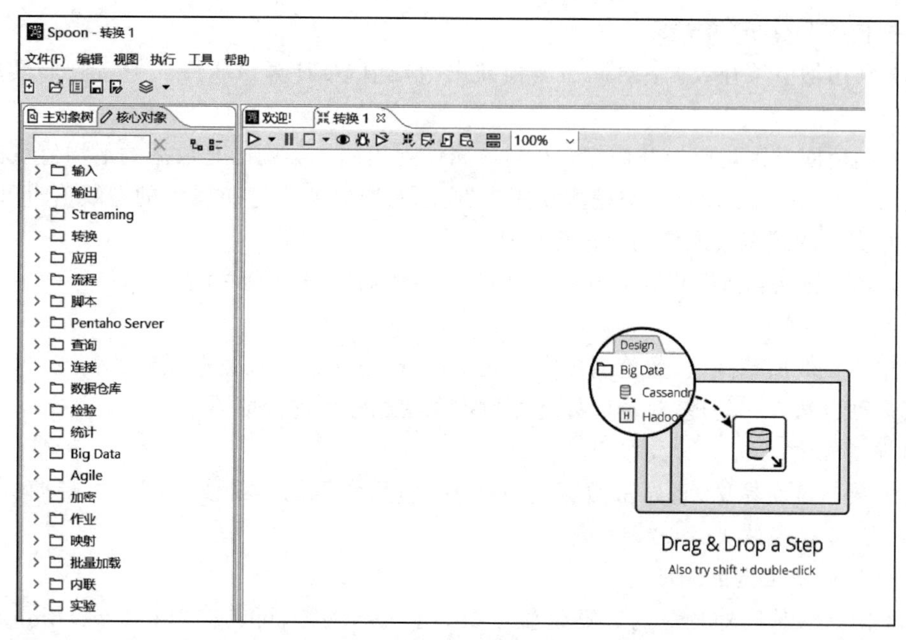

图 2-61　新建转换

(3) 新建组件。新建输入、流程、输出等组件，选择相应组件，直接拖到右边工作区，例如新建 CSV 文件输入，将“核心对象”→“输入”→“CSV 文件输入”直接拖到右边工作台或者通过双击添加该组件，如图 2-62 所示，同样可以将“新对象”→“转换”→“排序记录”直接拖到右边工作台。

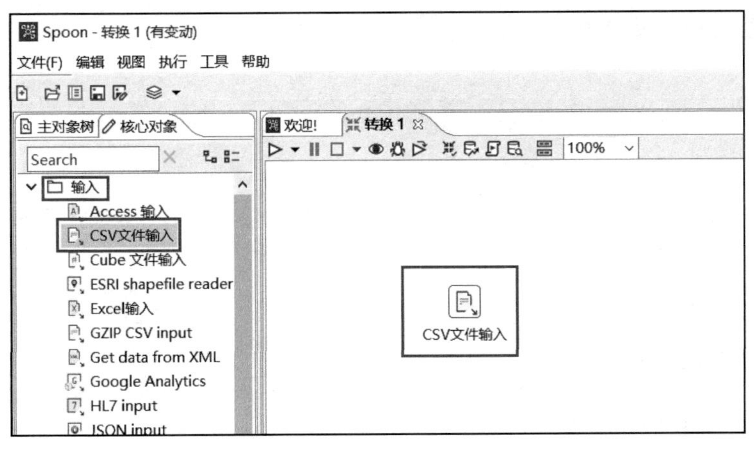

图 2-62　新建组件

（4）建立连接。按下 Shift 键，在“CSV 文件输入”和“排序记录”间用鼠标画线，或者按住鼠标中间滚轮移动鼠标即可连接两个节点，如图 2-63 所示。

（5）确认连接。双击连接线，会弹出对话框，如图 2-64 所示，注意起始步骤和目标步骤如果有值为空，则代表连接不成功；若使连接生效未勾选，则连接不生效，请重新建立连接。

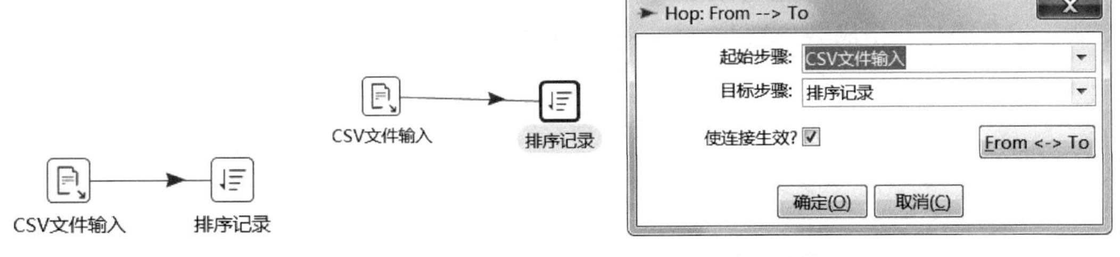

图 2-63　建立连接

图 2-64　确认连接

（6）删除连接。选中拟删除的连接线，右击选择“删除节点连接”。

（7）连接分支选择。在组件连接过程中，会弹出对话框，一般主要流程会选择“主要输出步骤”，存在分支时选择“Result is TRUE”和“Result is FALSE”，例如选择“核心对象”→“流程”→“过滤记录”和“空操作”建立如下分支，如图 2-65 所示。

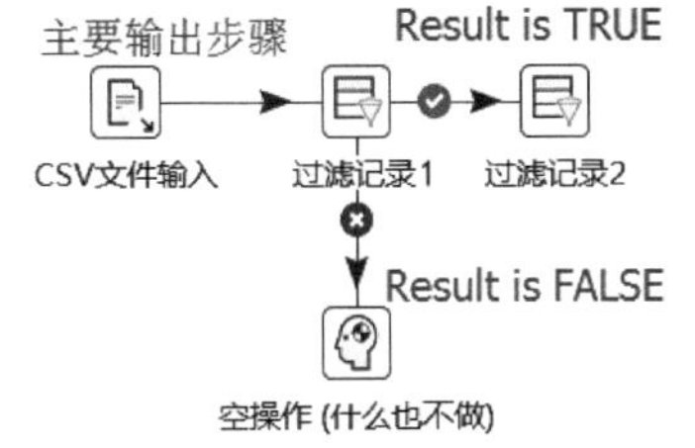

图 2-65　连接分支选择

2.3.4　数据统计分析与可视化

通过数学方法对数据进行整理、分析，通过图表方式可视化展示。pyecharts 将 python 与 echarts 结合，是一款功能强大的数据可视化工具，使用 python 调用 pyecharts 组件可以轻松地实现大数据可视化，绘制条形图、饼图、折线图、散点图等各种图形。

pyecharts 绘制图形的主要步骤如下。

1. 导入库并定义图表类型

```
from pyecharts import Bar        #预先执行 pip install pyecharts==0.1.9.4 安装 pyecharts
```

2. 添加图表的各项数据

```
#设置行名
columns =["Jan", "Feb", "Mar", "Apr", "May", "Jun", "Jul", "Aug", "Sep", "Oct",
"Nov", "Dec"]
#设置数据
data1 =[2.0, 4.9, 7.0, 23.2, 25.6, 76.7, 135.6, 162.2, 32.6, 20.0, 6.4, 3.3]
data2 =[2.6, 5.9, 9.0, 26.4, 28.7, 70.7, 175.6, 182.2, 48.7, 18.8, 6.0, 2.3]
```

3. 添加其他配置

```
#设置柱状图的主标题与副标题
bar =Bar("柱状图", "一年的降水量与蒸发量",width=1300,height=500)
#添加柱状图的数据及配置项
bar.add("降水量", columns, data1, mark_line=["average"], mark_point=["max",
"min"])
bar.add("蒸发量", columns, data2, mark_line=["average"], mark_point=["max",
"min"])
```

4. 生成 HTML 网页

```
#生成本地文件(默认为.html 文件)
bar.render()
```

上述代码执行生成 render.html 文件，显示如图 2-66 所示。

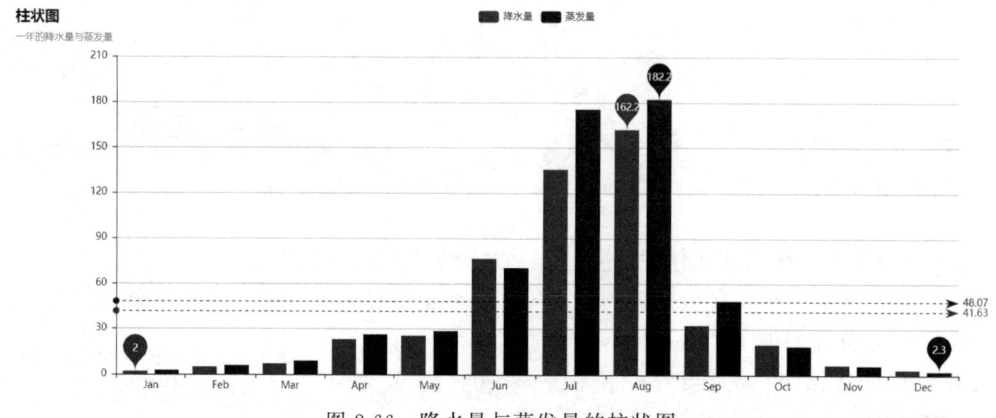

图 2-66　降水量与蒸发量的柱状图

2.4 项目实践

2.4.1 微课

2.4.1 点评网网页分析

本项目案例中的模拟点评网，显示了国内 200 个城市排名 TOP100 的餐厅数据，包括商铺名称、地址、所属商区、菜品分类、口味得分、环境得分、服务得分、人均消费等。本项目案例请读者自行安装部署配套资料中的模拟总评网系统，拟爬取该网站中 30 个城市排名 TOP100 的餐厅网页，例如：北京排名 TOP100 的餐厅网页

http://192.168.42.129/? rankId=b459a1299d3b11ec86d518dbf22ff9d5b459a12f9d3b11ec-86d518dbf22ff9d5,如图 2-67 所示。

通过观察每个城市的链接主要区别在于 rankId,每个城市有特定的 ID,例如:

```
北京排名 TOP100 的餐厅 HTML 网页的 rankId:
b459a1299d3b11ec86d518dbf22ff9d5b459a12f9d3b11ec86d518dbf22ff9d5
济南排名 TOP100 的餐厅 HTML 网页的 rankId:
b45d56239d3b11ec86d518dbf22ff9d5b45d56289d3b11ec86d518dbf22ff9d5
济南 HTML 网页地址可通过修改 rankId 得到:
http://192.168.42.129/?rankId=b45d56239d3b11ec86d518dbf22ff9d5b45d56289d-
3b11ec86d518dbf22ff9d5
```

北京评价餐厅
不安全 | 192.168.42.129/?rankId=b459a1299d3b11ec86d518dbf22ff9d5b459a12f9d3b11ec86d518dbf22ff9d5

北京

排名	商户	商区	口味	环境	服务	人均
1	第六季自助餐厅	王府井/东单	91	92	93	¥256
2	行运打边炉	亮马桥/三元桥	91	89	87	¥275
3	西四包子铺	西四	77	71	72	¥30
4	四季民福烤鸭店	王府井/东单	92	93	92	¥156
5	满恒记清真涮羊肉	阜成门	92	85	88	¥99
6	Mr.Fish鱼鲜生海鲜放题	国贸	88	91	85	¥400
7	爸爸糖手工吐司	新街口	87	84	81	¥41
8	逗 思夜市场	五道口	91	90	90	¥86
9	故宫角楼咖啡	东城区	78	84	82	¥53
10	三五堂	国贸	83	91	88	¥167
11	罗兰湖餐厅	酒仙桥	87	93	91	¥214
12	爸爸烤肉	三里屯	87	90	84	¥159
13	会飞的鸡Flying chicken	双井	90	81	90	¥56
14	筑底食堂	三里屯	87	81	83	¥154
15	局气	新街口	89	92	91	¥115

显示第 1 到第 15 条记录,总共 100 条记录 每页显示 15 条记录 ‹ 1 2 3 4 5 6 7 ›

图 2-67 北京餐厅网页

因此先获取到相应城市 ID,以便后续进行数据抓取。打开济南 HTML 网页,如图 2-68 所示。

济南评价餐厅
不安全 | 192.168.42.129/?rankId=b45d56239d3b11ec86d518dbf22ff9d5b45d56289d3b11ec86d518dbf22ff9d5

济南

排名	商户	商区	口味	环境	服务	人均
1	宋府美食私家菜	祝甸	95	94	95	¥95
2	柒班Cafe&Food	市中区	92	93	93	¥71
3	日和美時·日式燒肉	大明湖	92	93	93	¥121
4	小城记忆火锅串串香	香港街	93	93	93	¥0
5	熊猫大師西餐酒吧	泺源大街	91	93	93	¥76
6	新草堂锅物料理	恒隆广场	91	92	92	¥153
7	盛玖锅·锅物料理火锅	千佛山公园	92	93	93	¥253
8	王品牛排	泉城广场	91	93	93	¥408
9	胡马八破川菜小馆	会展中心	92	92	92	¥70
10	隐家本格日式烧肉	会展中心	92	90	92	¥147
11	海底捞火锅	万达广场	92	92	92	¥115
12	枫多士	世茂广场和宽厚里	91	93	92	¥61
13	松果西餐厅	体育中心	91	93	93	¥114
14	好多海鲜的面	世茂广场和宽厚里	92	91	93	¥28
15	TEN·面馆	大明湖	90	93	93	¥31

显示第 1 到第 15 条记录,总共 100 条记录 每页显示 15 条记录 ‹ 1 2 3 4 5 6 7 ›

图 2-68 济南餐厅网页

按住 Fn 键不动接着按下 F12 键，单击“Network”和“XHR”出现如图 2-69 所示界面。

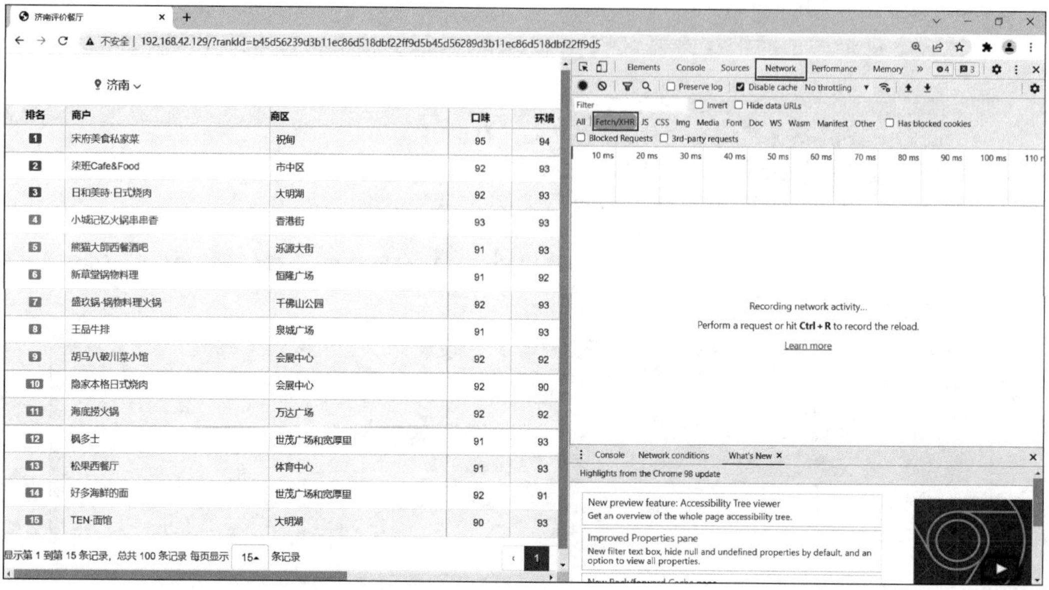

图 2-69　请求页面

接着按下 Ctrl+R 组合键，出现如图 2-70 所示界面。

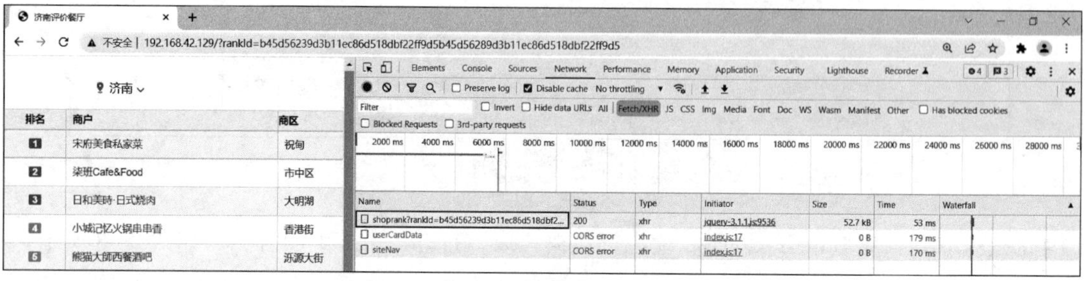

图 2-70　请求列表

单击最下方框处，出现如图 2-71 所示界面，单击 Headers 看到 general 中 Request URL：http://192.168.42.129/mylist/ajax/shoprank? rankId=b45d56239d3b11ec86d518dbf22ff9d5b45d56289d3b11ec86d518dbf22ff9d5，该网页所有数据通过 Ajax 接口获得，并且在 Response Headers 中看到“Content-Type :application/json”，获得的响应是 JSON 数据。

在浏览器中，输入该链接：

```
http://192.168.42.129/mylist/ajax/shoprank?rankId=b45d56239d3b11ec86d518dbf22ff9d5-
b45d56289d3b11ec86d518dbf22ff9d5
```

得到 JSON 字符串，如图 2-72 所示，其中关键字段含义如表 2-6 所示，最终抓取的数据只需要解析 JSON 便可获得所需字段，主要包括城市、商铺名称、编号、星级、所在商区、菜品分类、口味评分、环境评分、服务评分、人均消费、网址、图片(表 2-6)。同之前请求一样，只需要替换 rankId 便可进行多城市数据的爬取。

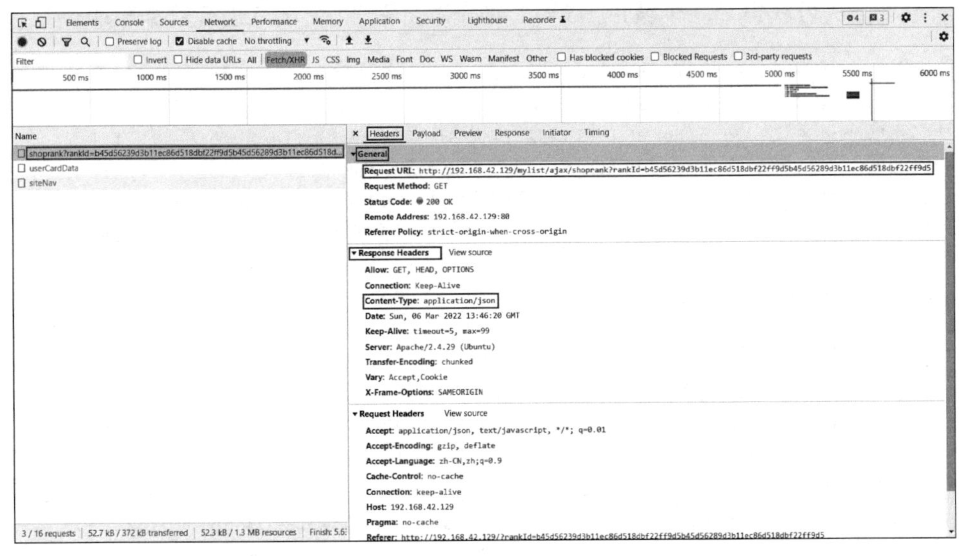

图 2-71　请求具体内容

Shoprank – Django REST fram

192.168.42.129/mylist/ajax/shoprank?rankId=b45d56239d3b11ec86d518dbf22ff9d5b45d56289d3b11ec86d518dbf22ff9d5

View to create user or list shopranks

GET /mylist/ajax/shoprank?rankId=b45d56239d3b11ec86d518dbf22ff9d5b45d56289d3b11ec86d518dbf22ff9d5

HTTP 200 OK
Allow: GET, HEAD, OPTIONS
Content-Type: application/json
Vary: Accept

{
"shopBeans": [
{
"id": 11201,
"city": "济南",
"shopName": "宋府美食私家菜",
"shopId": "4c021559b8bc24cd",
"shopPower": "50",
"mainRegionName": "祝甸",
"mainCategoryName": "私房菜",
"avgPrice": "95",
"shopUrl": "http://www.meishiweb.com/shop/4c021559b8bc24cd",
"defaultPic": "https://img.spider.net/pictures/269b8df373c611ec960018dbf22ff9d57b01.jpg",
"phoneNo": "15615517**",
"rankId": "b45d56239d3b11ec86d518dbf22ff9d5b45d56289d3b11ec86d518dbf22ff9d5",
"address": "祝舜路上海花园29号楼商铺",
"score1": "95",
"score2": "94",
"score3": "95"
},
{
"id": 11202,
"city": "济南",
"shopName": "柒班Cafe&Food",
"shopId": "49bb1057581ae5eb",
"shopPower": "50",
"mainRegionName": "市中区",
"mainCategoryName": "西餐",
"avgPrice": "71",
"shopUrl": "http://www.meishiweb.com/shop/49bb1057581ae5eb",
"defaultPic": "https://img.spider.net/pictures/269b8e6a73c611ec960018dbf22ff9d57b01.jpg",
"phoneNo": "83192**",
"rankId": "b45d56239d3b11ec86d518dbf22ff9d5b45d56289d3b11ec86d518dbf22ff9d5",
"address": "英雄山路祥泰广场1号楼1楼",
"score1": "92",

图 2-72　JSON 数据

表 2-6　字段含义

字段名称	字段含义	字段名称	字段含义	字段名称	字段含义
id	序号	address	商铺地址	defaultPic	商铺图片
shopName	商铺名称	score2	环境评分	rankid	城市 rankid
shopPower	商铺星级	city	城市	score1	口味评分
mainCategoryName	菜品分类	shopId	商铺编号	score3	服务评分
shopUrl	商铺网址	mainRegionName	所在商区		
phoneNo	电话号码	avgPrice	人均消费		

通过该方法可获得 200 个城市 rankId，首先对下面 30 个城市进行数据爬取：

```
["上海", "b459596e9d3b11ec86d518dbf22ff9d5b45959c49d3b11ec86d518dbf22ff9d5"],
["北京", "b459a1299d3b11ec86d518dbf22ff9d5b459a12f9d3b11ec86d518dbf22ff9d5"],
["广州", "b459e6f69d3b11ec86d518dbf22ff9d5b459e6fc9d3b11ec86d518dbf22ff9d5"],
["深圳", "b45a32ba9d3b11ec86d518dbf22ff9d5b45a32bf9d3b11ec86d518dbf22ff9d5"],
["天津", "b45a74d69d3b11ec86d518dbf22ff9d5b45a74dc9d3b11ec86d518dbf22ff9d5"],
["杭州", "b45ab9f19d3b11ec86d518dbf22ff9d5b45ab9f79d3b11ec86d518dbf22ff9d5"],
["南京", "b45b09869d3b11ec86d518dbf22ff9d5b45b09909d3b11ec86d518dbf22ff9d5"],
["苏州", "b45b60989d3b11ec86d518dbf22ff9d5b45b609d9d3b11ec86d518dbf22ff9d5"],
["成都", "b45bc2779d3b11ec86d518dbf22ff9d5b45bc27e9d3b11ec86d518dbf22ff9d5"],
["武汉", "b45c25479d3b11ec86d518dbf22ff9d5b45c254f9d3b11ec86d518dbf22ff9d5"],
["重庆", "b45c8f159d3b11ec86d518dbf22ff9d5b45c8f1e9d3b11ec86d518dbf22ff9d5"],
["西安", "b45cd2609d3b11ec86d518dbf22ff9d5b45cd2669d3b11ec86d518dbf22ff9d5"],
["青岛", "b45d14b89d3b11ec86d518dbf22ff9d5b45d14bd9d3b11ec86d518dbf22ff9d5"],
["济南", "b45d56239d3b11ec86d518dbf22ff9d5b45d56289d3b11ec86d518dbf22ff9d5"],
["威海", "b45db0de9d3b11ec86d518dbf22ff9d5b45db0e49d3b11ec86d518dbf22ff9d5"],
["长春", "b45e04259d3b11ec86d518dbf22ff9d5b45e042b9d3b11ec86d518dbf22ff9d5"],
["大连", "b45e459c9d3b11ec86d518dbf22ff9d5b45e45a19d3b11ec86d518dbf22ff9d5"],
["佛山", "b45e89e49d3b11ec86d518dbf22ff9d5b45e89e99d3b11ec86d518dbf22ff9d5"],
["贵阳", "b45ee1b49d3b11ec86d518dbf22ff9d5b45ee1ba9d3b11ec86d518dbf22ff9d5"],
["合肥", "b45f24b39d3b11ec86d518dbf22ff9d5b45f24b99d3b11ec86d518dbf22ff9d5"],
["呼和浩特", "b45f682a9d3b11ec86d518dbf22ff9d5b45f682f9d3b11ec86d518dbf22ff9d5"],
["昆明", "b45fac4e9d3b11ec86d518dbf22ff9d5b45fac549d3b11ec86d518dbf22ff9d5"],
["兰州", "b45fef599d3b11ec86d518dbf22ff9d5b45fef5f9d3b11ec86d518dbf22ff9d5"],
["南宁", "b46048ab9d3b11ec86d518dbf22ff9d5b46048b09d3b11ec86d518dbf22ff9d5"],
["秦皇岛", "b4608a8c9d3b11ec86d518dbf22ff9d5b4608a919d3b11ec86d518dbf22ff9d5"],
["沈阳", "b460ce4a9d3b11ec86d518dbf22ff9d5b460ce509d3b11ec86d518dbf22ff9d5"],
["太原", "b461113f9d3b11ec86d518dbf22ff9d5b46111449d3b11ec86d518dbf22ff9d5"],
["唐山", "b46152c49d3b11ec86d518dbf22ff9d5b46152ca9d3b11ec86d518dbf22ff9d5"],
["无锡", "b46195ab9d3b11ec86d518dbf22ff9d5b46195b09d3b11ec86d518dbf22ff9d5"],
["扬州", "b461d8799d3b11ec86d518dbf22ff9d5b461d87e9d3b11ec86d518dbf22ff9d5"]
```

2.4.2 Python 爬取点评网数据

2.4.2 微课

1. MySQL 数据库创建

本项目采用 MySQL 数据库存放爬取的数据，可以通过命令行创建并操作数据库，也可以利用 GUI 工具 Navicat 进行。本项目提供数据表 sql 文件，可放于 C 盘 sqlfile 目录下，利用 Navicat 工具创建数据库后，直接导入 sql 文件即可使用数据库表。

首先确认 MySQL 数据库是否已启动，单击“计算机管理”，弹出“计算机管理”界面，如图 2-73 所示。

单击“服务和应用程序”下的“服务”，查看 MySQL 服务状态，如图 2-74 所示，状态显示“已启动”，表明 MySQL 服务正常运行；若没有显示，则手动启动。

双击桌面上的“Navicat for MySQL”图标，进入如图 2-75 所示界面，单击“文件”→“新建连接”→“MySQL”。

出现如图 2-76 所示界面，设置参数如下：

连接名：用户自定义
主机名或 IP 地址：localhost　　　　　　##代表本机
端口：3306
用户名：root　　　　　　　　　　　　　##根用户权限
密码：111111　　　　　　　　　　　　##默认 6 个 1

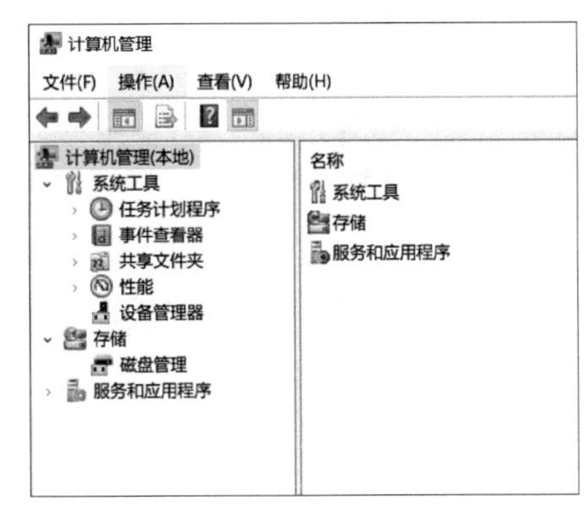

图 2-73 “计算机管理”界面

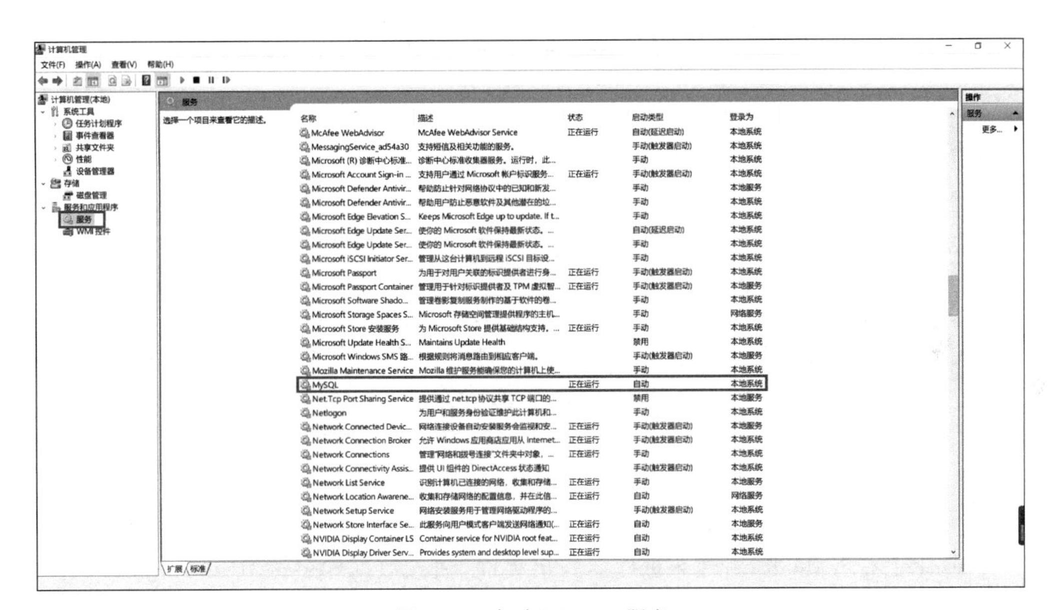

图 2-74 启动 MySQL 服务

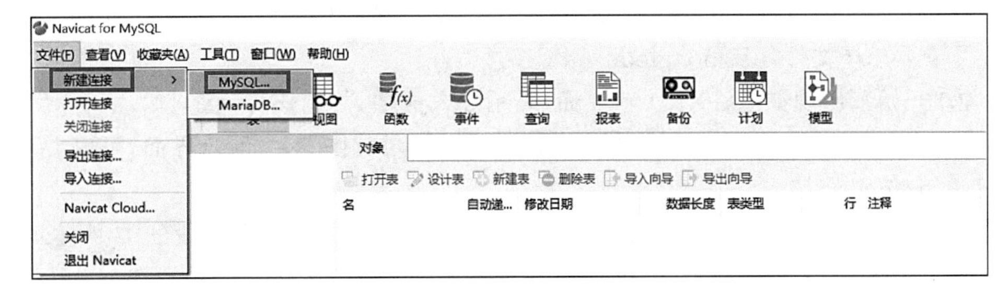

图 2-75 新建 MySQL 连接

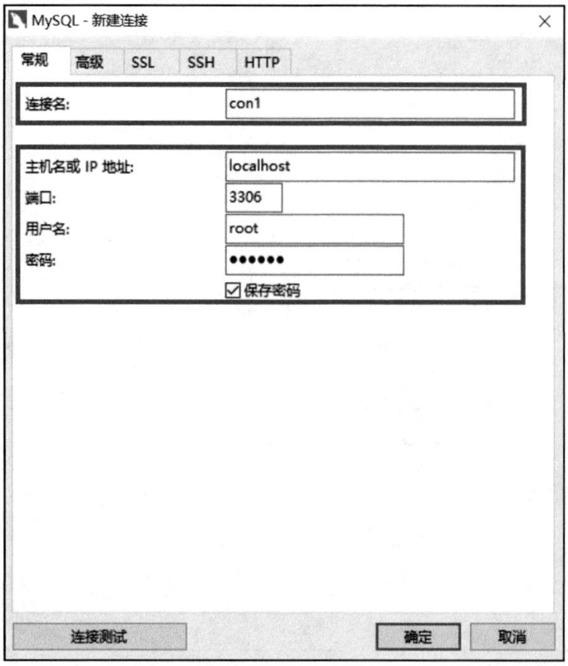

图 2-76　新建连接

单击“连接测试”，弹出“连接成功”对话框，即连接成功；单击“确定”，显示新建连接“con1”，双击该连接，显示如图 2-77 所示界面。

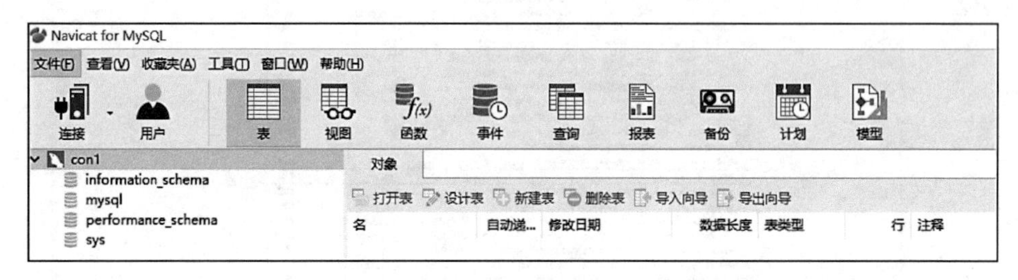

图 2-77　连接界面

在 con1 上右击，单击“新建数据库”，弹出界面，输入数据库名称“testdazhong”，选择字符集和排序规则，如图 2-78 所示。

单击“确定”进入如图 2-79 所示页面，显示新创建数据库“testdazhong”。

在“testdazhong”上右击，单击“运行 SQL 文件”，弹出如图 2-80 所示界面，从 C 盘 sqlfile 目录下选择文件“fdazhongfood.sql”。

单击“开始”，出现如图 2-81 所示界面，表示导入成功，关闭该界面。

在“testdazhong”下的“表”上右击，单击“刷新”，显示如图 2-82 所示界面，可以看到数据表 dazhonginfo 已经导入。

选中数据表“dazhonginfo”，单击“设计表”，可以看到数据表各个字段的类型、长度的定义，如图 2-83 所示。关闭，双击“dazhonginfo”表，可以看到表的内容，如图 2-84 所示，该表是空表。

图 2-78　新建数据库

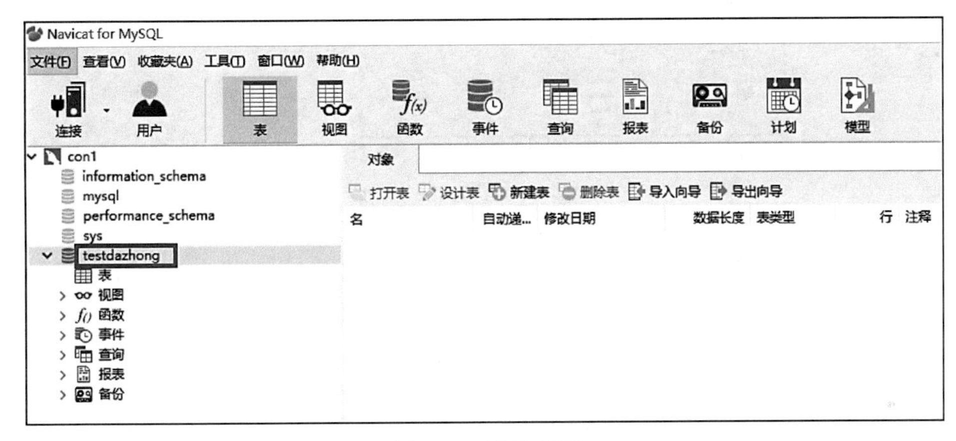

图 2-79　连接界面

图 2-80　运行 SQL 文件

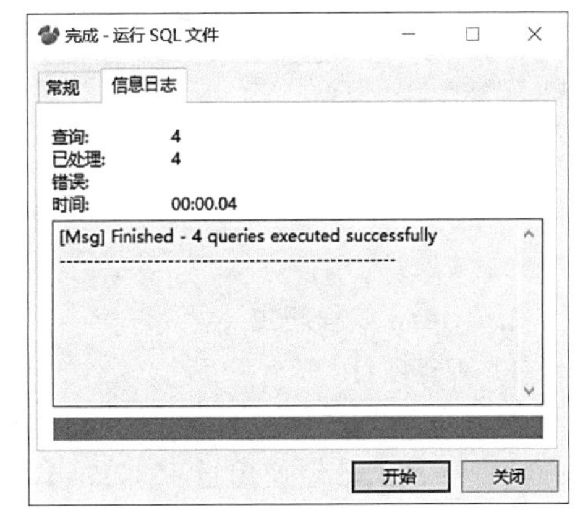

图 2-81　运行完成

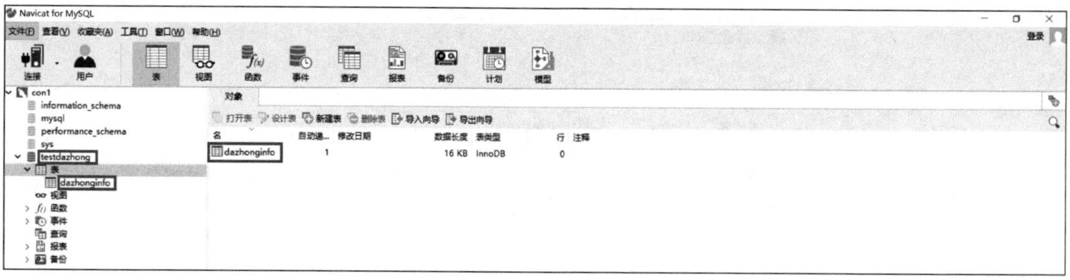

图 2-82　表信息

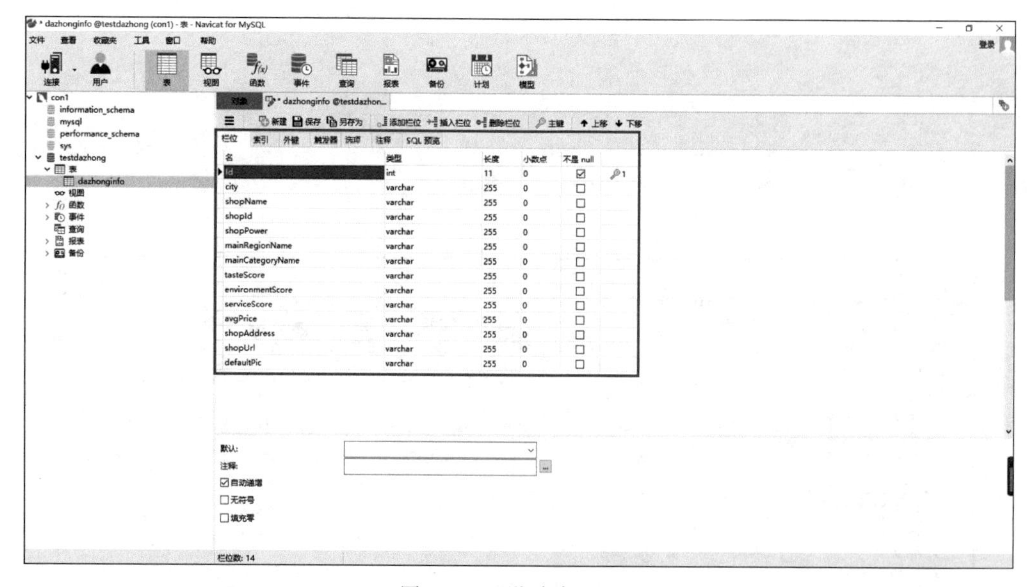

图 2-83　“设计表”界面

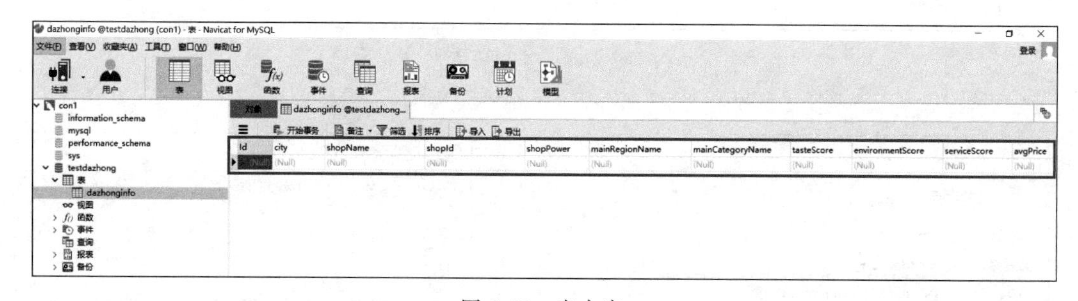

图 2-84　表内容

2. Python 编程爬虫

1）新建项目

2.4.2 爬虫程序

打开桌面上的 JetBrains PyCharm，单击“＋创建新项目”创建一个新项目，如果之前已经使用过 PyCharm，选择“New”→“Project”创建新项目，如图 2-85 所示。

新创建项目进入如图 2-86 所示界面，在 Location 选择项目目录，如 D:\PycharmProjects\dazhongspider。可为项目创建 Virtualenv，展开

图 2-85　PyCharm 起始页

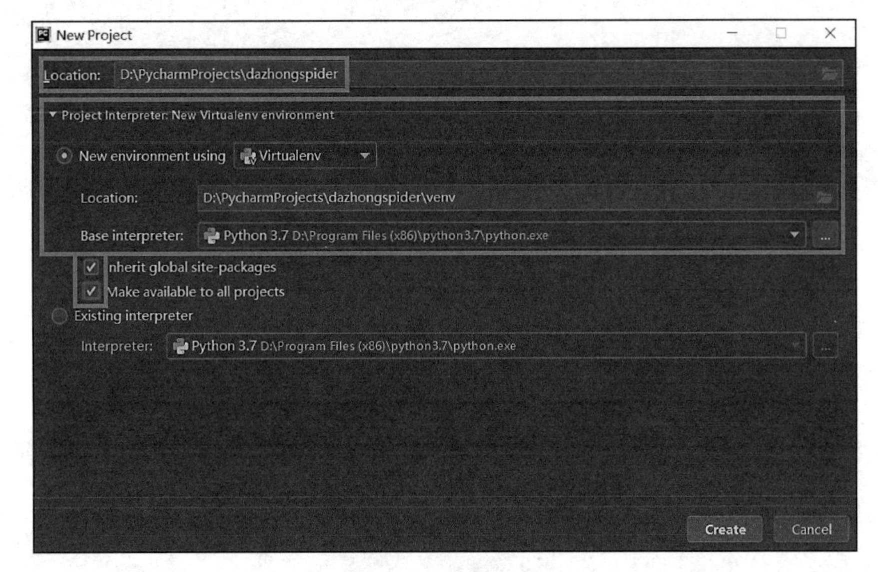

图 2-86　配置工程

Project Interpreter：New Virtualenv Environment 节点，选择 Virtualenv 工具，指定用于新虚拟环境的位置和基本解释器，Location 用户可以自行设定，Base interpreter 是安装 python.exe 的路径，如 D:\Program Files(x86)\python3.7\python.exe；也可为项目选择 Existing interpreter 现存的解释器，如 D:\Program Files(x86)\python3.7\python.exe。

然后单击“New Project”对话框底部的“ Create”按钮，进入如图 2-87 所示界面。

单击“文件”→“设置”→“外观 & 行为”，单击下方“外观”，在右边 UI 选项主题下拉框中选择“IntelliJ”，如图 2-88 所示，单击“确定”修改完成 pycharm 视图背景，返回工程项目页面，单击“视图”菜单勾选工具栏。

在工程页面中单击左侧的“Project”标签，看到创建的 python 项目，如图 2-89 所示。

2）设置爬虫代码目录

为了便于项目管理，设置不同的目录编写程序，选中该项目“dazhongspider”，右击选择“新建”→“目录”，如图 2-90 所示。

在弹出的界面中，设置爬虫程序的目录名称为“spider”，如图 2-91 所示。

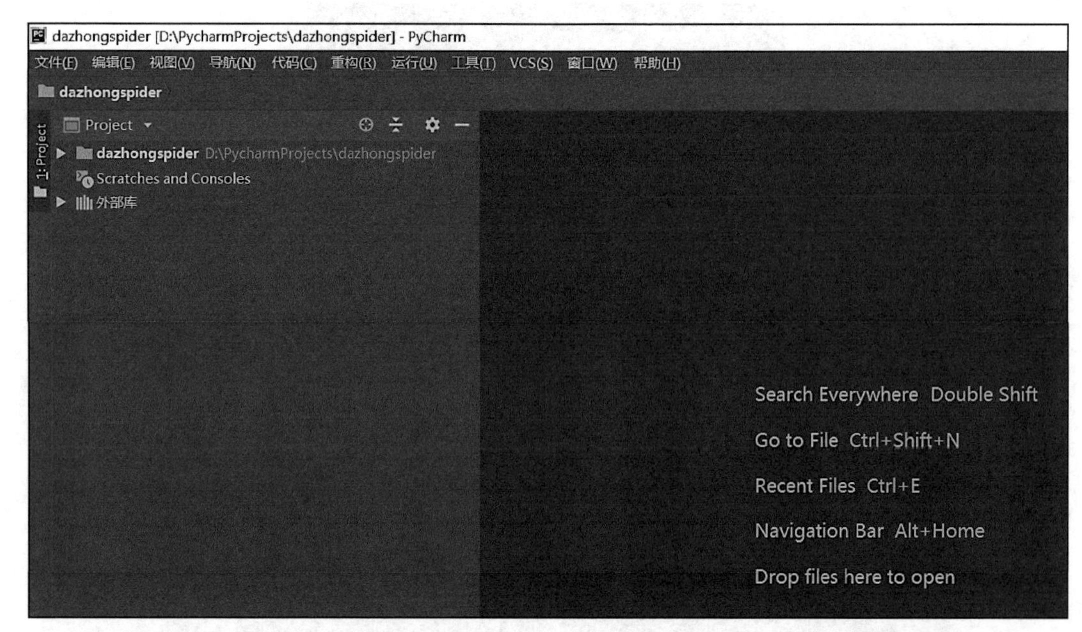

图 2-87 创建项目

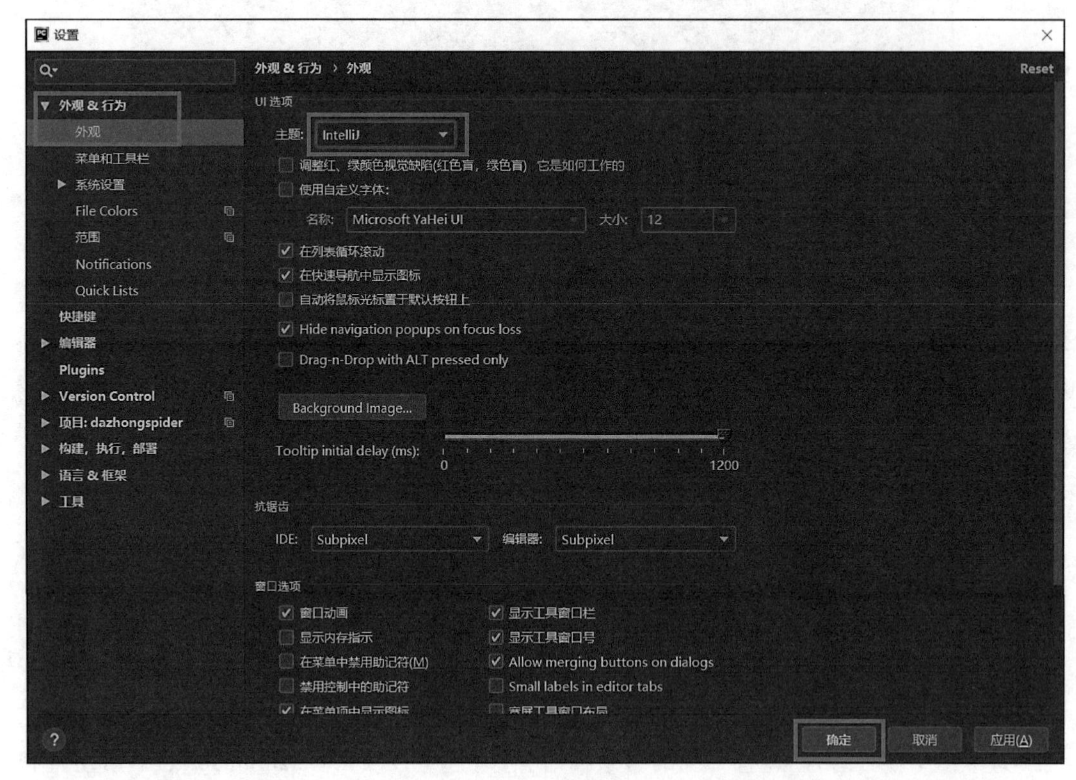

图 2-88 设置页面

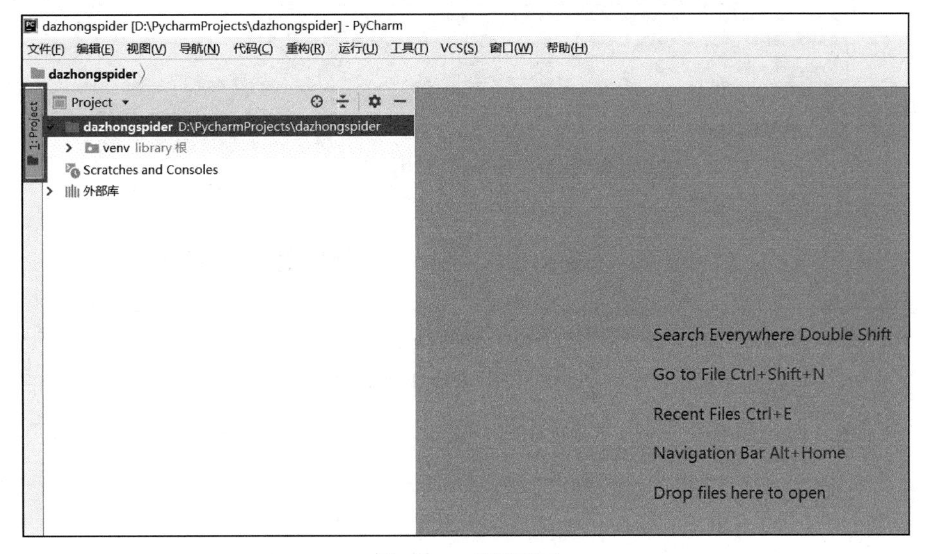

图 2-89 项目页面

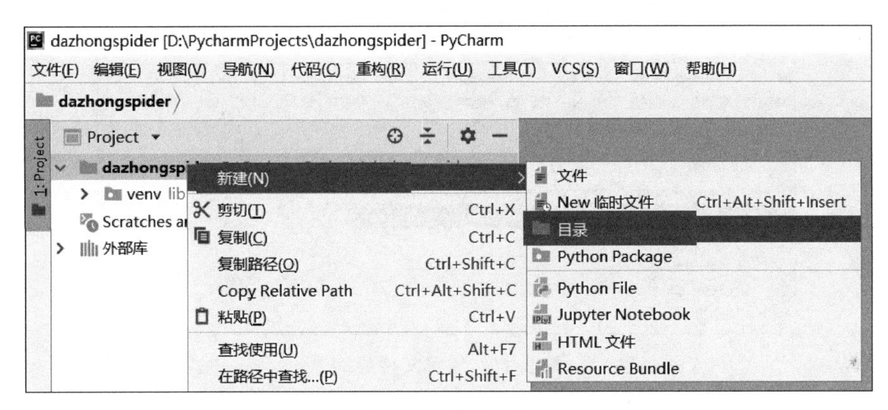

图 2-90 新建目录

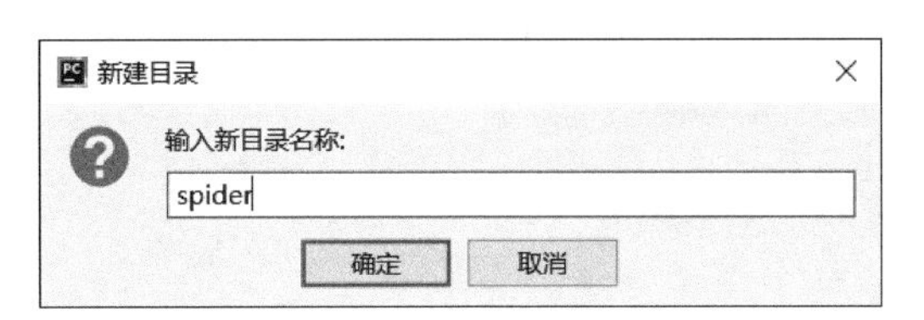

图 2-91 设置目录名称

3）Python 编程数据存储

选中“dazhongspider”项目→“spider”目录，单击“新建”→“Python File”，如图 2-92 所示。

弹出如图 2-93 所示的对话框，输入文件名“dbconnect”。单击“确定”按钮进入“dbconnect.py”文件编辑界面，如图 2-94 所示。输入数据库连接代码到“dbconnect.py”文件并保存：

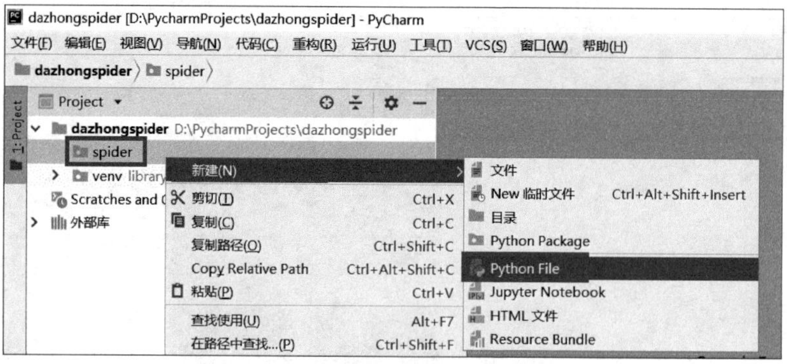

图 2-92　新建 Python 文件

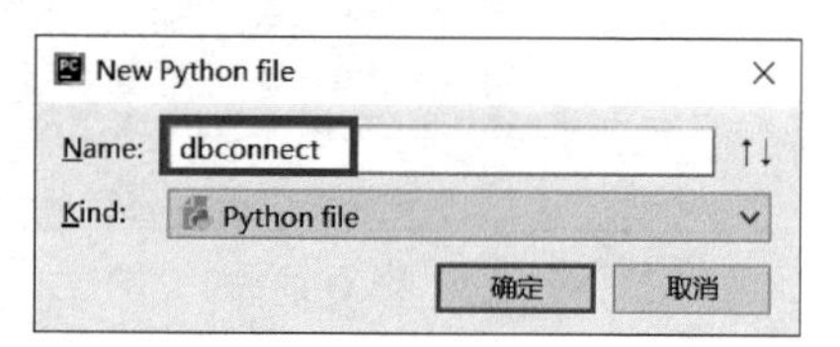

图 2-93　输入文件名

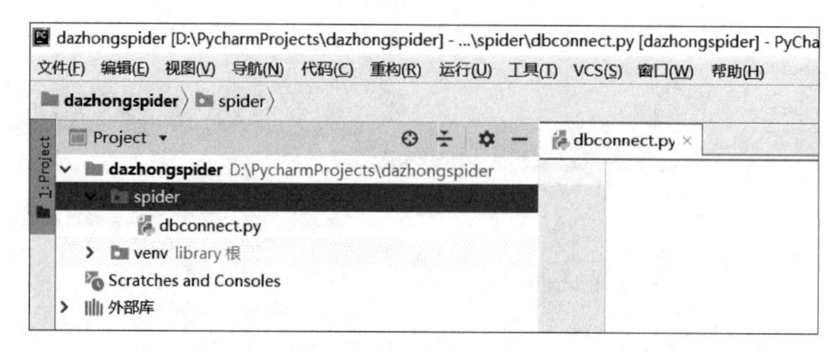

图 2-94　编辑文件界面

```
import pymysql
#此类操作数据库
class DBConnect():
#这个类用于连接数据库、插入数据、查询数据
    def __init__(self):
        self.host ='localhost'
        self.port =3306
        self.user ='root'
        self.passwd ='111111'
        self.db ='testdazhong'
    #连接到具体的数据库
    def connectDatabase(self):
        conn =pymysql.connect (host=self.host,
                              port=self.port,
                              user=self.user,
                              passwd=self.passwd,
                              db=self.db,
                              charset='utf8')
```

```
        return conn
    #插入数据
    def insert(self, sql, *params):
        conn =self.connectDatabase()
        cur =conn.cursor()
        cur.execute(sql, params)
        conn.commit()
        cur.close()
        conn.close()
    #查询数据
    def select(self, sql):
        conn =self.connectDatabase()
        cur =conn.cursor()
        try:
            #执行 SQL 语句
            cur.execute(sql)
            conn.commit()
            #获取所有记录列表
            results =cur.fetchall()
            return results
        except:
            print("Error: unable to fetch data")
        cur.close()
        conn.close()
```

4）Python 爬虫程序编程

如图 2-95 所示，选中“dazhongspider”项目→“spider”目录，单击“新建”→“Python File”。

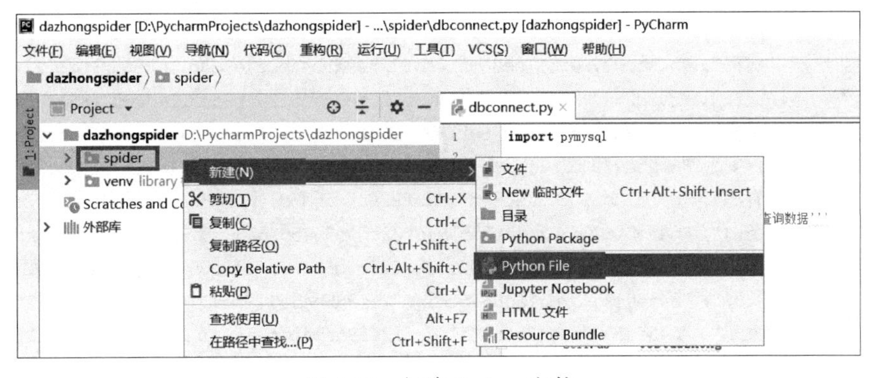

图 2-95　新建 Python 文件

弹出如图 2-96 所示对话框，输入文件名 “spider”。单击“确定”按钮，进入“spider.py”

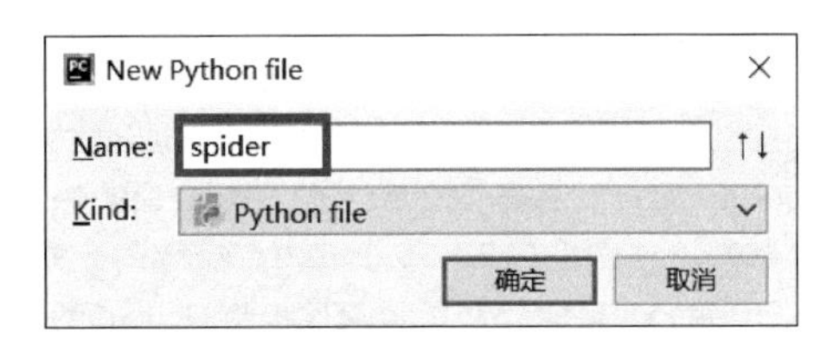

图 2-96　输入文件名

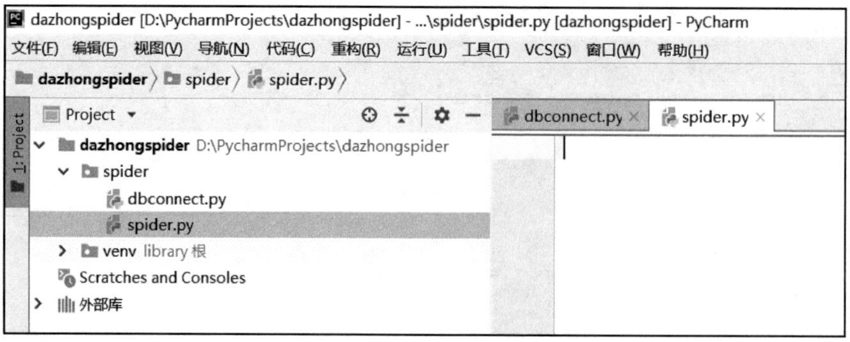

dazhongspider [D:\PycharmProjects\dazhongspider] - ...\spider\spider.py [dazhongspider] - PyCharm
文件(F) 编辑(E) 视图(V) 导航(N) 代码(C) 重构(R) 运行(U) 工具(T) VCS(S) 窗口(W) 帮助(H)
dazhongspider 〉 spider 〉 spider.py 〉
1: Project
Project ▾
dbconnect.py × spider.py ×
dazhongspider D:\PycharmProjects\dazhongspider
spider
dbconnect.py
spider.py
venv library 根
Scratches and Consoles
外部库

图 2-97 编辑文件界面

的编辑界面，如图 2-97 所示。输入下面的爬虫代码到该文件并保存：

```
import json
import random
import requests
import dbconnect
#城市列表
citylist =[["上海", "b459596e9d3b11ec86d518dbf22ff9d5b45959c49d3b11ec86d518dbf22ff9d5"],
          ["北京", "b459a1299d3b11ec86d518dbf22ff9d5b459a12f9d3b11ec86d518dbf22ff9d5"],
          ["广州", "b459e6f69d3b11ec86d518dbf22ff9d5b459e6fc9d3b11ec86d518dbf22ff9d5"],
          ["深圳", "b45a32ba9d3b11ec86d518dbf22ff9d5b45a32bf9d3b11ec86d518dbf22ff9d5"],
          ["天津", "b45a74d69d3b11ec86d518dbf22ff9d5b45a74dc9d3b11ec86d518dbf22ff9d5"],
          ["杭州", "b45ab9f19d3b11ec86d518dbf22ff9d5b45ab9f79d3b11ec86d518dbf22ff9d5"],
          ["南京", "b45b09869d3b11ec86d518dbf22ff9d5b45b09909d3b11ec86d518dbf22ff9d5"],
          ["苏州", "b45b60989d3b11ec86d518dbf22ff9d5b45b609d9d3b11ec86d518dbf22ff9d5"],
          ["成都", "b45bc2779d3b11ec86d518dbf22ff9d5b45bc27e9d3b11ec86d518dbf22ff9d5"],
          ["武汉", "b45c25479d3b11ec86d518dbf22ff9d5b45c254f9d3b11ec86d518dbf22ff9d5"],
          ["重庆", "b45c8f159d3b11ec86d518dbf22ff9d5b45c8f1e9d3b11ec86d518dbf22ff9d5"],
          ["西安", "b45cd2609d3b11ec86d518dbf22ff9d5b45cd2669d3b11ec86d518dbf22ff9d5"],
          ["青岛", "b45d14b89d3b11ec86d518dbf22ff9d5b45d14bd9d3b11ec86d518dbf22ff9d5"],
          ["济南", "b45d56239d3b11ec86d518dbf22ff9d5b45d56289d3b11ec86d518dbf22ff9d5"],
          ["威海", "b45db0de9d3b11ec86d518dbf22ff9d5b45db0e49d3b11ec86d518dbf22ff9d5"],
          ["长春", "b45e04259d3b11ec86d518dbf22ff9d5b45e042b9d3b11ec86d518dbf22ff9d5"],
          ["大连", "b45e459c9d3b11ec86d518dbf22ff9d5b45e45a19d3b11ec86d518dbf22ff9d5"],
          ["佛山", "b45e89e49d3b11ec86d518dbf22ff9d5b45e89e99d3b11ec86d518dbf22ff9d5"],
          ["贵阳", "b45ee1b49d3b11ec86d518dbf22ff9d5b45ee1ba9d3b11ec86d518dbf22ff9d5"],
          ["合肥", "b45f24b39d3b11ec86d518dbf22ff9d5b45f24b99d3b11ec86d518dbf22ff9d5"],
          ["呼和浩特","b45f682a9d3b11ec86d518dbf22ff9d5b45f682f9d3b11ec86d518dbf22ff-
          9d5"],
          ["昆明", "b45fac4e9d3b11ec86d518dbf22ff9d5b45fac549d3b11ec86d518dbf22ff9d5"],
          ["兰州", "b45fef599d3b11ec86d518dbf22ff9d5b45fef5f9d3b11ec86d518dbf22ff9d5"],
          ["南宁", "b46048ab9d3b11ec86d518dbf22ff9d5b46048b09d3b11ec86d518dbf22ff9d5"],
          ["秦皇岛", "b4608a8c9d3b11ec86d518dbf22ff9d5b4608a919d3b11ec86d518dbf22ff9d5"],
          ["沈阳", "b460ce4a9d3b11ec86d518dbf22ff9d5b460ce509d3b11ec86d518dbf22ff9d5"],
          ["太原", "b461113f9d3b11ec86d518dbf22ff9d5b46111449d3b11ec86d518dbf22ff9d5"],
          ["唐山", "b46152c49d3b11ec86d518dbf22ff9d5b46152ca9d3b11ec86d518dbf22ff9d5"],
```

```
        ["无锡", "b46195ab9d3b11ec86d518dbf22ff9d5b46195b09d3b11ec86d518dbf22ff9d5"],
        ["扬州", "b461d8799d3b11ec86d518dbf22ff9d5b461d87e9d3b11ec86d518dbf22ff9d5"]
        ]
#用户代理,是一个特殊字符串头,使得服务器能够识别客户使用的操作系统及版本、浏览器及版本、浏览器渲染引擎、浏览器语言、浏览器插件等。#
USER_AGENT_LIST =[
    "Mozilla/5.0 (Windows NT 6.1; WOW64) AppleWebKit/537.1 (KHTML, like Gecko) Chrome/22.0.1207.1 Safari/537.1",
    "Mozilla/5.0 (X11; CrOS i686 2268.111.0) AppleWebKit/536.11 (KHTML, like Gecko) Chrome/20.0.1132.57 Safari/536.11",
    "Mozilla/5.0 (Windows NT 6.1; WOW64) AppleWebKit/536.6 (KHTML, like Gecko) Chrome/20.0.1092.0 Safari/536.6",
    "Mozilla/5.0 (Windows NT 6.2) AppleWebKit/536.6 (KHTML, like Gecko) Chrome/20.0.1090.0 Safari/536.6",
    "Mozilla/5.0 (Windows NT 6.2; WOW64) AppleWebKit/537.1 (KHTML, like Gecko) Chrome/19.77.34.5 Safari/537.1",
    "Mozilla/5.0 (X11; Linux x86_64) AppleWebKit/536.5 (KHTML, like Gecko) Chrome/19.0.1084.9 Safari/536.5"]
#设置随机选择用户代理#
head ={
  'User-Agent': '{0}'.format(random.sample(USER_AGENT_LIST, 1)[0]) #随机获取
}
f =0
c =0
#定义解析页面函数#
def cfindinfo(city,data):
    global f,c
    #连接mysql数据库#
    dbcon =dbconnect.DBConnect()
    dbcon.connectDatabase();
    #解析返回的JSON数据#
    for idata in json.loads(data)["shopBeans"]:
        f +=1
        #商铺名称
        ishopName =idata["shopName"]
        #商铺编号
        ishopId =idata["shopId"]
        #商铺星级
        ishopPower =idata["shopPower"]
        #所在商区
        imainRegionName =idata["mainRegionName"]
        #分类名称
        imainCategoryName =idata["mainCategoryName"]
        #口味评分
        itasteScore =idata["score1"]
        #环境评分
        ienvironmentScore =idata["score2"]
        #服务评分
```

```
            iserviceScore =idata["score3"]
            #人均消费
            iavgPrice =idata["avgPrice"]
            #详细地址
            ishopAddress =idata["address"]
            #商铺网址
            ishopUrl ="http://192.168.42.129/shop/"+ishopId #此处改为本机 ip 地址
            #商铺图片
            idefaultPic =idata["defaultPic"]
            #将解析数据插入数据库#
            #定义 sql 语句#
            sql = '''insert into dazhonginfo(city, shopName, shopId, shopPower,
            mainRegionName, mainCategoryName, tasteScore, environmentScore,
            serviceScore, avgPrice, shopAddress, shopUrl, defaultPic) VALUES (%s,
            %s,%s,%s,%s,%s,%s,%s,%s,%s,%s,%s,%s)'''
            #插入的参数#
            params =(city, ishopName, ishopId, ishopPower, imainRegionName, imainCategory-
            Name, itasteScore, ienvironmentScore, iserviceScore, iavgPrice, ishop-
            Address, ishopUrl, idefaultPic)
            try:
                dbcon.insert(sql, * params)
                c +=1
                print("-----插入:", c, "条------")
            except:
                print("已存在不再重复插入!!")
        print("总条数: ", f)
#定义爬虫函数(调用解析函数)#
def cinfoSpider(clist):
        city =clist[0]
        url =clist[1]
        #爬虫地址#
        cbase_url =" http://192.168.42.129/mylist/ajax/shoprank?rankId="+url
        #get 请求获取网页数据#
        html =requests.get(cbase_url, headers=head)
        #调用 cfindinfo 函数解析#
        cfindinfo(city=city, data=str(html.text))
if __name__ =='__main__':
        #循环执行对每个城市网页的爬虫#
        for cdata in citylist:
            cinfoSpider(cdata)
```

5）设置依赖包

选中项目“dazhongspider”，单击“文件”→“设置”，单击“项目：dazhongspider”中的“Project Interpreter”，如图 2-98 所示，查看是否已安装 requests、PyMySQL 依赖包，若有，单击“确定”按钮；若没有，则按如下步骤添加，以“requests”为例，首先单击右侧的“+”号，进入如图 2-99 所示的界面，在查询框中输入“requests”，然后在列表中选择“requests”，单击“install package”。

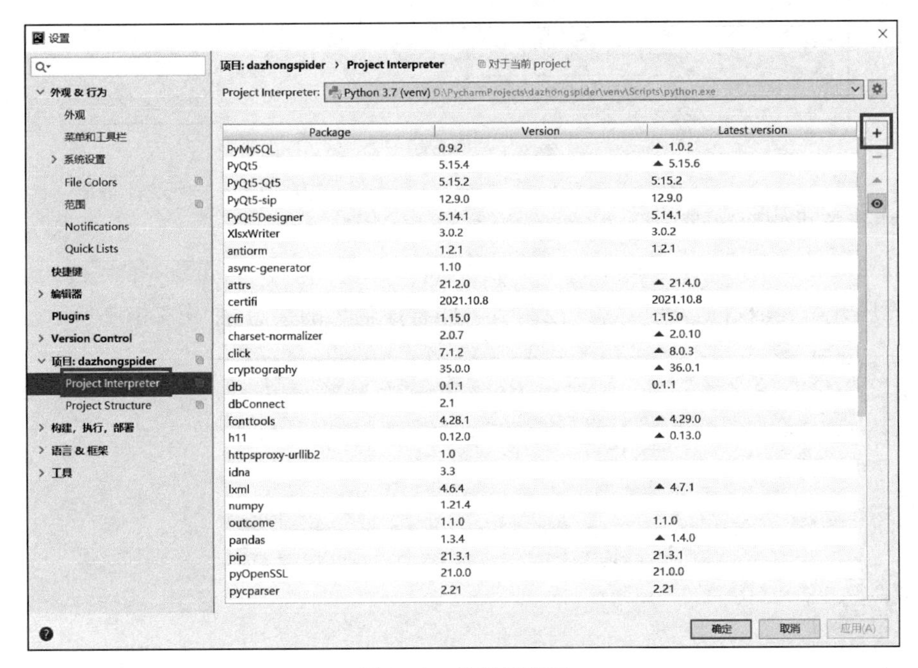

图 2-98　设置依赖包

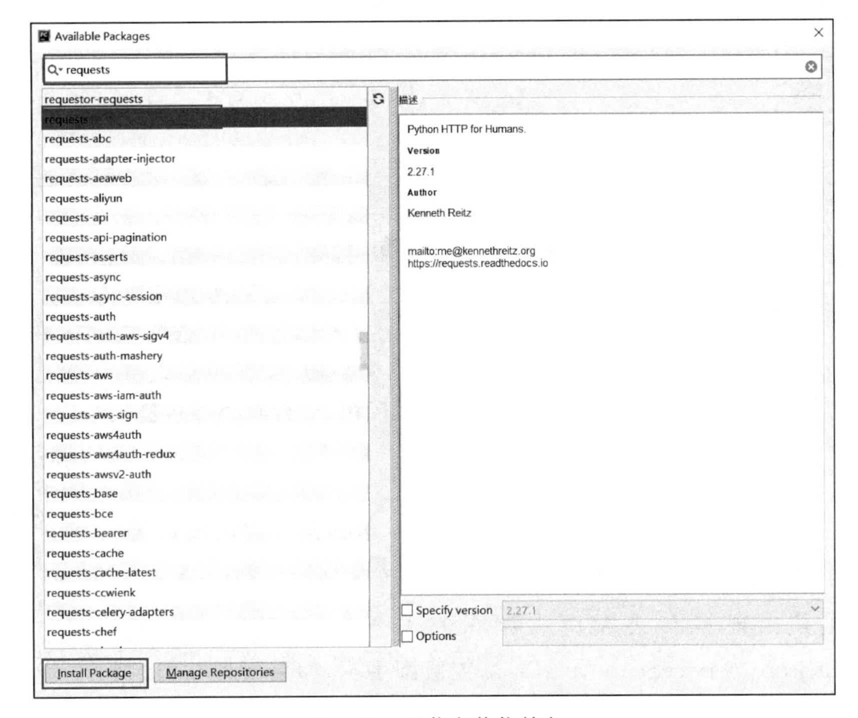

图 2-99　下载安装依赖包

出现“Package ‘requests-***’ installed successfully”表明依赖包安装成功，如图 2-100 所示，其他依赖包的安装过程类似，请按照该步骤继续安装“PyMySQL”。

安装完成后关闭安装页面，进入“设置”页面后，单击“确定”，回到工程主页面。

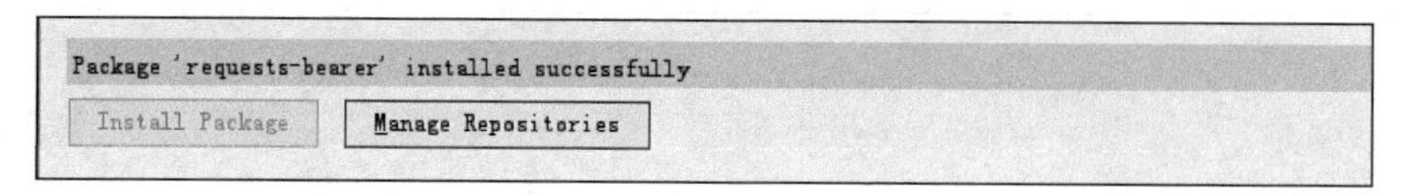

图 2-100 安装完成

6）执行爬虫爬取数据

在 dazhongspider 工程 spider 目录中选中“spider.py”文件，右击选择“运行 spider”，执行爬虫程序开始爬取数据，在“运行”控制台打印程序输出的信息，如图 2-101 所示。

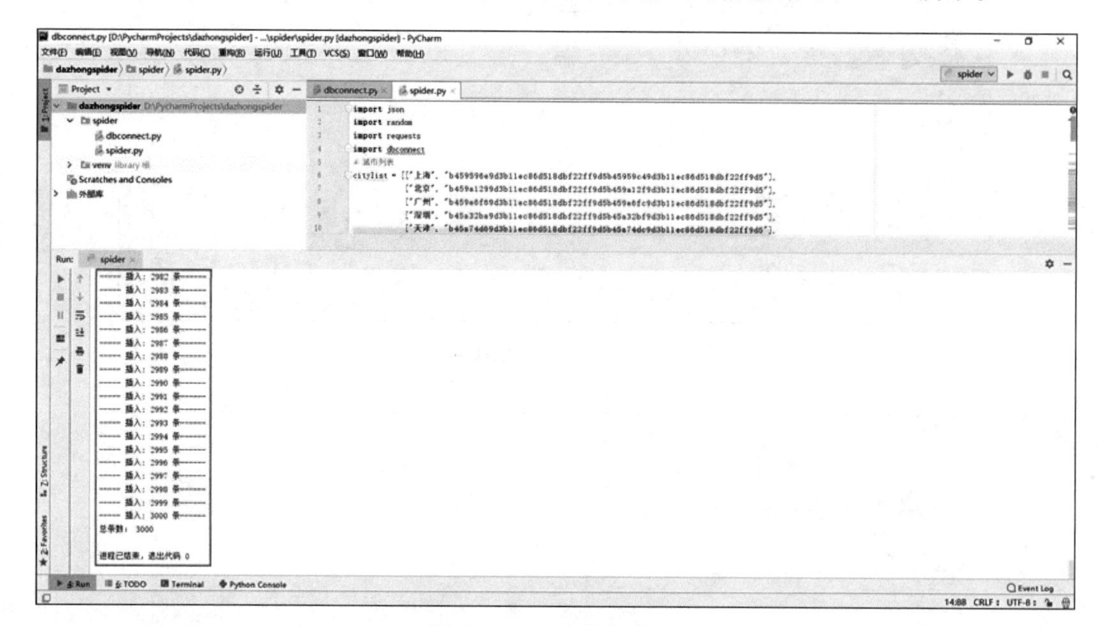

图 2-101 程序输出信息

7）查看爬取的数据

单击 Navicat 软件下“testdazhong”数据库，显示数据表“dazhonginfo”，双击该表，即可查看爬取的数据，如图 2-102 所示，单击右下角➡按钮，可查看下一页数据。

2.4.3 Kettle 数据清洗

2.4.3 微课

浏览“dazhonginfo”数据表的数据，发现爬取的数据存在以下问题：存在缺失值，即空的字段，需要删除该条记录；存在无效值，avgPrice 人均消费字段的值出现 0，代表人均消费是 0，不合理，对于 tasteScore、environmentScore、serviceScore、avgPrice 数值型字段，如果出现 0 值，则删除该条记录；shopUrl 和 defaultPic 列后续用不到，需要删除。

1. 清洗后数据存储

在 Navicat 软件中选中“testdazhong”数据库，右击选择“运行 SQL 文件”，弹出如图 2-103 所示的对话框，选择“C:\sqlfile\dazhongoutput.sql”，单击“开始”导入 dazhongoutput 数据表。

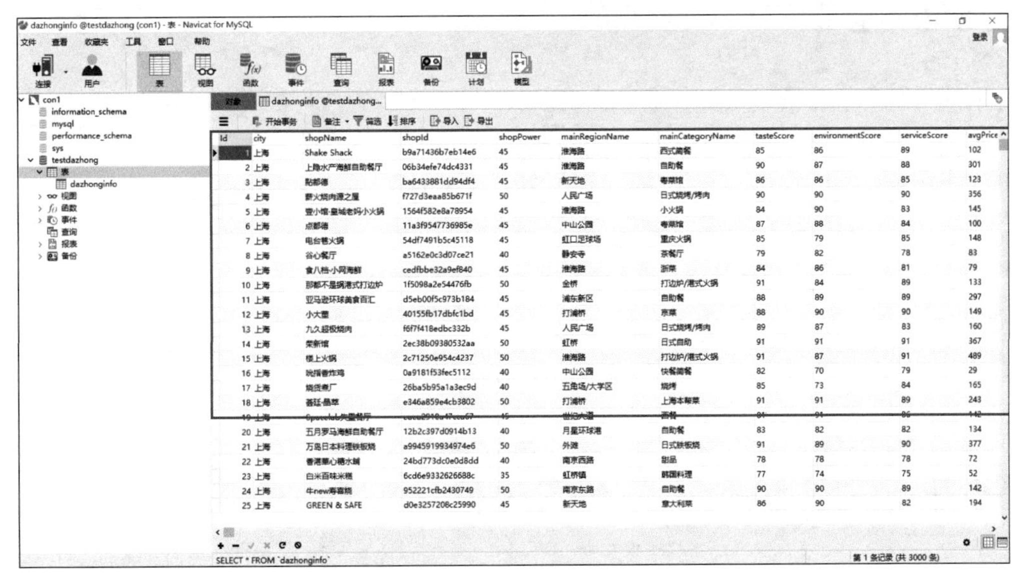

图 2-102　数据表内容

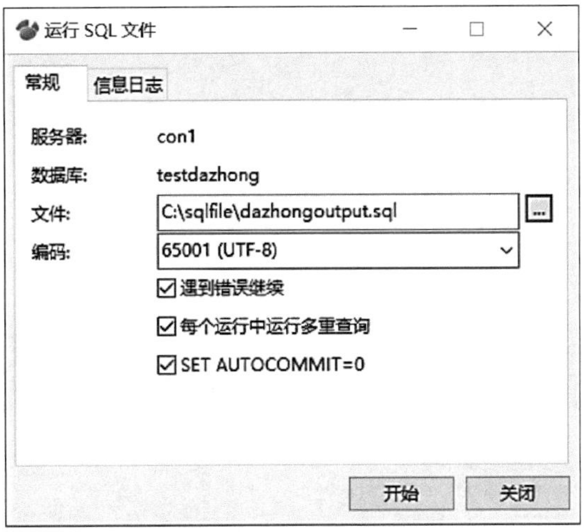

运行 SQL 文件

常规　信息日志

服务器:　con1

数据库:　testdazhong

文件:　C:\sqlfile\dazhongoutput.sql

编码:　65001 (UTF-8)

☑遇到错误继续

☑每个运行中运行多重查询

☑SET AUTOCOMMIT=0

开始　关闭

图 2-103　导入数据集

提示“＊＊＊ executed successfully”信息表示导入成功。关闭该页面，选中 testdazhong 数据库下面的“表”，右击选择“刷新”，看到“dazhongoutput”表，如图 2-104 所示。

双击“dazhongoutput”表可打开查看相关字段，各字段解释同数据表 dazhonginfo，如图 2-105 所示。

2. Kettle 数据清洗设计

1）创建数据清洗任务

在“主对象树”标签下双击“转换”，新建一个转换任务，打开“输入”→“表输入”，将“表输入”拖到右边工作台上，如图 2-106 所示。

2.4.3 数据清洗程序文件

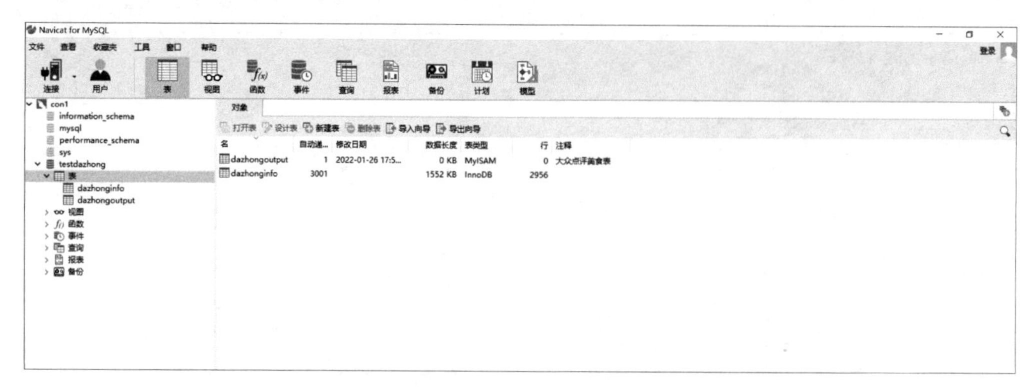

图 2-104 数据表信息

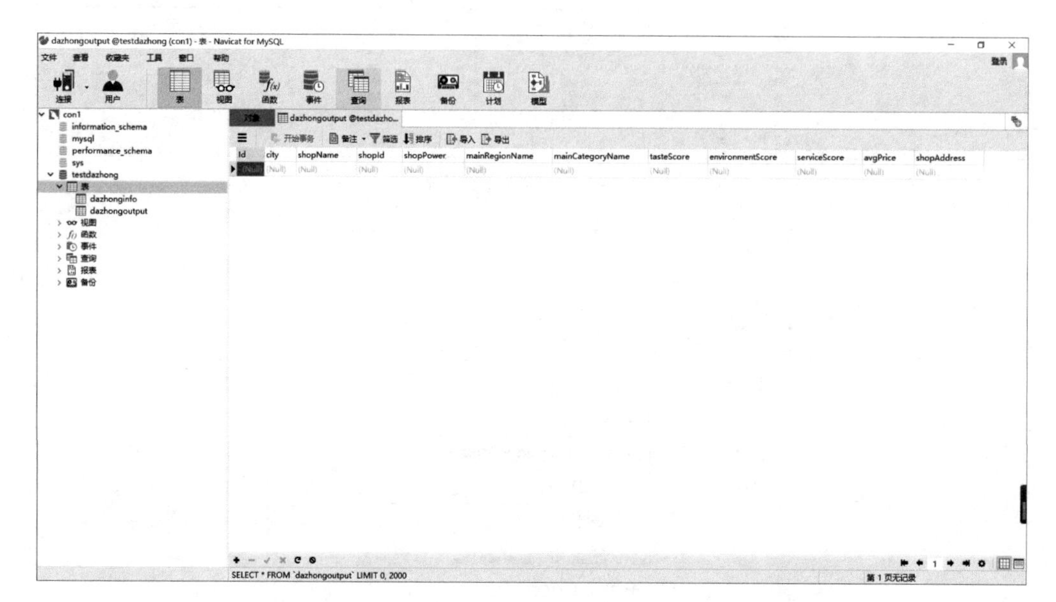

图 2-105 数据表内容

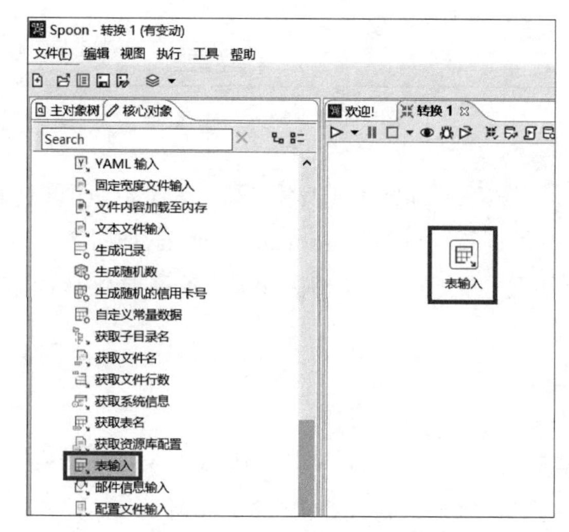

图 2-106 新建表输入组件

双击“表输入”，出现如图 2-107 所示界面，数据库连接处单击“新建”，在弹出对话框处设置连接名称，可任意定义，选择连接类型为“MySQL”，连接方式为“Native(JDBC)”，设置数据库连接信息，这里信息与 dbconnect.py 中数据库连接信息一致。

```
主机名或 IP 地址: localhost                  ##代表本机
端口: 3306
用户名: root                                 ##根用户权限
密码: 111111
```

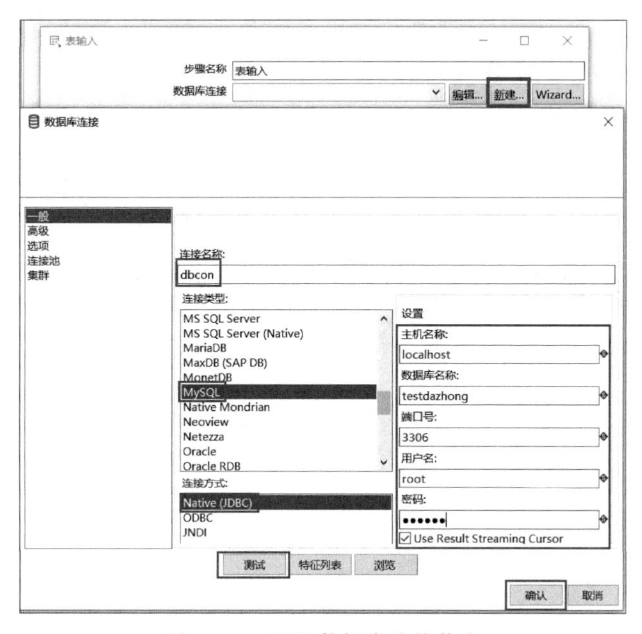

图 2-107　配置数据库连接信息

数据库设置为 testdazhong，存储 3 000 条爬取的数据。

单击“测试”按钮，出现如图 2-108 所示信息，表示数据库连接成功，单击“确定”按钮，返回数据库连接页，单击“确认”按钮返回表输入页。

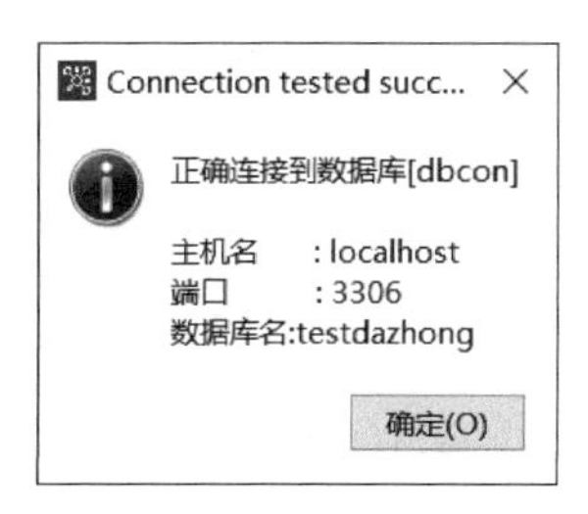

图 2-108　测试数据库连接

在图 2-109 中的表输入页，输入查询数据库的 SQL 查询语句，例如选择表中所有数据：

```
SELECT * FROM dazhonginfo
```

“dazhonginfo”是数据库表名称，然后单击“预览”按钮，选择预览的记录条数，例如“3000”，

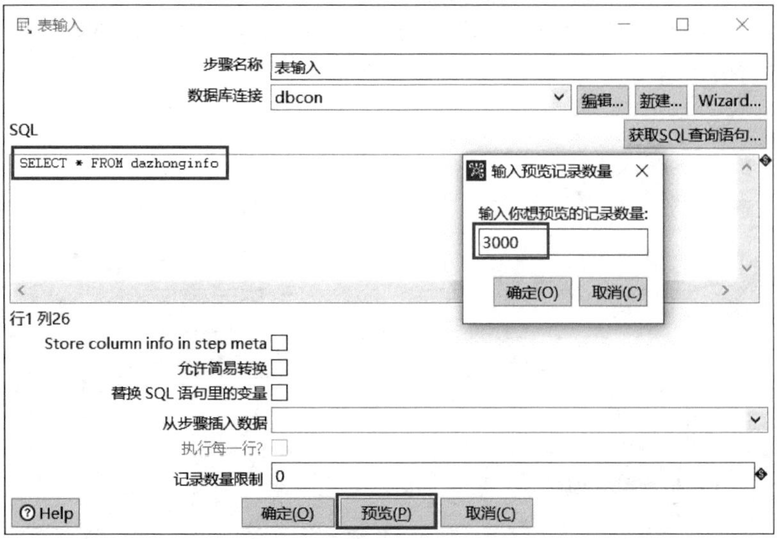

表输入

步骤名称 表输入

数据库连接 dbcon 编辑... 新建... Wizard...

SQL 获取SQL查询语句...

```
SELECT * FROM dazhonginfo
```

输入预览记录数量

输入你想预览的记录数量:

3000

确定(O) 取消(C)

行1 列26

Store column info in step meta

允许简易转换

替换 SQL 语句里的变量

从步骤插入数据

执行每一行?

记录数量限制 0

Help 确定(O) 预览(P) 取消(C)

图 2-109　配置表输入组件

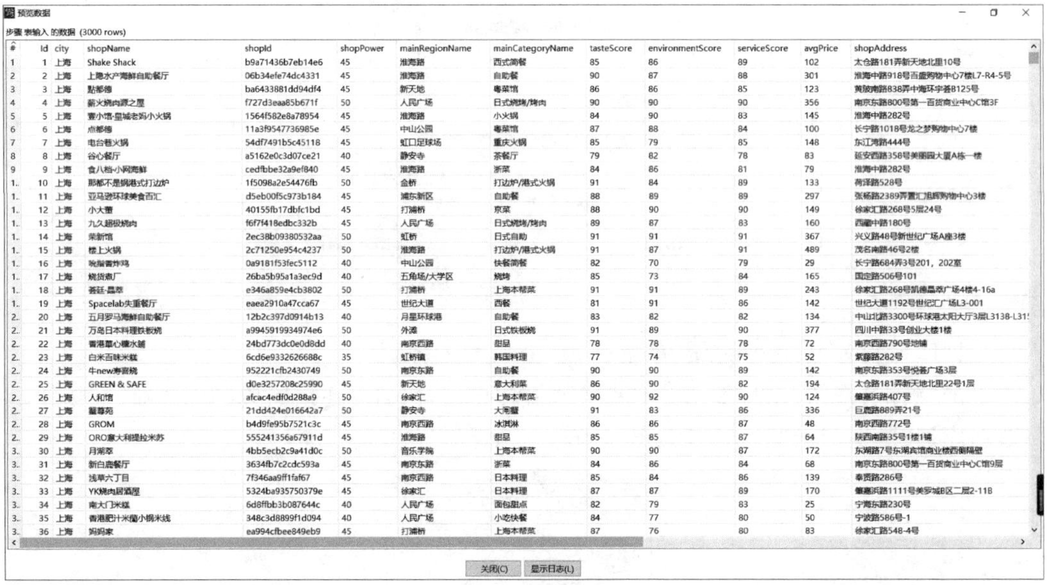

预览数据

步骤 表输入 的数据 (3000 rows)

#	Id	city	shopName	shopId	shopPower	mainRegionName	mainCategoryName	tasteScore	environmentScore	serviceScore	avgPrice	shopAddress
1	1	上海	Shake Shack	b9a71436b7eb14e6	45	淮海路	西式简餐	85	86	89	102	太仓路181弄新天地北里10号
2	2	上海	上隐水产海鲜自助餐厅	06b34efe74dc4331	45	淮海路	自助餐	90	87	88	301	淮海中路918号百盛购物中心7楼L7-R4-5号
3	3	上海	點都德	ba6433881dd94df4	45	新天地	粤菜馆	86	86	85	123	黄陂南路838弄中海环宇荟B125号
4	4	上海	薪火烧肉源之屋	f727d3eaa85b671f	50	人民广场	日式烧烤/烤肉	90	90	90	356	南京东路800号第一百货商业中心C馆3F
5	5	上海	壹小馆·皇城老妈小火锅	1564f582e8a78954	45	淮海路	小火锅	84	90	83	145	淮海中路282号
6	6	上海	点都德	11a3f9547736985e	45	中山公园	粤菜馆	87	88	84	100	长宁路1018号龙之梦购物中心7楼
7	7	上海	电台巷火锅	54df7491b5c45118	45	虹口足球场	重庆火锅	85	79	85	148	东江湾路444号
8	8	上海	谷心餐厅	a5162e0c3d07ce21	40	静安寺	茶餐厅	79	82	78	83	延安西路358号美丽园大厦A栋一楼
9	9	上海	食八档·小网海鲜	cedfbbe32a9ef840	45	淮海路	浙菜	84	86	81	79	淮海中路282号
1..	10	上海	那都不是锅港式打边炉	1f5098a2e54476fb	50	金桥	打边炉/港式火锅	91	84	89	133	荷泽路528号
1..	11	上海	亚马逊环球美食百汇	d5eb00f5c973b184	45	浦东新区	自助餐	88	89	89	297	张杨路2389弄置汇旭辉购物中心3楼
1..	12	上海	小大董	40155fb17dbfc1bd	45	打浦桥	京菜	88	90	90	149	徐家汇路268号5层24号
1..	13	上海	九久超级烧肉	f6f7f418edbc332b	45	人民广场	日式烧烤/烤肉	89	87	83	160	西藏中路180号
1..	14	上海	荣新馆	2ec38b09380532aa	50	虹桥	日式自助	91	91	91	367	兴义路48号新世纪广场A座3楼
1..	15	上海	楼上火锅	2c71250e954c4237	50	淮海路	打边炉/港式火锅	91	87	91	489	茂名南路46号2楼
1..	16	上海	吮指香炸鸡	0a9181f53fec5112	40	中山公园	快餐简餐	82	70	79	29	长宁路684弄3号201，202室
1..	17	上海	烧货素厂	26ba5b95a1a3ec9d	40	五角场/大学区	烧烤	85	73	84	165	国定路506号101
1..	18	上海	荟廷·晶萃	e346a859e4cb3802	50	打浦桥	上海本帮菜	91	91	89	243	徐家汇路268号凯德晶萃广场4楼4-16a
1..	19	上海	Spacelab失重餐厅	eaea2910a47cca67	45	世纪大道	西餐	81	91	86	142	世纪大道1192号世纪汇广场L3-001
2..	20	上海	五月罗马海鲜自助餐厅	12b2c397d0914b13	40	月星环球港	自助餐	83	82	82	134	中山北路3300号环球港太阳大厅3层L3138-L31!
2..	21	上海	万岛日本料理铁板烧	a9945919934974e6	50	外滩	日式铁板烧	91	89	90	377	四川中路33号创业大楼1楼
2..	22	上海	香港華心糖水舖	24bd773dc0e0d8dd	40	南京西路	甜品	78	78	78	72	南京西路790号地铺
2..	23	上海	白米百味米糕	6cd6e9332626688c	35	虹桥镇	韩国料理	77	74	75	52	紫藤路282号
2..	24	上海	牛new寿喜烧	952221cfb2430749	50	南京东路	自助餐	90	90	89	142	南京东路353号悦荟广场3层
2..	25	上海	GREEN & SAFE	d0e3257208c25990	45	新天地	意大利菜	86	90	82	194	太仓路181弄新天地北里22号1层
2..	26	上海	人和馆	afcac4edf0d288a9	50	徐家汇	上海本帮菜	90	92	90	124	肇嘉浜路407号
2..	27	上海	馥尊苑	21dd424e016642a7	50	静安寺	大闸蟹	91	83	86	336	巨鹿路889弄21号
2..	28	上海	GROM	b4d9fe95b7521c3c	45	南京西路	冰淇淋	86	86	87	48	南京西路772号
2..	29	上海	ORO意大利提拉米苏	555241356a67911d	45	淮海路	甜品	85	85	87	64	陕西南路35号1楼1铺
3..	30	上海	月湖萃	4bb5ecb2c9a41d0c	50	音乐学院	上海本帮菜	90	90	87	172	东湖路7号东湖宾馆商业楼西侧隔壁
3..	31	上海	新白鹿餐厅	3634fb7c2cdc593a	45	南京东路	浙菜	84	86	84	68	南京东路800号第一百货商业中心C馆9层
3..	32	上海	浅草六丁目	7f346aa9ff1faf67	45	南京西路	日本料理	85	84	86	139	奉贤路286号
3..	33	上海	YK烧肉居酒屋	5324ba935750379e	45	徐家汇	日本料理	87	87	89	170	肇嘉浜路1111号美罗城B区二层2-11B
3..	34	上海	南大门米糕	6d8ffbb3b087644c	40	人民广场	面包甜点	82	79	83	25	宁海东路230号
3..	35	上海	香港肥汁米蘭小锅米线	348c3d8899f1d094	40	人民广场	小吃快餐	84	77	80	50	宁波路586号-1
3..	36	上海	妈妈家	ea994cfbee849eb9	45	打浦桥	上海本帮菜	87	76	80	83	徐家汇路548-4号

关闭(C) 显示日志(L)

图 2-110　预览表信息

配置完成。单击“确定”按钮进行数据库中表信息预览，如图 2-110 所示。

2）过滤空值

选中“流程”→“过滤记录”，将“过滤记录”拖到右边工作台上，如图 2-111 所示。双击“过滤记录”，设置步骤名称为“过滤空值”，如图 2-112 所示。单击“确定”按钮，出现如图 2-113 所示组件。选中“流程”→“空操作(什么也不做)”，将“空操作(什么也不做)”拖到右边工作台上，如图 2-114 所示。

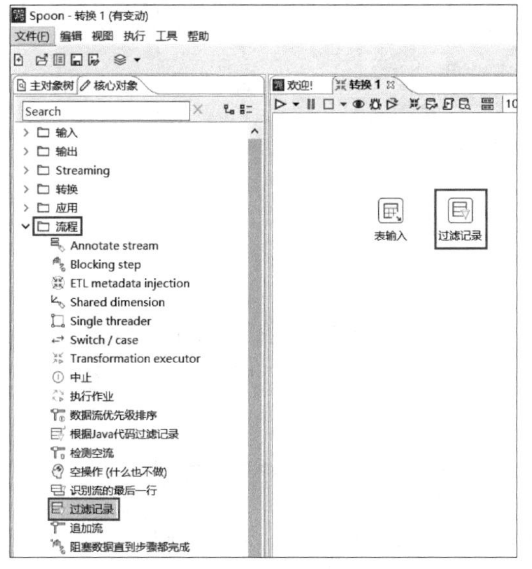

图 2-111　新建过滤记录组件

图 2-112　配置过滤属性

图 2-113　当前组件

图 2-114　新建空操作组件

按下 Shift 键，从“表输入”向“过滤空值”进行连线，如果弹出对话框，选择“主要输出步骤”，线连接成功后，单击“连线”，显示如图 2-115 所示。

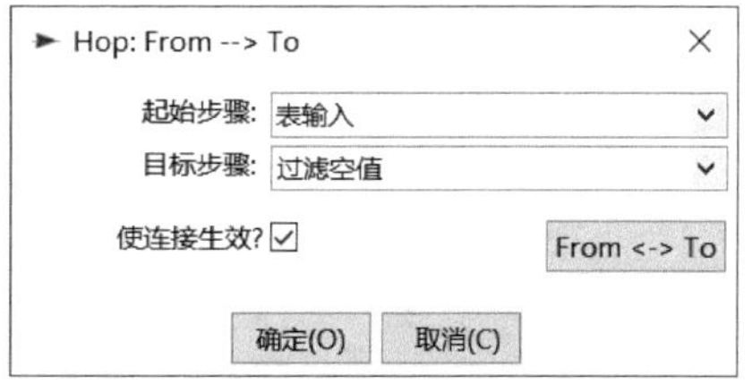

图 2-115　建立组件连接

然后同样操作从“过滤空值”向“空操作(什么也不做)”进行连线，在此过程中会弹出对话框，选择“Result is FALSE”，建立如图 2-116 所示连接图。

单击“过滤空值”和“空操作(什么也不做)”两者间的连线，如图 2-117 所示，单击“确定”按钮关闭该页。

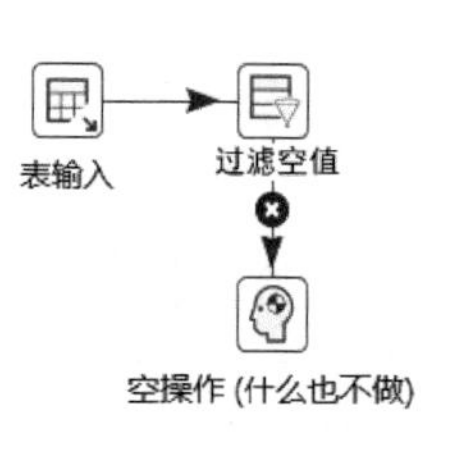

图 2-116　配置连接

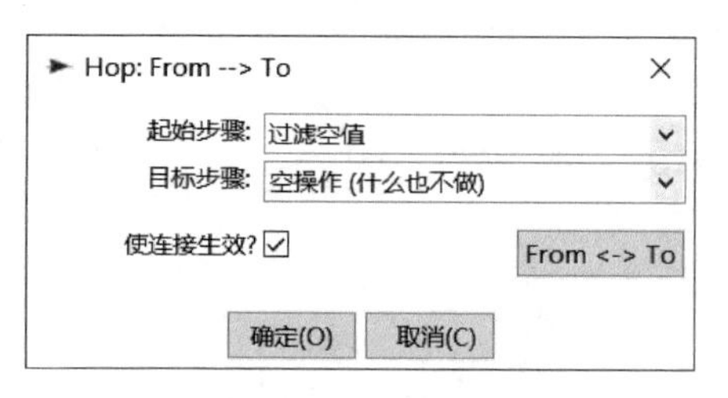

图 2-117　配置连接

双击“过滤空值”,添加条件,第一个方框中选择一个字段“Id”,如图 2-118 所示,单击“确定”按钮。

图 2-118　添加条件选择字段

在第二个方框中选择函数,选择“IS NOT NULL”,单击函数对话框的“确定”按钮,如图 2-119 所示,完成了第一个过滤条件的设置。

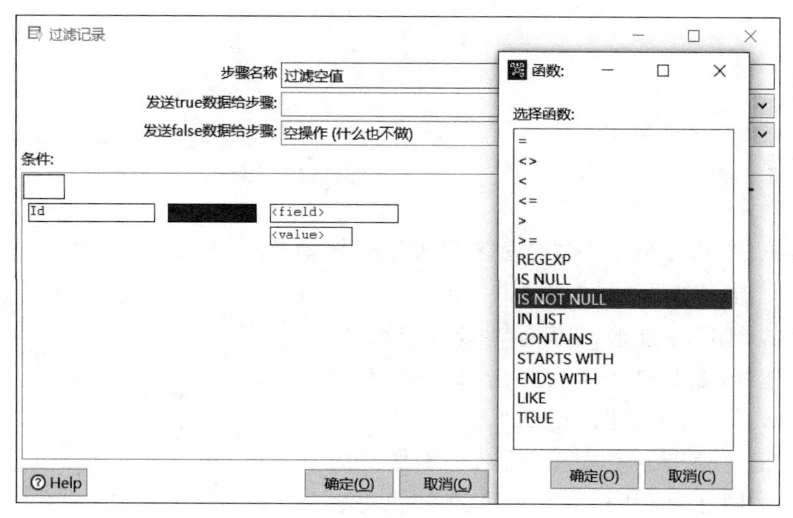

图 2-119　添加条件选择函数

单击右侧"+"号，出现如图 2-120 所示第二个条件。

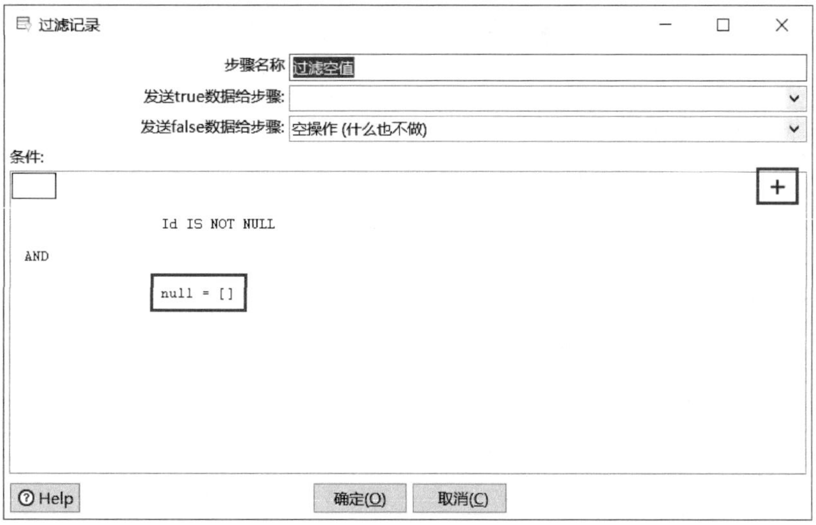

图 2-120 添加第二个条件

单击"null= []"，出现如图 2-121 所示界面，按照配置"Id"字段的步骤配置第二个字段"city"，单击最下方的"确定"按钮。

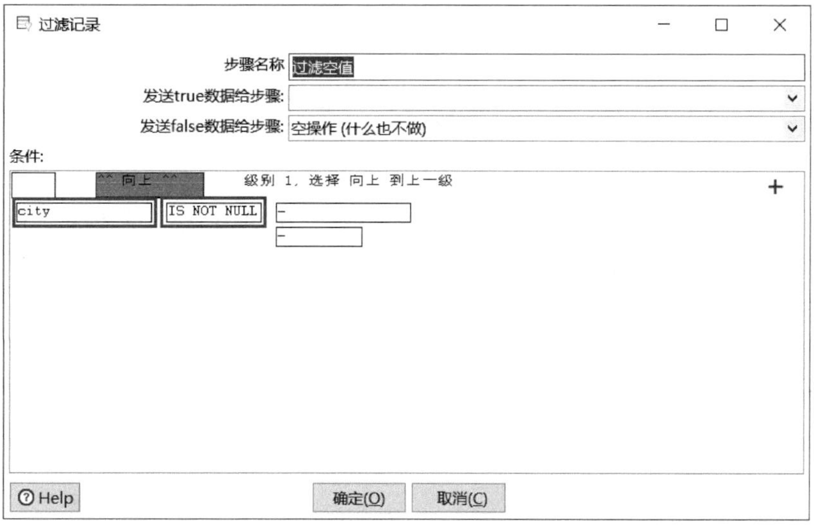

图 2-121 设置条件属性

重复上述步骤，依次添加 shopName、shopId、shopPower、mainRegionName、mainCategoryName、tasteScore、environmentScore、serviceScore、avgPrice、shopAddress、shopUrl、defaultPic 这些字段均不为空的条件，如图 2-122 所示，单击"确定"按钮，保存过滤条件，完成第一个组件"过滤空值"的条件设置。

3）过滤 0 值

继续，选中"流程"→"过滤记录"，将"过滤记录"拖到右边工作台上，双击"过滤记录"设

图 2-122　添加所有条件

置步骤名称为“过滤 0 值”，选中“流程”→“空操作(什么也不做)”，将“空操作(什么也不做)2”拖到右边工作台上，显示为“空操作(什么也不做)2”，如图 2-123 所示。

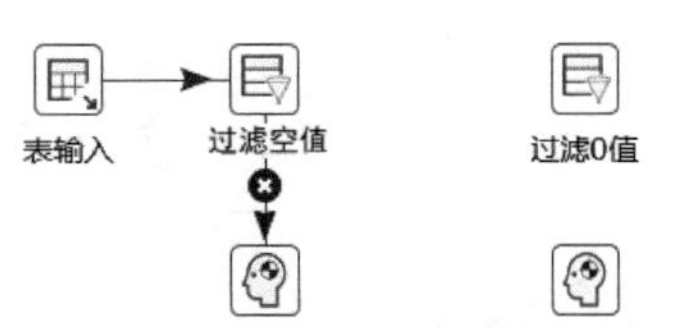

图 2-123　新建过滤 0 值组件

按下 Shift 键，从“过滤空值”向“过滤 0 值”进行连线，若弹出对话框选择“Result is TURE”连接即可，单击“连线”，显示如图 2-124 所示。

同样操作连接“过滤 0 值”→“空操作(什么也不做)2”，在此过程中会弹出对话框，选择“Result is FALSE”，建立如图 2-125 所示连接图。

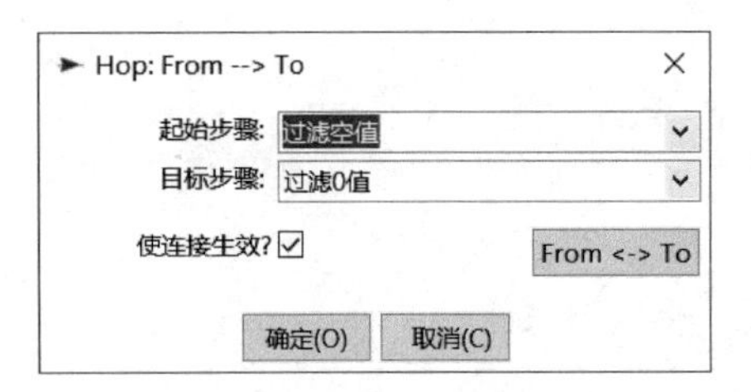

图 2-124　建立组件连接

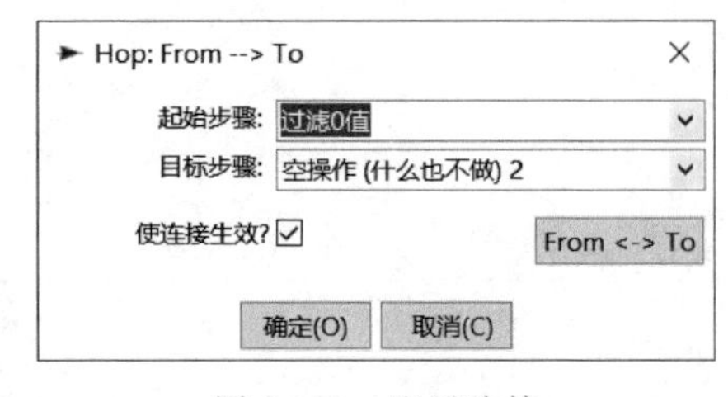

图 2-125　配置连接

双击“过滤 0 值”，设置条件，如图 2-126 所示，左侧第一个方框处选择字段 avgPrice，第二个方框处选择函数不等于“< >”，第三个方框处设置为整数 0，单击“确定”按钮，于是建立了如图所示的过滤 0 值的条件。

按照同样步骤添加 tasteScore，单击“＋”号，出现如图 2-127 所示界面，单击“null＝[]”，进入配置页面进行相关配置，单击方框处“确定”按钮。依次进行“environmentScore”“serviceScore”字段的条件设置。

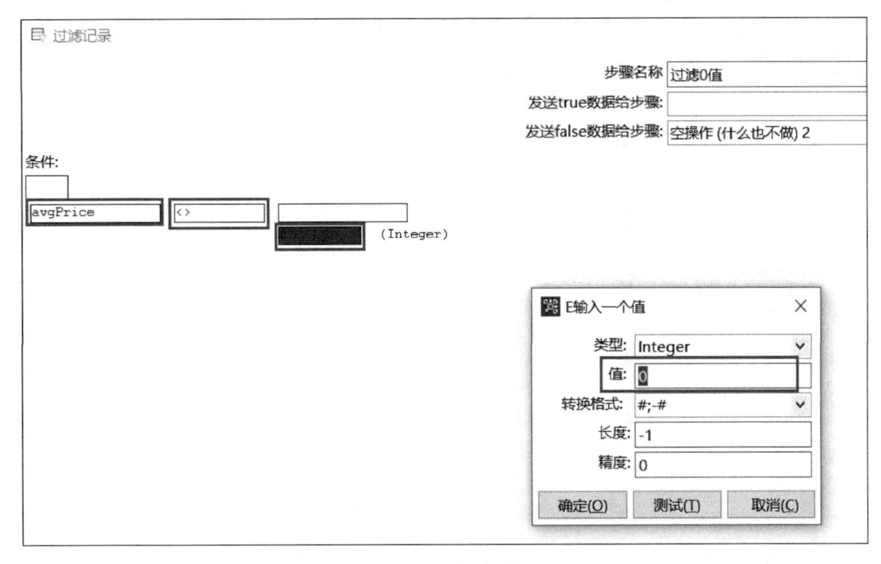

图 2-126　添加条件配置

图 2-127　添加所有条件

4）排序

打开“转换”→“排序记录”，将“排序记录”拖到右边工作台，如图 2-128 所示。

连接“过滤 0 值”和“排序记录”，弹出对话框选择“Result is True”，双击“排序记录”，如图 2-129 所示，清洗后的数据按照 Id 升序进行排序，单击字段名称下方，选择字段“Id”，升序选择“是”，大小写敏感选择“否”，单击“确定”保存。

5）设计输出组件

选中“输出”中的“文本文件输出”和“表输出”添加到右边工作台，如图 2-130 所示。

先连接“排序记录”与“文本文件输出”，然后连接“排序记录”与“表输出”，将弹出对话

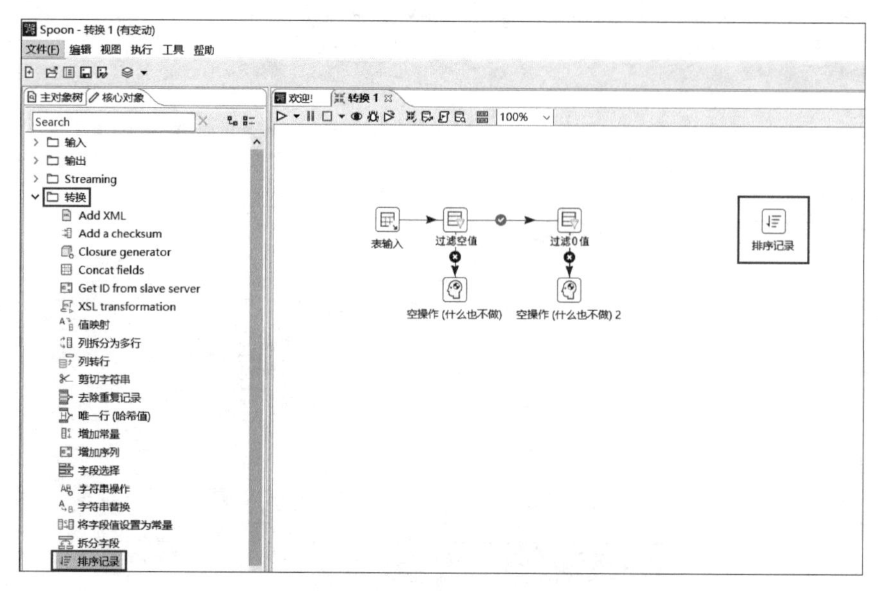

图 2-128　新建排序记录组件

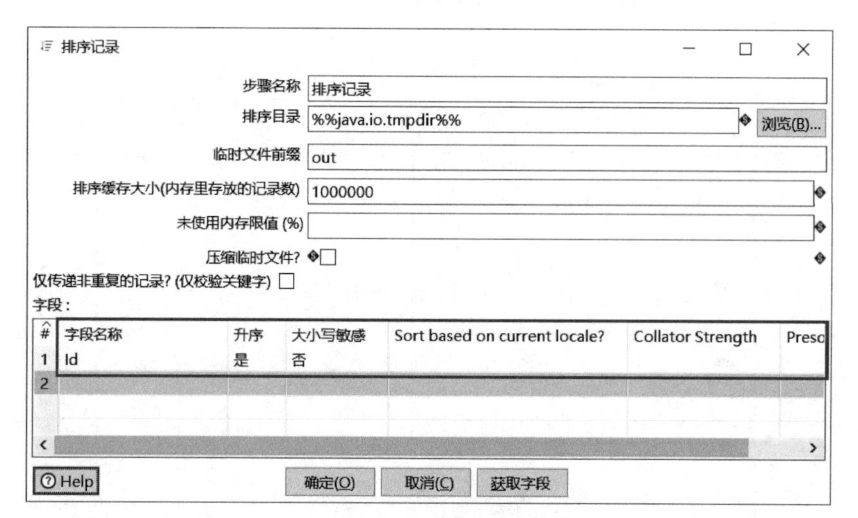

图 2-129　配置条件属性

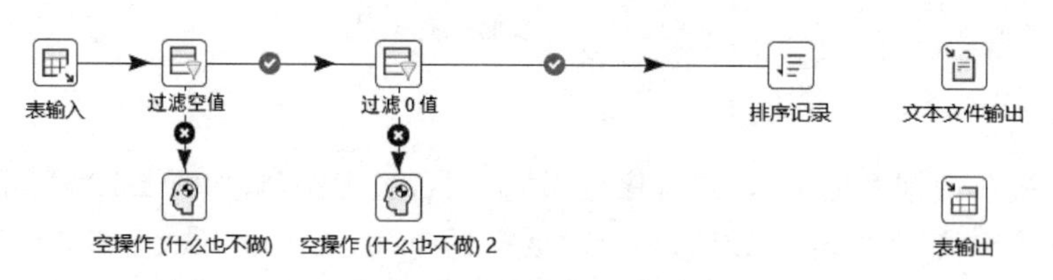

图 2-130　新建输出组件

框，如图 2-131 所示。选择"复制"，清洗后的所有数据将存储到文本文件和表中各一份，选择"分发"则数据循环向两个文件输入，选择"复制"。

双击"文本文件输出"，如图 2-132 所示，配置组件信息，首先在文件标签页，扩展名改为

“csv”,在文件名称处选择文件路径,文件名可以是已经创建的空 csv 文件,也可以直接输入一个新文件名,例如“dazhongdata”。

单击“内容”标签页,分隔符设置为“,”号,如图 2-133 所示。

警告
Step '排序记录' has '2' destination steps to which it sends rows of data.
There are 2 ways of sending rows to destination steps:
- 分发记录: 目标步骤轮流接收记录
- 复制记录: 所有的记录被同时发送到所有的目标步骤.
Which method would you like to use? (默认是 '复制记录')
请不要再显示这个信息.
分发
复制

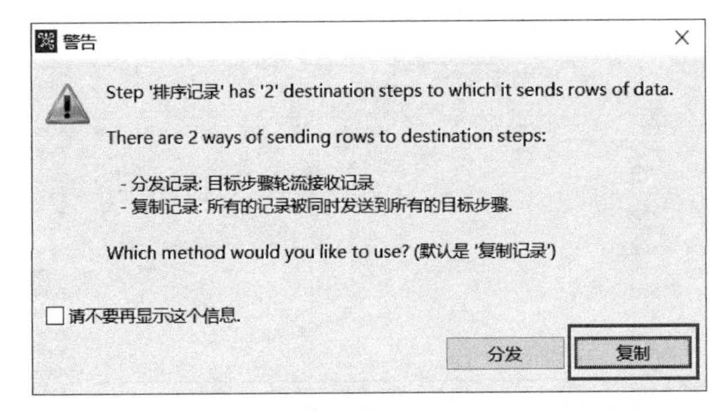

图 2-131　配置组件连接

文本文件输出
步骤名称
文本文件输出
文件
内容
字段
文件名称
C:\changedata\dazhongdata
浏览(B)...
输出传递到servlet
创建父目录
启动时不创建文件
从字段中获取文件名?
文件名字段
扩展名
csv
文件名里包含步骤数?
文件名里包含数据分区号?
文件名里包含日期?
文件名里包含时间?
指定日期时间格式
日期时间格式
显示文件名...
结果中添加文件名
Help
确定(O)
取消(C)

图 2-132　配置组件

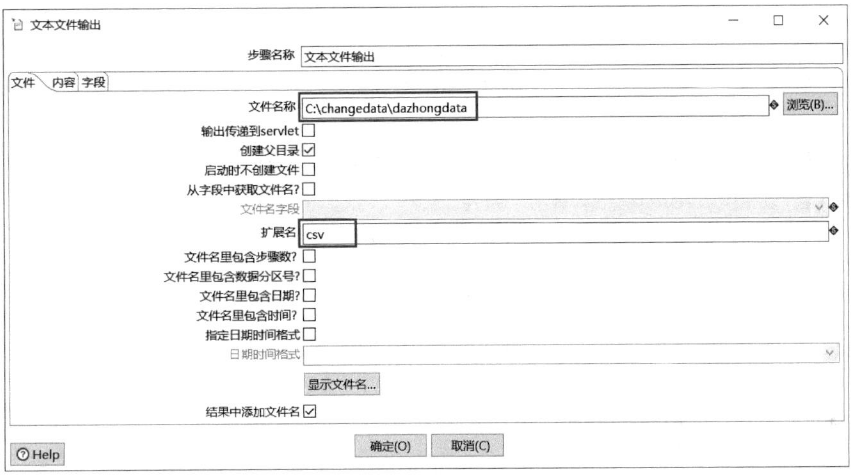

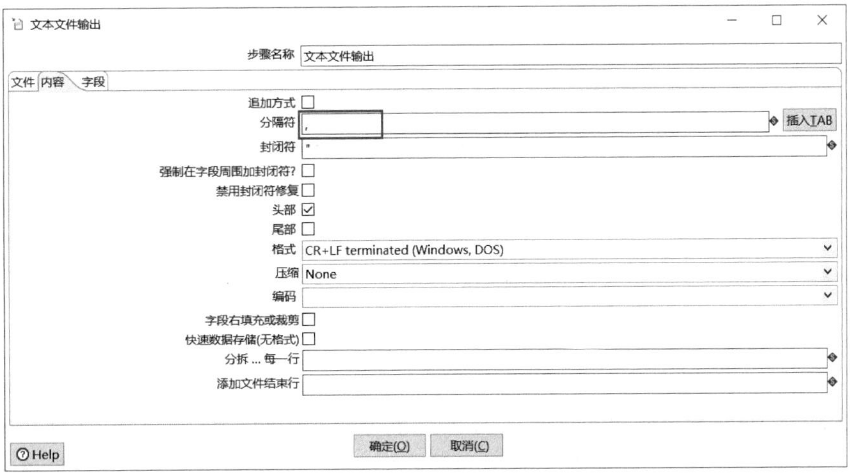

文本文件输出
步骤名称
文本文件输出
文件
内容
字段
追加方式
分隔符
,
插入TAB
封闭符
"
强制在字段周围加封闭符?
禁用封闭符修复
头部
尾部
格式
CR+LF terminated (Windows, DOS)
压缩
None
编码
字段右填充或裁剪
快速数据存储(无格式)
分拆 ... 每一行
添加文件结束行
Help
确定(O)
取消(C)

图 2-133　配置组件

单击“字段”标签页，如图 2-134 所示，单击“获取字段”按钮，获得输入数据的 14 个字段，删除最后 2 个字段，具体操作：选中待删除行，右击选择“删除选中行”，单击“最小宽度”按钮，最后单击“确定”按钮关闭该页。

文本文件输出

步骤名称 文本文件输出

文件 内容 字段

#	名称	类型	格式	长度	精度	货币	小数	分组	去除空字符串方式	Null
1	Id	Integer	#;-#	9	0		.	,	不去掉空格	
2	city	String		255					不去掉空格	
3	shopName	String		255					不去掉空格	
4	shopId	String		255					不去掉空格	
5	shopPower	String		255					不去掉空格	
6	mainRegionName	String		255					不去掉空格	
7	mainCategoryName	String		255					不去掉空格	
8	tasteScore	String		255					不去掉空格	
9	environmentScore	String		255					不去掉空格	
10	serviceScore	String		255					不去掉空格	
11	avgPrice	String		255					不去掉空格	
12	shopAddress	String		255					不去掉空格	
13	shopUrl	String		255					不去掉空格	
14	defaultPic	String		255					不去掉空格	

获取字段 最小宽度

Help 确定(O) 取消(C)

图 2-134 配置组件

双击“表输出”，如图 2-135 所示，选择数据库连接“dbcon”，单击“目标表”处的浏览，选择连接输出表“dazhongoutput”，单击“确定”。

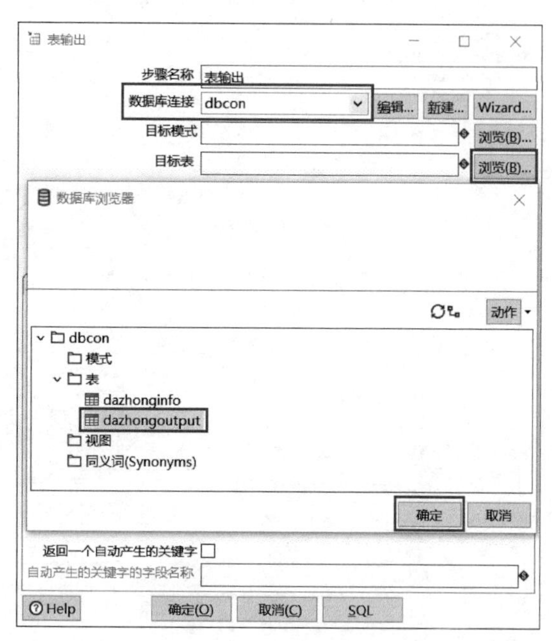

图 2-135 配置输出表

在表输出页面，如图 2-136 所示，“提交记录数量”部分输入拟提取的数据记录行数，请输入已爬取的记录行数，如 3000 或 5000，代表最多提取 3000 或 5000 行到输出表中，若实际数据记录行数小于该值，则按照实际数量输出到表中，勾选指定数据库字段，单击“数据库

字段”标签页，单击“获取字段”，然后删除最后两个字段“shopUrl”和“defaultPic”所在的行，选中所在行右击选择“删除选中行”。

图 2-136　配置组件

单击“确定”，数据清洗转换流程设计完成，如图 2-137 所示，保存该 ktr 文件。

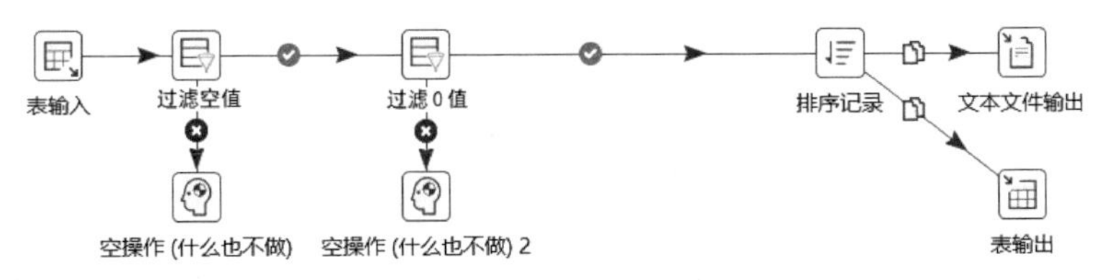

图 2-137　转换流程

3. 执行清洗和转换

单击图 2-138 中方框处“执行这个转换”进行数据清洗和转换。

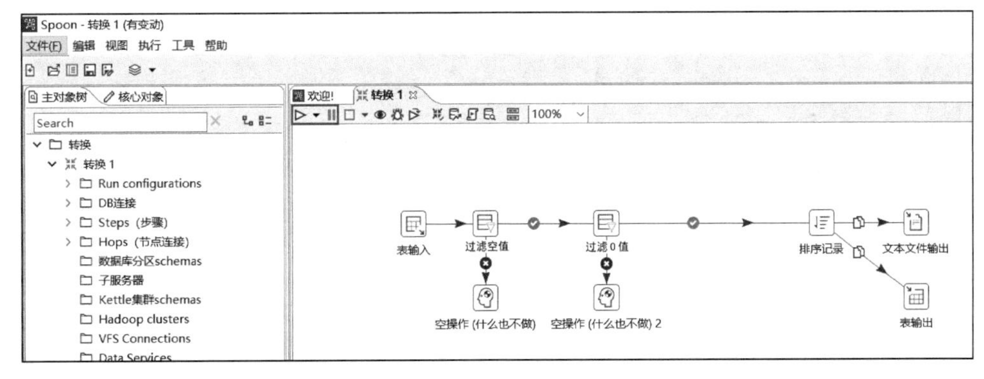

图 2-138　执行转换

弹出如图 2-139 所示“执行转换”页面，选择“Pentaho local”，单击“启动”按钮执行。

图 2-139　执行转换

执行完成后，执行结果如图 2-140 所示，在“步骤度量”中可以看到数据清洗、转换的步骤。

执行结果

日志　执行历史　步骤度量　性能图　Metrics　Preview data

#	步骤名称	复制的记录行数	读	写	输入	输出	更新	拒绝	错误	激活	时间	速度(条记录/秒)	Pri/in/out
1	表输入	0	0	3000	3000	0	0	0	0	已完成	0.2s	14,151	-
2	过滤空值	0	3000	3000	0	0	0	0	0	已完成	0.2s	13,699	-
3	空操作(什么也不做)	0	8	8	0	0	0	0	0	已完成	0.2s	36	-
4	过滤0值	0	2992	2992	0	0	0	0	0	已完成	0.2s	13,298	-
5	排序记录	0	2833	5666	0	0	0	0	0	已完成	0.3s	20,092	-
6	表输出	0	2833	2833	0	2833	0	0	0	已完成	2.0s	1,449	-
7	文本文件输出	0	2833	2833	0	2834	0	0	0	已完成	0.6s	4,795	-
8	空操作(什么也不做) 2	0	159	159	0	0	0	0	0	已完成	0.2s	652	-

图 2-140　转换步骤

打开输出的 CSV 文件“C:\changedata\dazhongdata.csv”，可以看到数据如图 2-141 所示。

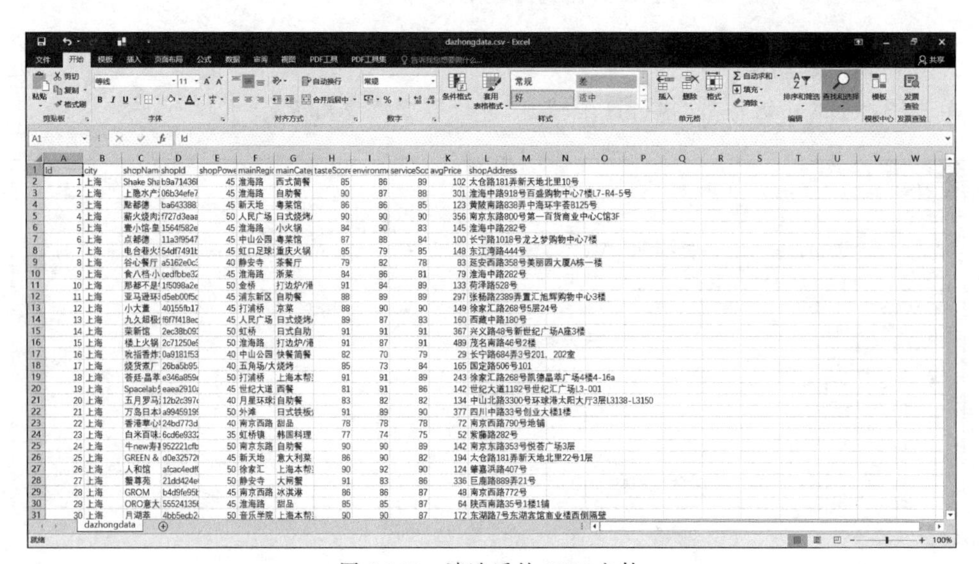

图 2-141　清洗后的 CSV 文件

查看数据库表"dazhongoutput",可以看到如图 2-142 所示数据,数据清洗转换成功,导出 dazhongoutput.sql 文件。

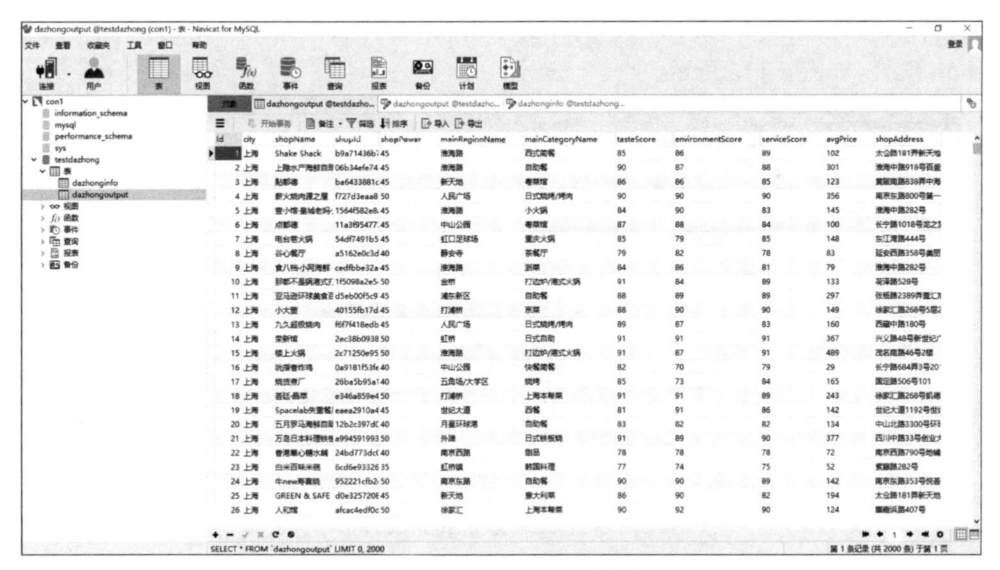

图 2-142　清洗后数据表内容

2.4.4　统计分析与 PyEcharts 可视化

2.4.4 微课

1. 创建项目

启动 Pycharm 软件,系统默认打开"dazhongspider"项目,设置数据分析程序目录,选中该项目"dazhongspider",右击选择"新建"→"目录",如图 2-143 所示。

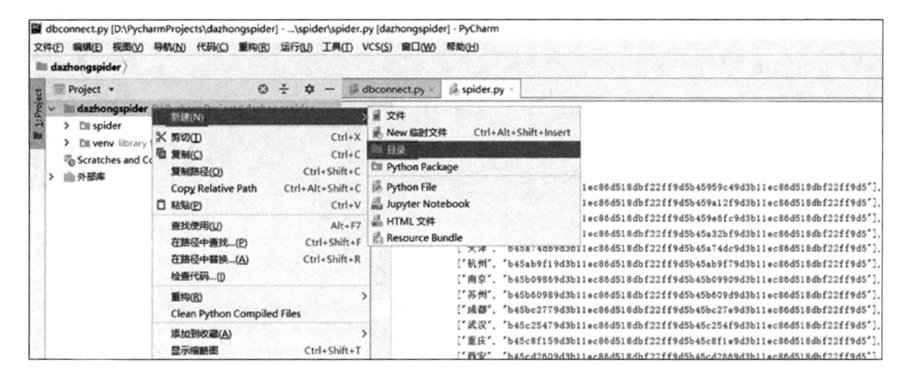

图 2-143　新建目录

在弹出的图 2-144 所示界面中,设置数据统计分析程序的目录名称为"dataanalysis"。

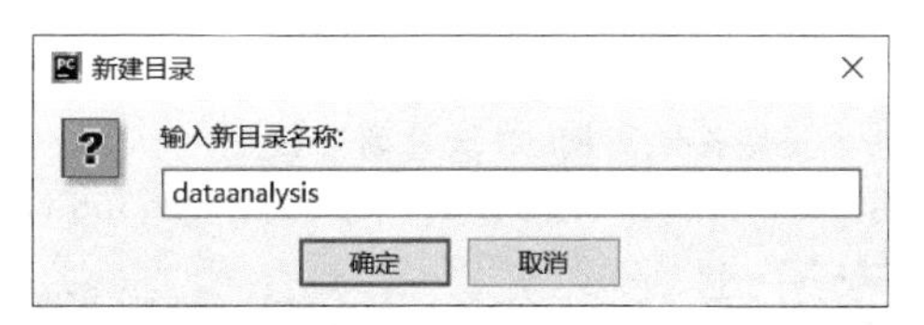

图 2-144　配置目录名称

2. 20 个大中城市星级商铺统计分析

1）新建 Python 文件

在项目窗口内，在“dataanalysis”文件夹上右击，在弹出的菜单中单击“新建”，再选择“Python File”，如图 2-145 所示。

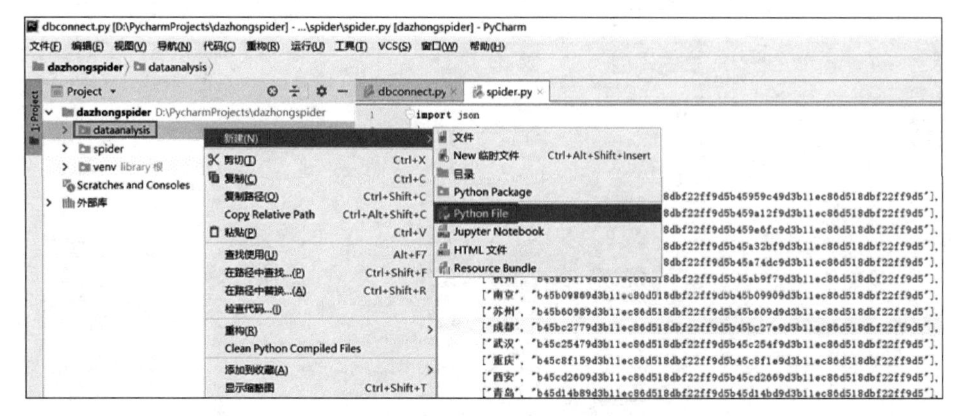

图 2-145　新建 Python 文件

在弹出的对话框“Name”中输入“starclass”，单击“确定”按钮，进入“starclass.py”文件编辑器，如图 2-146 所示。

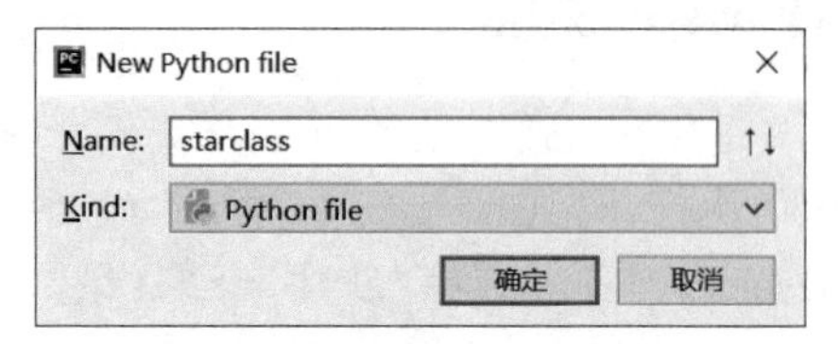

图 2-146　配置文件名称

2）编写 python 程序代码

输入下面代码到新建的“starclass.py”文件中并保存。

2.4.4 统计分析与可视化程序

```
from pyecharts import Bar
from spider import dbconnect
#统计一个城市各星级饭店数量函数
def starshopCount(City):
    #连接数据库
    dbcon =dbconnect.DBConnect()
    dbcon.connectDatabase();
    #查询返回星级
    starsql ="SELECT DISTINCT(shopPower) from dazhongoutput ;"
    data =dbcon.select(starsql)
    star_num =[]
    for i in data:
        #选择某城市某个星级按照商铺 ID 统计商铺数量
        countsql ='''SELECT COUNT(shopId) from dazhongoutput where shopPower=%s
        and city="%s";''' %(i[0], City)
        countstar_city =dbcon.select(countsql)
```

```
            #将所有星级和饭店数量放于 star_num 列表
            for m in countstar_city:
                star_num.append([i[0], m[0]])
        print(star_num)
        #返回商铺星级、数量
        return star_num
#所有城市各星级饭店统计函数
def mainStar():
    #调用 starshopCount(City)统计出下述城市各星级饭店数量
    shop1 =starshopCount("广州")
    shop2 =starshopCount("杭州")
    shop3 =starshopCount("南京")
    shop4 =starshopCount("成都")
    shop5 =starshopCount("武汉")
    shop6 =starshopCount("济南")
    shop7 =starshopCount("南宁")
    shop8 =starshopCount("合肥")
    shop9 =starshopCount("昆明")
    shop10 =starshopCount("西安")
    shop11 =starshopCount("北京")
    shop12 =starshopCount("上海")
    shop13 =starshopCount("深圳")
    shop14 =starshopCount("天津")
    shop15 =starshopCount("重庆")
    shop16 =starshopCount("青岛")
    shop17 =starshopCount("威海")
    shop18 =starshopCount("长春")
    shop19 =starshopCount("大连")
    shop20 =starshopCount("贵阳")
    #定义 X 轴和 Y 轴显示数据列表,开始为 NULL
    star_x =[]
    star_y1, star_y2, star_y3, star_y4, star_y5, star_y6, star_y7, star_y8, star_
y9, star_y10,star_y11, star_y12, star_y13, star_y14, star_y15, star_y16, star_y17,
star_y18, star_y19, star_y20 =[], [], [], [], [], [], [], [], [], [], [], [], [], [], [],
[], [], [], [], []
    #数据列表赋值
    for data1, data2, data3, data4, data5, data6, data7, data8, data9, data10,
data11, data12, data13, data14, data15, data16, data17, data18, data19, data20 in
zip(
        shop1, shop2, shop3, shop4, shop5, shop6, shop7, shop8, shop9, shop10,
        shop11, shop12, shop13, shop14, shop15, shop16, shop17, shop18, shop19,
        shop20
    ):
    #提取星级,建立 X 轴列表
    if data1[0] =='30':
        star_x.append("三星级")
    elif data1[0] =='35':
        star_x.append("三星半")
        elif data1[0] =='40':
            star_x.append("四星级")
        elif data1[0] =='45':
```

```
            star_x.append("四星半")
        else:
            star_x.append("五星级")
        #20城市不同星级饭店数量
        star_y1.append(data1[1])
        star_y2.append(data2[1])
        star_y3.append(data3[1])
        star_y4.append(data4[1])
        star_y5.append(data5[1])
        star_y6.append(data6[1])
        star_y7.append(data7[1])
        star_y8.append(data8[1])
        star_y9.append(data9[1])
        star_y10.append(data10[1])
        star_y11.append(data11[1])
        star_y12.append(data12[1])
        star_y13.append(data13[1])
        star_y14.append(data14[1])
        star_y15.append(data15[1])
        star_y16.append(data16[1])
        star_y17.append(data17[1])
        star_y18.append(data18[1])
        star_y19.append(data19[1])
        star_y20.append(data20[1])
    print(star_x, star_y1, star_y2, star_y3, star_y4, star_y5, star_y6, star_y7,
star_y8, star_y9, star_y10,
              star_y11, star_y12, star_y13, star_y14, star_y15, star_y16, star_
y17, star_y18, star_y19, star_y20
              )
         #饭店星级排行画图
    plotstar(star_x, star_y1, star_y2, star_y3, star_y4, star_y5, star_y6, star_
y7, star_y8, star_y9, star_y10,
              star_y11, star_y12, star_y13, star_y14, star_y15, star_y16, star_
y17, star_y18, star_y19, star_y20
             )
#饭店星级排行画图函数
def plotstar(star_x, star_y1, star_y2, star_y3, star_y4, star_y5, star_y6, star_
y7, star_y8, star_y9, star_y10,
              star_y11, star_y12, star_y13, star_y14, star_y15, star_y16, star_
y17, star_y18, star_y19, star_y20):
    attr =star_x
    #设置柱状图大小标题,可根据实际数据情况统计
    starbar =Bar("20个大中城市饭店星级统计", "数据来源于点评网TOP100",width=1300,
    height=500)
    ##添加柱状图数据和配置项
    starbar.add("广州", attr, star_y1, mark_point=["max", "min"])
    starbar.add("杭州", attr, star_y2, mark_point=["max", "min"])
    starbar.add("南京", attr, star_y3, mark_point=["max", "min"])
    starbar.add("成都", attr, star_y4, mark_point=["max", "min"])
    starbar.add("武汉", attr, star_y5, mark_point=["max", "min"])
    starbar.add("济南", attr, star_y6, mark_point=["max", "min"])
```

```
    starbar.add("南宁", attr, star_y7, mark_point=["max", "min"])
    starbar.add("合肥", attr, star_y8, mark_point=["max", "min"])
    starbar.add("昆明", attr, star_y9, mark_point=["max", "min"])
    starbar.add("西安", attr, star_y10, mark_point=["max", "min"])
    starbar.add("北京", attr, star_y11, mark_point=["max", "min"])
    starbar.add("上海", attr, star_y12, mark_point=["max", "min"])
    starbar.add("深圳", attr, star_y13, mark_point=["max", "min"])
    starbar.add("天津", attr, star_y14, mark_point=["max", "min"])
    starbar.add("重庆", attr, star_y15, mark_point=["max", "min"])
    starbar.add("青岛", attr, star_y16, mark_point=["max", "min"])
    starbar.add("威海", attr, star_y17, mark_point=["max", "min"])
    starbar.add("长春", attr, star_y18, mark_point=["max", "min"])
    starbar.add("大连", attr, star_y19, mark_point=["max", "min"])
    starbar.add("贵阳", attr, star_y20, mark_point=["max", "min"], is_more_utils=
True, legend_top='bottom')
#生成 html 文件数据可视化展示
    starbar.render("20 个大中城市饭店星级排名.html")
if __name__=='__main__':
    mainStar()
```

3）设置依赖包

选中项目，如图 2-147 所示，单击“文件”→“设置”，查看项目下的“Project Interpreter”，单击右侧的“+”号。

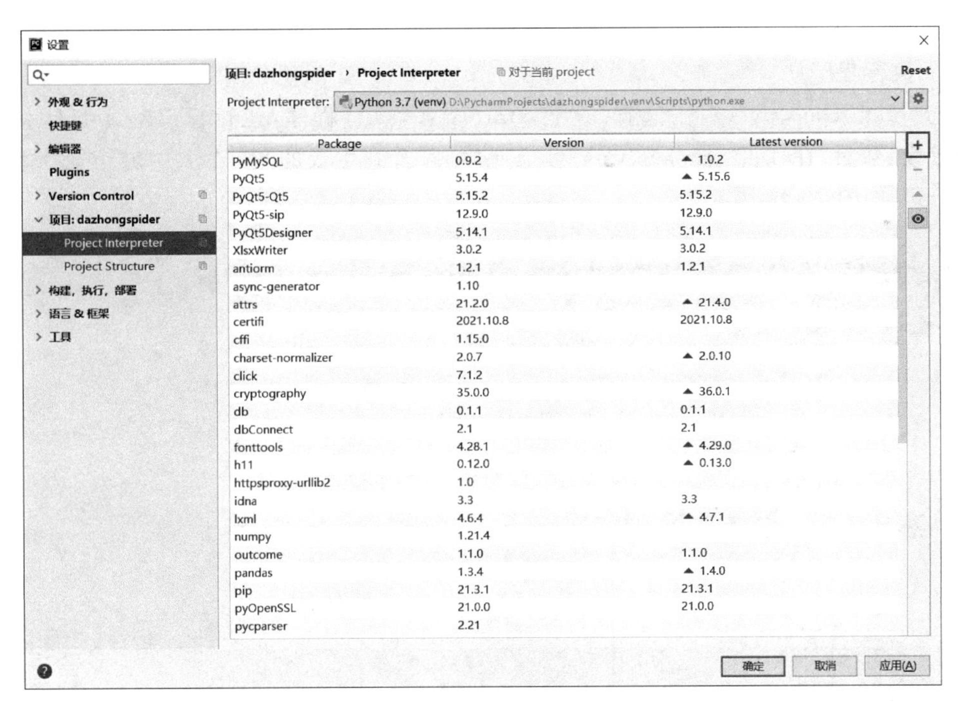

图 2-147　设置依赖包

弹出界面后，在查询框中输入“pytest-runner”，然后在列表中选择“pytest-runner”，单击“install package”，出现如图 2-148 所示信息，则提示安装成功。

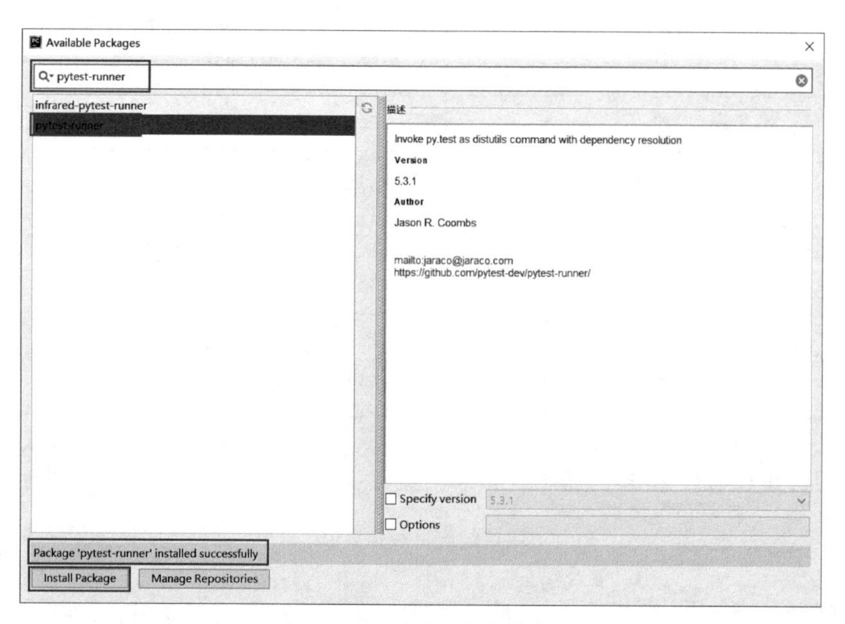

图 2-148　下载安装依赖包

然后按照上述操作继续安装"pyecharts-jupyter-installer""pyecharts"和"pyecharts-snapshot"库,安装完成后关闭安装页面,进入"Project Interpreter"设置页面后,单击"确定"按钮,回到项目主页面。

4) 执行程序

选中"starclass.py",右击选择"运行 starclass",执行程序,运行窗口显示打印信息为商铺星级、数量,在项目"dataanalysis"目录下,可以看到生成的"20 个大中城市饭店星级排名.html",如图 2-149 所示。

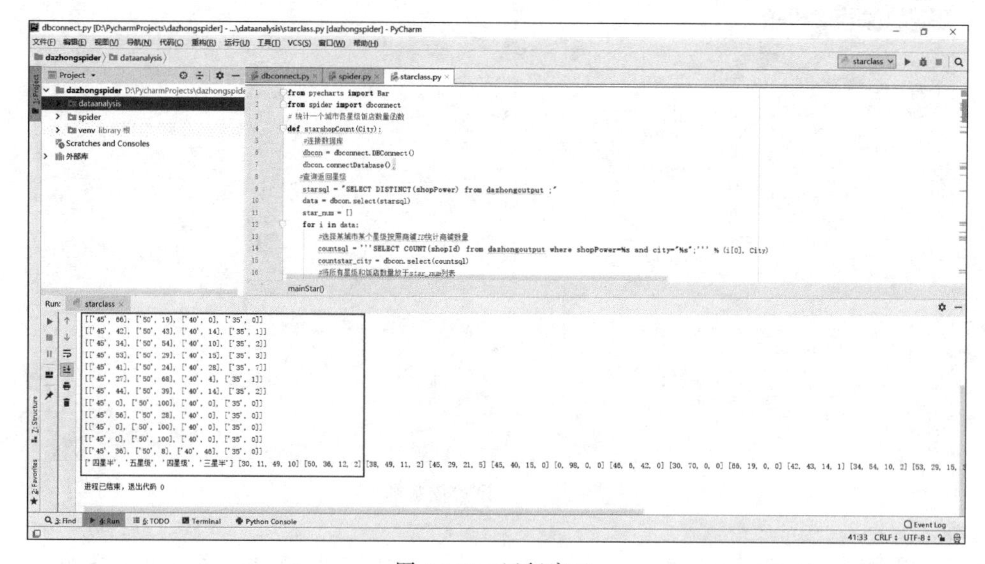

图 2-149　运行窗口

5）查看可视化数据

进入该程序文件所在文件夹 D:\PycharmProjects\dazhongspider\dataanalysis，可以看到该 HTML 文件，打开后可看到统计图表，如图 2-150 所示。

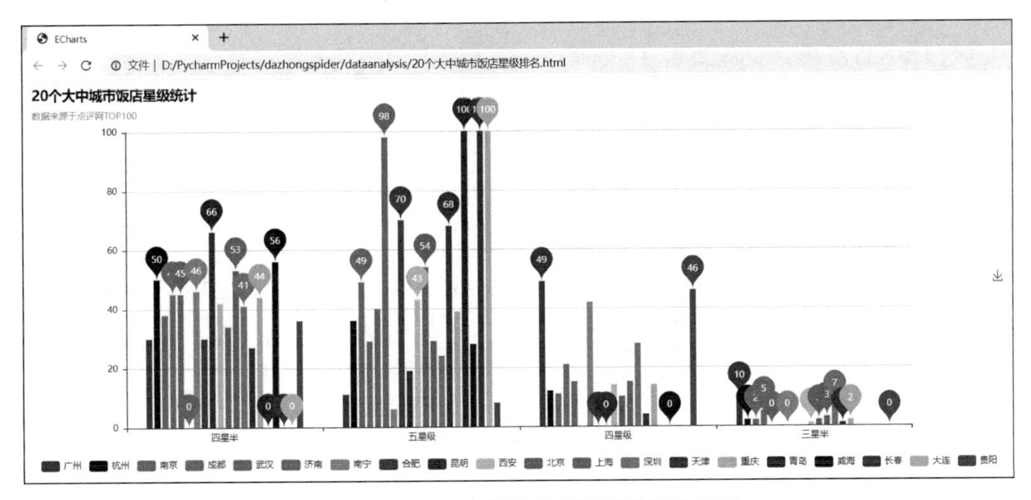

图 2-150　20 个大中城市饭店星级排名页面

3. 山东三大城市菜品分类统计

统计山东省内济南、青岛、威海三个城市的菜品分类。

1）新建 Python 代码文件

在项目窗口内，在“dataanalysis”文件夹上右击，在弹出的菜单中单击“新建”，再选择“Python File”，在弹出的对话框中，在“Name”中输入“foodclass”，单击“确定”按钮，进入.py 文件编辑器。

2）编写 python 程序代码

输入如下代码到新建的“foodclass.py”文件中并保存。

```
from pyecharts import Pie, Page,Bar
from spider import dbconnect
#查询统计某城市菜品分类名
def foodClass(city):
    #连接数据库
    dbcon =dbconnect.DBConnect()
    dbcon.connectDatabase();
    fsql ='''SELECT COUNT(mainCategoryName),mainCategoryName from dazhongoutput where
city="%s" GROUP BY mainCategoryName;'''%(city)
    #查询获得菜品分类商店梳理、菜品分类名称数据返回
    LData =dbcon.select(fsql)
    return LData
#菜品分类画图函数
def plotfoodclass():
    #查询统计济南的菜品分类以及数量
    Laddress =[]
    Lsum =[]
    [Lsum.append(i[0]) for i in foodClass("济南")]
```

```
[Laddress.append(i[1]) for i in foodClass("济南")]
print(Laddress)
print(Lsum)
#定义页面
page =Page()
#添加饼图的数据和配置项
fpie1 =Pie("济南菜品分类", title_pos='center')
fpie1.add("", Laddress, Lsum, radius=[30, 75], label_text_color=None,
        is_label_show=True, legend_orient='vertical',
        legend_pos='auto', is_legend_show=False)
#添加柱状图的数据和配置项
fbar1 =Bar("济南菜品分类", "数据来源于点评网 TOP100",title_pos ='center')
fbar1.add("济南", Laddress, Lsum, mark_point=["max", "min"], legend_pos=
"right")
#查询统计青岛的菜品分类以及数量
Laddress =[]
Lsum =[]
[Lsum.append(i[0]) for i in foodClass("青岛")]
[Laddress.append(i[1]) for i in foodClass("青岛")]
print(Laddress)
print(Lsum)
#添加饼图的数据和配置项
fpie2 =Pie("青岛菜品分类", title_pos='center')
fpie2.add("", Laddress, Lsum, radius=[30, 75], label_text_color=None,
        is_label_show=True, legend_orient='vertical',
        legend_pos='auto', is_legend_show=False)
#添加柱状图的数据和配置项
fbar2 =Bar("青岛菜品分类", "数据源于点评网 TOP100", title_pos='center')
fbar2.add("青岛", Laddress, Lsum, mark_point=["max", "min"], legend_pos=
"right")
#查询统计威海的菜品分类以及数量
Laddress =[]
Lsum =[]
[Lsum.append(i[0]) for i in foodClass("威海")]
[Laddress.append(i[1]) for i in foodClass("威海")]
print(Laddress)
print(Lsum)
#添加饼图的数据和配置项
fpie3 =Pie("威海菜品分类", title_pos='center')
fpie3.add("", Laddress, Lsum, radius=[30, 75], label_text_color=None,
        is_label_show=True, legend_orient='vertical',
        legend_pos='auto', is_legend_show=False)
#添加柱状图的数据和配置项
fbar3 =Bar("威海菜品分类", "数据来源于点评网 TOP100", title_pos='center')
fbar3.add("威海", Laddress, Lsum, mark_point=["max", "min"], legend_pos=
"right")
#页面上添加图形
page.add(fpie1)
page.add(fbar1)
page.add(fpie2)
page.add(fbar2)
```

```
    page.add(fpie3)
    page.add(fbar3)
    page.render("山东三大城市菜品分类.html")
if __name__=='__main__':
    plotfoodclass()
```

3）设置依赖包

选中项目，单击“文件”→“设置”，查看项目下“Project Interpreter”，是否存在“pytest-runner”“pyecharts-jupyter-installer”“pyecharts-snapshot”和“pyecharts”依赖包，若无，则参照上面星级商铺统计分析案例中设置依赖包的步骤进行安装。

4）执行程序

选中“foodclass.py”，右击选择“运行 foodclass”，执行程序，运行窗口显示打印信息为菜品分类、每种分类的商铺数，“dataanalysis”目录下显示生成的 HTML 页面，如图 2-151 所示。

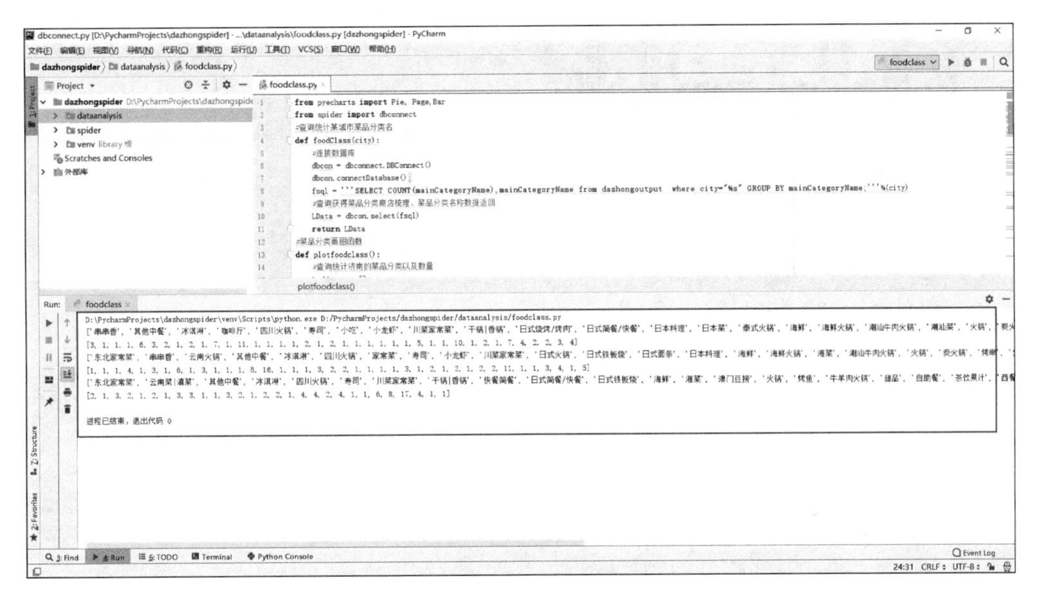

图 2-151　运行窗口

5）查看可视化数据

进入该项目所在文件夹 D:\PycharmProjects\dazhongspider\dataanalysis，可以看到该 HTML 文件，双击打开，可看到统计图表，如图 2-152 所示。

4. 山东三大城市 TOP20 饭店服务的综合评价

针对山东省内济南、青岛、威海三个城市，评价每个店铺的“口味”“环境”“服务”，根据这些指标求平均得到综合评价指标，并根据综合评价指标对商铺进行排名，最终得到山东三大城市 TOP20 商铺。

1）新建代码文件

在项目窗口内，在“dataanalysis”文件夹上右击，在弹出的菜单中单击“新建”，再选择“Python File”，在弹出的对话框中，在“Name”中输入“evaluatetop20”，单击“确定”按钮。

2）编写 python 程序代码

输入如下代码到新建的“evaluatetop20.py”文件中并保存。

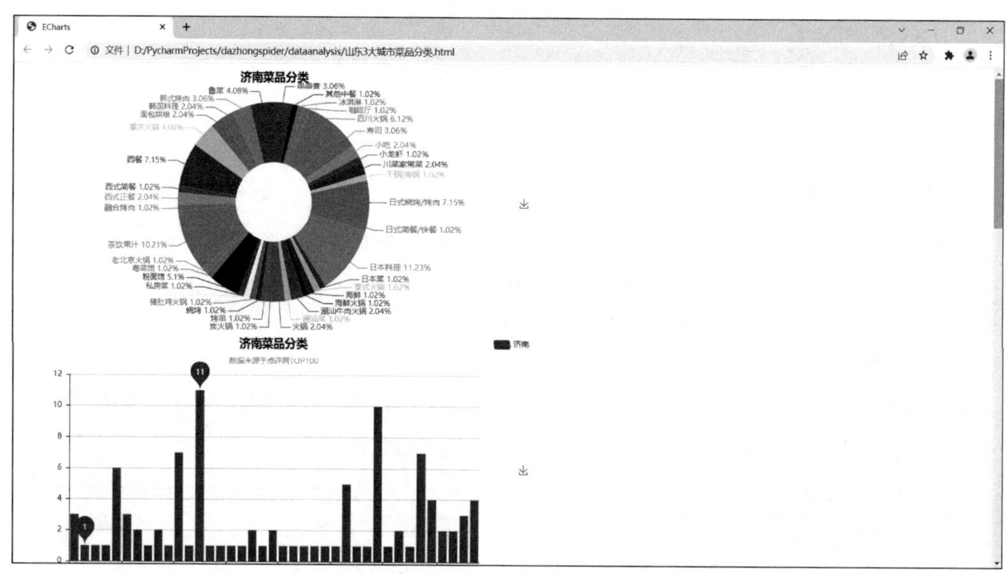

图 2-152　山东三大城市菜品分类页面

```
from pyecharts import Line, Bar, Page, WordCloud
from spider import dbconnect
#查询商铺名称、计算综合评价分数=(口味+环境+服务)/3 的函数
def evaluateshop(city):
    #连接数据库
    dbcon =dbconnect.DBConnect()
    dbcon.connectDatabase();
    #定义查询语句,查询商铺名称、计算综合评价分数
    nsql ='''SELECT shopName,(tasteScore+environmentScore+serviceScore)/3.0 as
avg from dazhongoutput WHERE city="%s" ORDER BY (tasteScore+environmentScore+
serviceScore)/3.0 DESC;'''%(city)
    LData =dbcon.select(nsql)
    LShopName =[]
    LAvg =[]
    #返回商铺名称、综合评价分数
    for idata in LData:
        LShopName.append(idata[0])
        LAvg.append(round(idata[1], 2))
    return [LShopName,LAvg]
#TOP20 商铺综合分数画图函数
def plottop20(score_y1, score_y2, score_y3):
    #定义页面
    page =Page()
    #折线图定义、添加数据和配置项
    line1 =Line("济南饭店评分统计", "数据来源于点评网 TOP100", width=1200)
    line1.add("综合", score_y1[0][:20], score_y1[1][:20], is_label_show=True, is_
more_utils=True)
    line2 =Line("青岛饭店评分统计", "数据来源于点评网 TOP100", width=1200)
    line2.add("综合", score_y2[0][:20], score_y2[1][:20], is_label_show=True, is_
more_utils=True)
```

```
    line3 =Line("威海饭店评分统计", "数据来源于点评网 TOP100", width=1200)
    line3.add("综合", score_y3[0][:20], score_y3[1][:20], is_label_show=True, is_
more_utils=True)
    #页面添加图形
    page.add(line1)
    page.add(line2)
    page.add(line3)
    #生成 HTML,数据可视化展示
    page.render("山东三大城市 TOP20 商铺综合服务评分.html")
if __name__=='__main__':
    #评估三大城市商铺综合分数
    shop1 =evaluateshop("济南")
    shop2 =evaluateshop("青岛")
    shop3 =evaluateshop("威海")
    #建立数据列表画图,生成 HTML
    score_x =[]
    score_y1, score_y2, score_y3 =[], [], []
    for data, data2, data3 in zip(shop1, shop2, shop3):
        score_y1.append(data)
        score_y2.append(data2)
        score_y3.append(data3)
    plottop20(score_y1, score_y2, score_y3)
```

3）设置依赖包

选中项目,单击“文件”→“设置”,查看“Project Interpreter”是否存在“pytest-runner”“pyecharts-jupyter-installer”“pyecharts”和“pyecharts-snapshot”依赖包,若无,则参照上面星级商铺统计分析案例中设置依赖包的步骤进行安装。

4）执行程序

选中“evaluatetop20.py”,右击选择“evaluatetop20”,运行程序,“dataanalysis”目录下显示生成的 HTML 页面,如图 2-153 所示。

图 2-153　运行窗口

5）查看可视化数据

进入该程序文件所在文件夹 D:\PycharmProjects\dazhongspider\dataanalysis，可以看到该 HTML 文件，双击打开，看到统计图表，如图 2-154 所示。

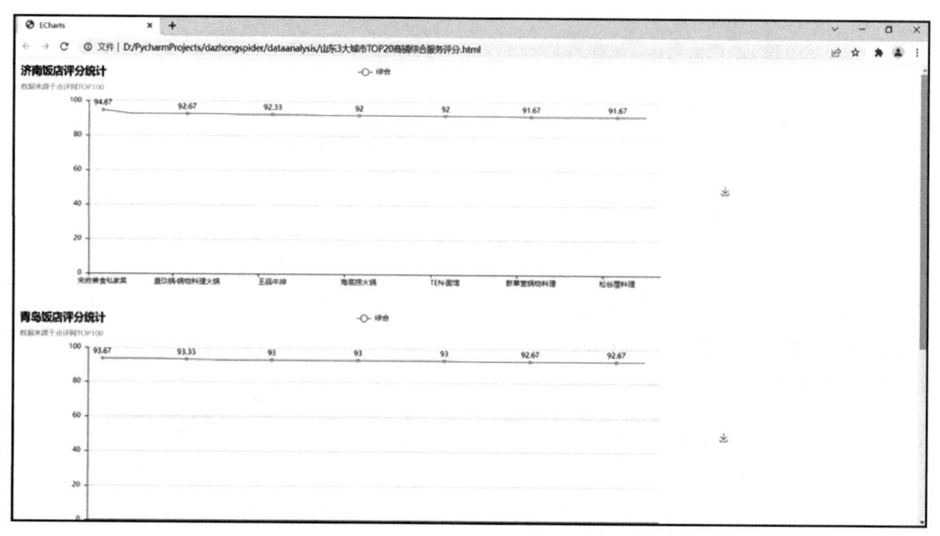

图 2-154　山东三大城市 TOP20 商铺综合服务评分页面

2.5　项目小结

本章介绍的项目案例涵盖了 Python、MySQL、Navicat、Kettle 等系统和软件的使用方法，技术上涉及数据采集、存储、查询、清洗和可视化分析等数据处理全流程。通过本章项目案例，学生可以更加熟悉软件使用，掌握数据处理的流程以及编程技术，可以帮助学生加深对各种技术的理解，体会项目开发的流程，提高各项技能。

2.6　项目拓展训练

2.6 拓展训练程序与答案

（1）为 2.4.2 节中 30 个城市的 Python 爬虫增加电话号码字段。

（2）以 2.4.3 节数据清洗后输出的 dazhongoutput.sql 文件为输入数据，继续清洗出人均消费 80 元以上，口味、环境、服务评分 80 分以上的餐厅，导出为 csv 文件和 sql 文件。

（3）根据拓展训练(2) 清洗后数据统计餐厅数量前 10 名的城市，并以柱状图显示。

第3章

基于Hive+MySQL+Spark的零售数据分析及可视化

3.1 项目概述

3.1 微课

本项目涉及数据仓库、数据查询、数据分析和可视化展示等数据处理流程所涉及的各种典型操作，重点涵盖HDFS、Hive、MySQL和Spark等系统和工具的使用方法。本项目适合高校大数据相关专业教学，可以作为学习大数据的综合实践应用。通过本项目实践，将有助于读者综合运用大数据知识以及各种工具软件，实现模拟商场零售交易数据的挖掘分析，实现经营分析、关联购买行为、客户群划分等应用。

1. 项目简介

随着大数据技术的发展，其在零售领域中的应用逐步增多，通过数据挖掘对大量原始数据进行探索和分析，揭示隐藏未知的或验证已知的规律性，为许多企业提供了良好的运营帮助。谈到大数据在零售行业的应用，沃尔玛"啤酒与尿布"、Target百货公司"怀孕行为分析"等经典营销案例已经广为人知。大数据技术的高速发展颠覆了零售业很多旧的模式，带来了全球零售行业新的变革，加速世界进入以数字化、全渠道、灵活供应链为特点的新零售时代。大数据在其中扮演着重要角色，在经营分析、全息消费者画像、供应链优化、销售预测等方面都有着相应的运用，助力企业打造人—货—场重构的智慧零售，优化企业运营管理。

本章综合实践的目的在于通过对商场零售交易数据进行统计及关联分析，模拟商场、商店、超市等零售商家的大数据存储与分析过程，并可视化展示分析结果，如商品成交量分析、会员区域分析、客户购买行为关联分析等。具体如下。

(1) 搭建项目实验环境，熟悉Linux系统，了解MySQL、Hadoop、Hive、Sqoop、Spark等系统和软件的安装和使用；

(2) 本地数据集上传到数据仓库Hive，了解Hive与Hadoop的安装与基本操作；

(3) 用数据仓库Hive分析数据集，练习使用Hive创建数据库/表、使用SQL语句进行查询分析；

(4) 利用Sqoop将数据从Hive导入MySQL，了解关系数据库MySQL的基本操作和Sqoop的使用方法；

(5) 用Spark做关联数据分析，学习使用Spark MLlib做行为关联分析；

(6) 利用ECharts进行数据可视化，练习使用Eclipse开发动态网页项目，练习使用ECharts可视化逻辑代码创建饼图、柱状图、关系图等。

2. 项目适用对象

(1) 高校(高职)计算机、电子与信息、数学、人工智能、自动控制等相关专业教师、学生。

(2) 大数据技术入门从业者、Spark 初学者。

3. 项目时间安排

本案例可以用于计算机、大数据等相关专业的课程教学,或者作为学生暑期或寒假大数据实习实践案例,建议 16 课时左右完成本案例。

4. 项目环境要求

本案例对系统环境的要求,如表 3-1 所示。

表 3-1 项目环境要求

操作系统	软件版本	硬件要求
Ubuntu 18.04	Python 3.6.9、Java1.8.0_162 Hadoop 2.7.1、MySQL 5.7.16 Hive1.2.1、Sqoop1.4.6 Spark 2.4.0	建议: CPU3.0GHz 内存 8GB、存储 8GB 以上

5. 项目架构及流程

在该项目中,构建基于 Hive+MySQL+Spark 的零售数据分析及可视化系统,Hive 为企业的数据仓库;MySQL 作为 Hive 的元数据库,还负责数据的查询分析;Sqoop 作为将数据从 Hive 导入 MySQL 的传输工具;Spark 用来进行零售数据的关联分析,对数据里隐含的潜在价值进行挖掘;利用 ECharts 进行数据可视化。该系统模块间的关系,如图 3-1 所示。

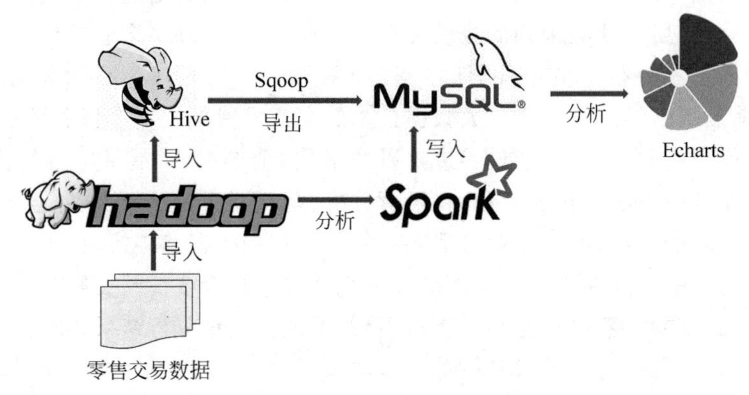

图 3-1 项目系统模块间的关系

3.2 项目环境部署

3.2.1 安装 Java

1. Java 安装准备

1) 检查版本

检查 Ubuntu18.04 自带的 Python 版本,应该是 Python 3.6.9 ,命令如下。

```
python3 --version
```

检查 Python 版本结果，如图 3-2 所示。

```
root@li-virtual-machine:/home/li# python3 --version
Python 3.6.9
```

图 3-2　检查 Python 版本结果

2）增加 Hadoop 用户

在终端新建 Hadoop 用户，执行下行命令后，输入当前用户密码，出现提示符则表示创建 Hadoop 用户成功。

```
sudo useradd -m hadoop -s /bin/bash
```

增加 Hadoop 用户结果，如图 3-3 所示。

```
root@li-virtual-machine:/home/li# sudo useradd -m hadoop -s  /bin/bash
root@li-virtual-machine:/home/li#
```

图 3-3　增加 Hadoop 用户结果

为 Hadoop 用户增加管理员权限，执行命令：

```
sudo adduser hadoop sudo
```

增加管理员权限结果，如图 3-4 所示。

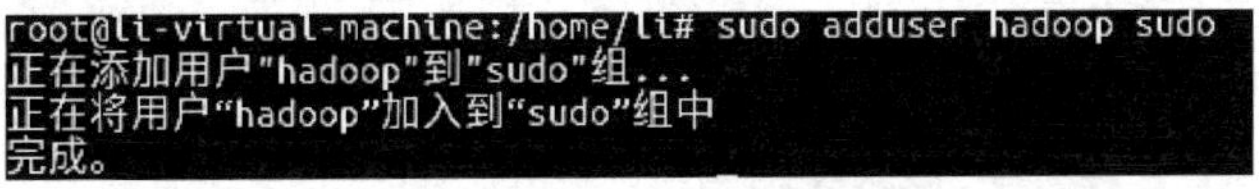

```
root@li-virtual-machine:/home/li# sudo adduser hadoop sudo
正在添加用户"hadoop"到"sudo"组...
正在将用户“hadoop”加入到“sudo”组中
完成。
```

图 3-4　增加管理员权限结果

设置 Hadoop 用户密码，执行命令：

```
sudo passwd hadoop
```

设置用户密码结果，如图 3-5 所示。

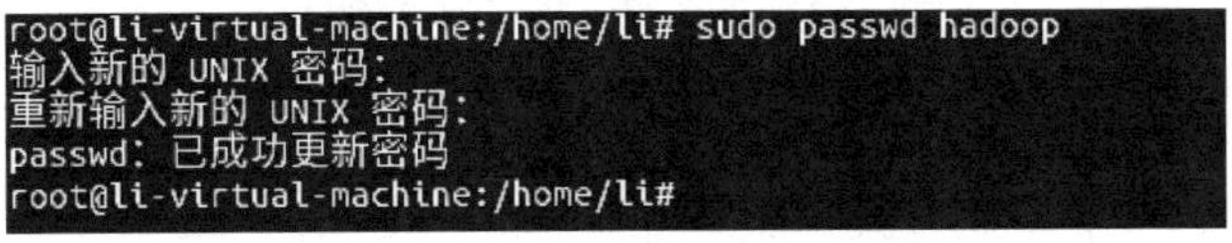

```
root@li-virtual-machine:/home/li# sudo passwd hadoop
输入新的 UNIX 密码：
重新输入新的 UNIX 密码：
passwd：已成功更新密码
root@li-virtual-machine:/home/li#
```

图 3-5　设置用户密码结果

进入 Hadoop 用户，执行命令：

```
su hadoop
```

登录 Hadoop 用户，如图 3-6 所示。

3）安装 vim

更新 apt，以便后续进行 apt 软件安装，执行命令：

```
root@li-virtual-machine:/home/li# su hadoop
To run a command as administrator (user "root"), use "sudo <command>".
See "man sudo_root" for details.

hadoop@li-virtual-machine:/home/li$
```

图 3-6　登录 Hadoop 用户结果

```
sudo apt-get update
```

更新 apt 结果，如图 3-7 所示。

```
hadoop@li-virtual-machine:/home/li$ sudo apt-get update
[sudo] hadoop 的密码:
命中:1 http://security.ubuntu.com/ubuntu bionic-security InRelease
命中:2 http://cn.archive.ubuntu.com/ubuntu bionic InRelease
命中:3 http://cn.archive.ubuntu.com/ubuntu bionic-updates InRelease
命中:4 http://cn.archive.ubuntu.com/ubuntu bionic-backports InRelease
正在读取软件包列表... 完成
```

图 3-7　更新 apt 结果

安装 vim，执行命令：

```
sudo apt-get install vim
```

安装 vim 执行命令运行，如图 3-8 所示。

```
hadoop@li-virtual-machine:/home/li$ sudo apt-get install vim
正在读取软件包列表... 完成
正在分析软件包的依赖关系树
正在读取状态信息... 完成
将会同时安装下列软件:
  vim-runtime
建议安装:
  ctags vim-doc vim-scripts
下列【新】软件包将被安装:
  vim vim-runtime
升级了 0 个软件包，新安装了 2 个软件包，要卸载 0 个软件包，有 23 个软件包未被升
级。
需要下载 6,589 kB 的归档。
解压缩后会消耗 32.0 MB 的额外空间。
您希望继续执行吗? [Y/n] Y
获取:1 http://cn.archive.ubuntu.com/ubuntu bionic-updates/main amd64 vim-runtime
 all 2:8.0.1453-1ubuntu1.8 [5,435 kB]
获取:2 http://cn.archive.ubuntu.com/ubuntu bionic-updates/main amd64 vim amd64 2
:8.0.1453-1ubuntu1.8 [1,154 kB]
已下载 6,589 kB，耗时 32秒 (205 kB/s)
正在选中未选择的软件包 vim-runtime。
(正在读取数据库 ... 系统当前共安装有 165583 个文件和目录。)
正准备解包 .../vim-runtime_2%3a8.0.1453-1ubuntu1.8_all.deb ...
```

图 3-8　安装 vim 执行命令运行

运行结果，如图 3-9 所示。

4）安装 ssh 并设置非密码登录

安装 openssh-server，执行命令：

```
sudo apt-get install openssh-server
```

安装 openssh-server 执行命令运行，如图 3-10 所示。

运行结果，如图 3-11 所示。

生成 ssh 密钥，执行命令：

```
ssh-keygen -t rsa
```

生成 ssh 密钥执行命令运行，如图 3-12 所示。运行结果如图 3-13 所示。

```
正在添加 vim-runtime 导致 /usr/share/vim/vim80/doc/help.txt 转移到 /usr/share/vi
m/vim80/doc/help.txt.vim-tiny
正在添加 vim-runtime 导致 /usr/share/vim/vim80/doc/tags 转移到 /usr/share/vim/vi
m80/doc/tags.vim-tiny
正在解包 vim-runtime (2:8.0.1453-1ubuntu1.8) ...
正在选中未选择的软件包 vim。
正在准备解包 .../vim_2%3a8.0.1453-1ubuntu1.8_amd64.deb ...
正在解包 vim (2:8.0.1453-1ubuntu1.8) ...
正在设置 vim-runtime (2:8.0.1453-1ubuntu1.8) ...
正在设置 vim (2:8.0.1453-1ubuntu1.8) ...
update-alternatives: 使用 /usr/bin/vim.basic 来在自动模式中提供 /usr/bin/vim (vi
m)
update-alternatives: 使用 /usr/bin/vim.basic 来在自动模式中提供 /usr/bin/vimdiff
 (vimdiff)
update-alternatives: 使用 /usr/bin/vim.basic 来在自动模式中提供 /usr/bin/rvim (r
vim)
update-alternatives: 使用 /usr/bin/vim.basic 来在自动模式中提供 /usr/bin/rview (
rview)
update-alternatives: 使用 /usr/bin/vim.basic 来在自动模式中提供 /usr/bin/vi (vi)
update-alternatives: 使用 /usr/bin/vim.basic 来在自动模式中提供 /usr/bin/view (v
iew)
update-alternatives: 使用 /usr/bin/vim.basic 来在自动模式中提供 /usr/bin/ex (ex)
正在处理用于 man-db (2.8.3-2ubuntu0.1) 的触发器 ...
hadoop@li-virtual-machine:/home/li$
```

图 3-9 安装 vim 结果

```
hadoop@li-virtual-machine:/home/li$ sudo apt-get install openssh-server
正在读取软件包列表... 完成
正在分析软件包的依赖关系树
正在读取状态信息... 完成
将会同时安装下列软件:
  ncurses-term openssh-sftp-server ssh-import-id
建议安装:
  molly-guard monkeysphere rssh ssh-askpass
下列【新】软件包将被安装:
  ncurses-term openssh-server openssh-sftp-server ssh-import-id
升级了 0 个软件包，新安装了 4 个软件包，要卸载 0 个软件包，有 23 个软件包未被升
级。
需要下载 637 kB 的归档。
解压缩后会消耗 5,320 kB 的额外空间。
您希望继续执行吗? [Y/n] Y
获取:1 http://cn.archive.ubuntu.com/ubuntu bionic-updates/main amd64 ncurses-ter
m all 6.1-1ubuntu1.18.04 [248 kB]
获取:2 http://cn.archive.ubuntu.com/ubuntu bionic-updates/main amd64 openssh-sft
p-server amd64 1:7.6p1-4ubuntu0.5 [45.5 kB]
获取:3 http://cn.archive.ubuntu.com/ubuntu bionic-updates/main amd64 openssh-ser
ver amd64 1:7.6p1-4ubuntu0.5 [332 kB]
```

图 3-10 安装 openssh-server 执行命令运行

```
正在设置 ncurses-term (6.1-1ubuntu1.18.04) ...
正在设置 openssh-sftp-server (1:7.6p1-4ubuntu0.5) ...
正在设置 ssh-import-id (5.7-0ubuntu1.1) ...
正在设置 openssh-server (1:7.6p1-4ubuntu0.5) ...

Creating config file /etc/ssh/sshd_config with new version
Creating SSH2 RSA key; this may take some time ...
2048 SHA256:Mn0FJ87UpHzR3Pg2szTYrYOXn0mda9iL4BSnYwmrJhY root@li-virtual-machine
(RSA)
Creating SSH2 ECDSA key; this may take some time ...
256 SHA256:23aRS8jPVlq9xZ9ISK+5e6afILAstyVAAb5Es0ckjAU root@li-virtual-machine (
ECDSA)
Creating SSH2 ED25519 key; this may take some time ...
256 SHA256:7Lz4G1CrrmElUTQagGoYBCGaOG7/f/6ZXEhQUK+VlTw root@li-virtual-machine (
ED25519)
Created symlink /etc/systemd/system/sshd.service →/lib/systemd/system/ssh.servi
ce.
Created symlink /etc/systemd/system/multi-user.target.wants/ssh.service →/lib/s
ystemd/system/ssh.service.
正在处理用于 man-db (2.8.3-2ubuntu0.1) 的触发器 ...
正在处理用于 ufw (0.36-0ubuntu0.18.04.1) 的触发器 ...
正在处理用于 ureadahead (0.100.0-21) 的触发器 ...
正在处理用于 systemd (237-3ubuntu10.52) 的触发器 ...
hadoop@li-virtual-machine:/home/li$
```

图 3-11 安装 openssh-server 结果

```
hadoop@li-virtual-machine:/home/li$ ssh-keygen -t rsa
Generating public/private rsa key pair.
Enter file in which to save the key (/home/hadoop/.ssh/id_rsa):
Created directory '/home/hadoop/.ssh'.
Enter passphrase (empty for no passphrase):
```

图 3-12　生成 ssh 密钥执行命令

```
hadoop@li-virtual-machine:/home/li$ ssh-keygen -t rsa
Generating public/private rsa key pair.
Enter file in which to save the key (/home/hadoop/.ssh/id_rsa):
Created directory '/home/hadoop/.ssh'.
Enter passphrase (empty for no passphrase):
Enter same passphrase again:
Your identification has been saved in /home/hadoop/.ssh/id_rsa.
Your public key has been saved in /home/hadoop/.ssh/id_rsa.pub.
The key fingerprint is:
SHA256:x9bLPzC749W+Caeska0aZq+3uco/br5jetMxkKE2GmE hadoop@li-virtual-machine
The key's randomart image is:
+---[RSA 2048]----+
|                 |
|       E   .     |
|      . . . o    |
|       . = +     |
|        S = o    |
|       . o .=+ . |
|         + o+*+..|
|        + oOB+=..|
|          *&&@=.+o|
+----[SHA256]-----+
```

图 3-13　生成 ssh 密钥结果

保存密钥，执行命令：

```
cat ~/.ssh/id_rsa.pub >>~/.ssh/authorized_keys
```

保存密钥结果，如图 3-14 所示。

```
hadoop@li-virtual-machine:/home/li$ cat ~/.ssh/id_rsa.pub >> ~/.ssh/authorized_k
eys
hadoop@li-virtual-machine:/home/li$
```

图 3-14　保存密钥结果

启动 ssh，执行命令：

```
sudo /etc/init.d/ssh start
```

启动 ssh 结果，如图 3-15 所示。使用 ssh 登录本机，验证非密码登录是否成功。

```
hadoop@li-virtual-machine:/home/li$ sudo /etc/init.d/ssh start
[ ok ] Starting ssh (via systemctl): ssh.service.
hadoop@li-virtual-machine:/home/li$
```

图 3-15　启动 ssh 结果

```
ssh localhost
```

验证非密码登录结果，如图 3-16 所示。

2. 安装 Java1.8.0_162

创建/usr/lib/jvm 目录用来存放 JDK 文件，执行下列命令：

```
cd /usr/lib
sudo mkdir jvm
```

```
hadoop@li-virtual-machine:/home/li$ ssh localhost
The authenticity of host 'localhost (127.0.0.1)' can't be established.
ECDSA key fingerprint is SHA256:23aRS8jPVlq9xZ9ISK+5e6afILAstyVAAb5Es0ckjAU.
Are you sure you want to continue connecting (yes/no)? yes
Warning: Permanently added 'localhost' (ECDSA) to the list of known hosts.
Welcome to Ubuntu 18.04.6 LTS (GNU/Linux 5.4.0-84-generic x86_64)

 * Documentation:  https://help.ubuntu.com
 * Management:     https://landscape.canonical.com
 * Support:        https://ubuntu.com/advantage

23 updates can be applied immediately.
To see these additional updates run: apt list --upgradable

Your Hardware Enablement Stack (HWE) is supported until April 2023.
*** System restart required ***

The programs included with the Ubuntu system are free software;
the exact distribution terms for each program are described in the
individual files in /usr/share/doc/*/copyright.

Ubuntu comes with ABSOLUTELY NO WARRANTY, to the extent permitted by
applicable law.
```

图 3-16　验证非密码登录结果

创建 Java 安装目录结果，如图 3-17 所示。

```
hadoop@li-virtual-machine:~$ cd /usr/lib
hadoop@li-virtual-machine:/usr/lib$ sudo mkdir jvm
[sudo] hadoop 的密码:
hadoop@li-virtual-machine:/usr/lib$ ls
accountsservice        linux-boot-probes
apg                    locale
apt                    lp_solve
aspell                 man-db
at-spi2-core           memtest86+
avahi                  mime
binfmt.d               modules-load.d
bluetooth              mozilla
cnf-update-db          mutter
colord                 networkd-dispatcher
command-not-found      NetworkManager
compat-ld              notification-daemon
cups                   nvidia
dbus-1.0               openssh
dconf                  os-prober
debug                  os-probes
deja-dup               os-release
dpkg                   packagekit
eject                  pcmciautils
emacsen-common         pkgconfig
```

```
emacsen-common             pkgconfig
environment.d              pm-utils
evince                     policykit-1
evolution                  pppd
evolution-data-server      pulse-11.1
file                       python2.7
firefox                    python3
firefox-addons             python3.6
fwupd                      python3.7
gcc                        python3.8
gcr                        rhythmbox
gdm3                       rsyslog
geoclue-2.0                rtkit
gettext                    sasl2
ghostscript                sftp-server
girepository-1.0           shotwell
gjs                        snapd
glib-networking            software-properties
gnome-control-center       speech-dispatcher-modules
gnome-disk-utility         ssl
gnome-initial-setup        sudo
gnome-online-accounts      sysctl.d
gnome-session              syslinux
gnome-settings-daemon      SYSLINUX
```

```
gnome-settings-daemon-3.0  syslinux-legacy
gnome-shell                systemd
gnome-terminal             system-service
gnupg                      sysusers.d
gnupg2                     tar
gold-ld                    tc
groff                      thunderbird
grub                       thunderbird-addons
grub-legacy                tmpfiles.d
gst-install-plugins-helper ubiquity
gvfs                       ubuntu-advantage
ibus                       ubuntu-release-upgrader
initramfs-tools            udisks2
ispell                     unity-settings-daemon-1.0
jvm                        update-notifier
kernel                     upower
klibc                      valgrind
language-selector          vino
libgjs.so.0                vmware-caf
libgjs.so.0.0.0            vmware-tools
libmbim                    vmware-vgauth
libnatpmp.so.1             X11
libnetpbm.so.10            x86_64-linux-gnu
libnetpbm.so.10.0          xorg
libqmi                     xserver-xorg-video-intel-hwe-18.04
libreoffice                zeitgeist
linux
hadoop@li-virtual-machine:/usr/lib$
```

图 3-17　创建 Java 安装目录结果

将下载的 JDK 文件 jdk-8u162-linux-x64.tar 从当前放置目录解压到 /usr/lib/jvm 目录下，执行命令：

```
sudo tar -zxvf /***/jdk-8u162-linux-x64.tar.gz -C /usr/lib/jvm/
```

配置环境变量文件～/.bashrc，在文件中添加下列内容，之后更新该文件。

```
export JAVA_HOME=/usr/lib/jvm/jdk1.8.0_162
export JRE_HOME=${JAVA_HOME}/jre
export CLASSPATH=.:${JAVA_HOME}/lib:${JRE_HOME}/lib
export PATH=${JAVA_HOME}/bin:$PATH
```

配置 Java 环境变量，如图 3-18 所示。查看 Java 的版本号，检查 Java 是否安装成功，执行命令：

```
java -version。
```

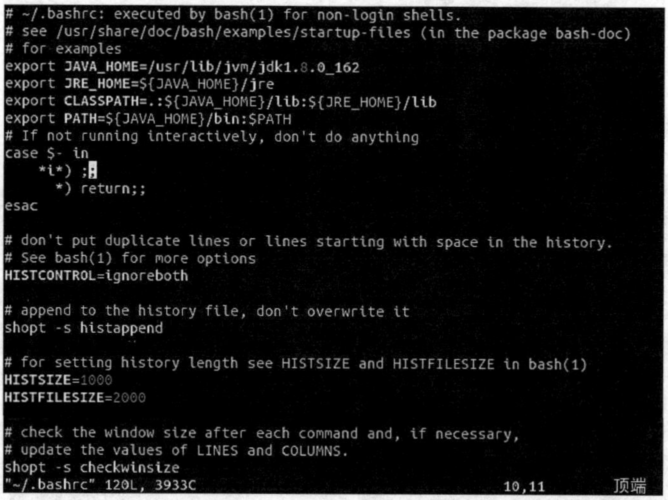

```
# ~/.bashrc: executed by bash(1) for non-login shells.
# see /usr/share/doc/bash/examples/startup-files (in the package bash-doc)
# for examples
export JAVA_HOME=/usr/lib/jvm/jdk1.8.0_162
export JRE_HOME=${JAVA_HOME}/jre
export CLASSPATH=.:${JAVA_HOME}/lib:${JRE_HOME}/lib
export PATH=${JAVA_HOME}/bin:$PATH
# If not running interactively, don't do anything
case $- in
    *i*) ;;
      *) return;;
esac

# don't put duplicate lines or lines starting with space in the history.
# See bash(1) for more options
HISTCONTROL=ignoreboth

# append to the history file, don't overwrite it
shopt -s histappend

# for setting history length see HISTSIZE and HISTFILESIZE in bash(1)
HISTSIZE=1000
HISTFILESIZE=2000

# check the window size after each command and, if necessary,
# update the values of LINES and COLUMNS.
shopt -s checkwinsize
"~/.bashrc" 120L, 3933C                                  10,11        顶端
```

图 3-18　配置环境变量

查看 Java 版本，如图 3-19 所示。

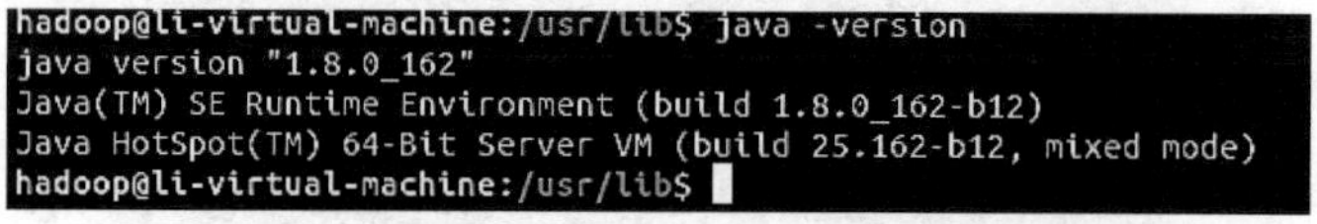

```
hadoop@li-virtual-machine:/usr/lib$ java -version
java version "1.8.0_162"
Java(TM) SE Runtime Environment (build 1.8.0_162-b12)
Java HotSpot(TM) 64-Bit Server VM (build 25.162-b12, mixed mode)
hadoop@li-virtual-machine:/usr/lib$
```

图 3-19　查看 Java 版本结果

3.2.2　安装 Hadoop

1. 安装 Hadoop2.7.1

请读者自行下载 Hadoop 安装文件 hadoop-2.7.1.tar 从当前放置目录解压到/usr/local 目录中，执行命令：

```
sudo tar -zxvf /***/hadoop-2.7.1.tar.gz -C /usr/local/
```

解压 Hadoop 安装文件执行命令，如图 3-20 所示。

运行结果，如图 3-21 所示。

```
sudo tar -zxvf /home/li/hadoop-2.7.1.tar.gz -C /usr/local/
```

图 3-20　解压 Hadoop 安装文件执行命令

```
hadoop-2.7.1/lib/
hadoop-2.7.1/lib/native/
hadoop-2.7.1/lib/native/libhadoop.a
hadoop-2.7.1/lib/native/libhadoop.so
hadoop-2.7.1/lib/native/libhadooppipes.a
hadoop-2.7.1/lib/native/libhdfs.so.0.0.0
hadoop-2.7.1/lib/native/libhadooputils.a
hadoop-2.7.1/lib/native/libhdfs.a
hadoop-2.7.1/lib/native/libhdfs.so
hadoop-2.7.1/lib/native/libhadoop.so.1.0.0
hadoop-2.7.1/LICENSE.txt
```

图 3-21　解压 Hadoop 安装文件结果

更改文件夹名称并修改文件权限，执行下列命令：

```
cd /usr/local/
sudo mv ./hadoop-2.7.1/ ./hadoop
sudo chown -R hadoop ./hadoop
```

更改文件夹名称和修改权限过程，如图 3-22 所示。

```
hadoop@li-virtual-machine:/usr/lib$ cd /usr/local/
hadoop@li-virtual-machine:/usr/local$ ls
bin  etc  games  hadoop-2.7.1  include  lib  man  sbin  share  src
hadoop@li-virtual-machine:/usr/local$ sudo mv ./hadoop-2.7.1/ ./hadoop
hadoop@li-virtual-machine:/usr/local$ sudo chown -R hadoop ./hadoop
```

图 3-22　更改文件夹名称和修改权限过程

检查 Hadoop 是否安装成功，执行下列命令：

```
cd /usr/local/hadoop
./bin/hadoop version
```

若显示如下“2.7.1”版本则成功，如图 3-23 所示。

```
hadoop@li-virtual-machine:/usr/local/hadoop$ ./bin/hadoop version
Hadoop 2.7.1
Subversion https://git-wip-us.apache.org/repos/asf/hadoop.git -r 15ecc87ccf4a0228f35af08fc56de536e6ce657a
Compiled by jenkins on 2015-06-29T06:04Z
Compiled with protoc 2.5.0
From source with checksum fc0a1a23fc1868e4d5ee7fa2b28a58a
This command was run using /usr/local/hadoop/share/hadoop/common/hadoop-common-2.7.1.jar
hadoop@li-virtual-machine:/usr/local/hadoop$
```

图 3-23　查看版本

2. Hadoop 伪分布式配置

Hadoop 可以在单节点上以伪分布式的方式运行，其进程以分离的 Java 进程来运行，该节点既作为 NameNode 也作为 DataNode，读取的是 HDFS 中的文件。Hadoop 的运行方式是由配置文件决定的，伪分布式需要修改 core-site.xml 和 hdfs-site.xml 两个配置文件。根据前述安装过程，配置文件在/usr/local/hadoop/etc/hadoop 目录中。

（1）修改配置文件 core-site.xml。

在 core-site.xml 文件中，修改如下内容。

```
<configuration>
```

```
    <property>
        <name>hadoop.tmp.dir</name>
        <value>file:/usr/local/hadoop/tmp</value>
        <description>Abase for other temporary directories.</description>
    </property>
    <property>
        <name>fs.defaultFS</name>
        <value>hdfs://localhost:9000</value>
    </property>
</configuration>
```

修改文件 core-site 配置，如图 3-24 所示。

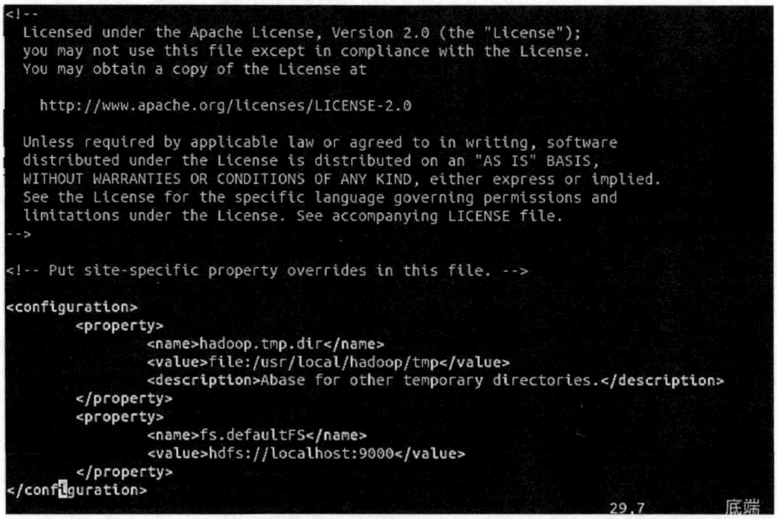

```
<!--
  Licensed under the Apache License, Version 2.0 (the "License");
  you may not use this file except in compliance with the License.
  You may obtain a copy of the License at

    http://www.apache.org/licenses/LICENSE-2.0

  Unless required by applicable law or agreed to in writing, software
  distributed under the License is distributed on an "AS IS" BASIS,
  WITHOUT WARRANTIES OR CONDITIONS OF ANY KIND, either express or implied.
  See the License for the specific language governing permissions and
  limitations under the License. See accompanying LICENSE file.
-->

<!-- Put site-specific property overrides in this file. -->

<configuration>
        <property>
                <name>hadoop.tmp.dir</name>
                <value>file:/usr/local/hadoop/tmp</value>
                <description>Abase for other temporary directories.</description>
        </property>
        <property>
                <name>fs.defaultFS</name>
                <value>hdfs://localhost:9000</value>
        </property>
</configuration>
                                                            29,7          底端
```

图 3-24　修改配置文件 core-site

(2) 修改配置文件 hdfs-site.xml。

在 hdfs-site.xml 文件中，修改如下内容。

```
<configuration>
    <property>
        <name>dfs.replication</name>
        <value>1</value>
    </property>
    <property>
        <name>dfs.namenode.name.dir</name>
        <value>file:/usr/local/hadoop/tmp/dfs/name</value>
    </property>
    <property>
        <name>dfs.datanode.data.dir</name>
        <value>file:/usr/local/hadoop/tmp/dfs/data</value>
    </property>
</configuration>
```

修改文件 hdfs-site 配置，如图 3-25 所示。

```
 You may obtain a copy of the License at

   http://www.apache.org/licenses/LICENSE-2.0

 Unless required by applicable law or agreed to in writing, software
 distributed under the License is distributed on an "AS IS" BASIS,
 WITHOUT WARRANTIES OR CONDITIONS OF ANY KIND, either express or implied.
 See the License for the specific language governing permissions and
 limitations under the License. See accompanying LICENSE file.
-->

<!-- Put site-specific property overrides in this file. -->

<configuration>
 <property>
                <name>dfs.replication</name>
                <value>1</value>
        </property>
        <property>
                <name>dfs.namenode.name.dir</name>
                <value>file:/usr/local/hadoop/tmp/dfs/name</value>
        </property>
        <property>
                <name>dfs.datanode.data.dir</name>
                <value>file:/usr/local/hadoop/tmp/dfs/data</value>
        </property>
</configuration>
```

图 3-25　修改配置文件 hdfs-site

（3）执行 NameNode 的格式化。

```
cd /usr/local/hadoop
./bin/hdfs namenode - format
```

执行 NameNode 格式化过程，如图 3-26 所示。

```
hadoop@li-virtual-machine:/usr/local/hadoop/etc/hadoop$ cd /usr/local/hadoop
hadoop@li-virtual-machine:/usr/local/hadoop$ ./bin/hdfs namenode -format
```

图 3-26　执行 NameNode 格式化过程

显示“common.Storage：Storage directory /usr/local/hadoop/tmp/dfs/name has been successfully formatted.”“util.ExitUtil：Exiting with status 0”等提示，则 namenode 格式化成功。

执行 NameNode 格式化成功，如图 3-27 所示。

```
22/02/14 17:10:52 INFO namenode.FSNamesystem: Retry cache on namenode is enabled
22/02/14 17:10:52 INFO namenode.FSNamesystem: Retry cache will use 0.03 of total heap
and retry cache entry expiry time is 600000 millis
22/02/14 17:10:52 INFO util.GSet: Computing capacity for map NameNodeRetryCache
22/02/14 17:10:52 INFO util.GSet: VM type       = 64-bit
22/02/14 17:10:52 INFO util.GSet: 0.029999999329447746% max memory 966.7 MB = 297.0 KB
22/02/14 17:10:52 INFO util.GSet: capacity      = 2^15 = 32768 entries
22/02/14 17:10:52 INFO namenode.FSImage: Allocated new BlockPoolId: BP-1591963971-127.
0.1.1-1644829852553
22/02/14 17:10:52 INFO common.Storage: Storage directory /usr/local/hadoop/tmp/dfs/nam
e has been successfully formatted.
22/02/14 17:10:53 INFO namenode.NNStorageRetentionManager: Going to retain 1 images wi
th txid >= 0
22/02/14 17:10:53 INFO util.ExitUtil: Exiting with status 0
22/02/14 17:10:53 INFO namenode.NameNode: SHUTDOWN_MSG:
/************************************************************
SHUTDOWN_MSG: Shutting down NameNode at li-virtual-machine/127.0.1.1
************************************************************/
hadoop@li-virtual-machine:/usr/local/hadoop$
```

图 3-27　格式化成功结果

（4）检查 ssh 是否启动，若没启动，则启动 ssh。

```
sudo /etc/init.d/ssh start
```

启动 ssh 结果,如图 3-28 所示。

```
hadoop@li-virtual-machine:/usr/local/hadoop$ sudo /etc/init.d/ssh start
[ ok ] Starting ssh (via systemctl): ssh.service.
```

图 3-28　启动 ssh 结果

(5) 启动 Hadoop。

```
cd /usr/local/hadoop
./sbin/start-dfs.sh
```

启动 Hadoop 结果,如图 3-29 所示。

```
hadoop@li-virtual-machine:/usr/local/hadoop$ ./sbin/start-dfs.sh
Starting namenodes on [localhost]
localhost: starting namenode, logging to /usr/local/hadoop/logs/hadoop-hadoop-namenode
-li-virtual-machine.out
localhost: starting datanode, logging to /usr/local/hadoop/logs/hadoop-hadoop-datanode
-li-virtual-machine.out
Starting secondary namenodes [0.0.0.0]
The authenticity of host '0.0.0.0 (0.0.0.0)' can't be established.
ECDSA key fingerprint is SHA256:23aRS8jPVlq9xZ9ISK+5e6afILAstyVAAb5Es0ckjAU.
Are you sure you want to continue connecting (yes/no)? yes
0.0.0.0: Warning: Permanently added '0.0.0.0' (ECDSA) to the list of known hosts.
0.0.0.0: starting secondarynamenode, logging to /usr/local/hadoop/logs/hadoop-hadoop-s
econdarynamenode-li-virtual-machine.out
hadoop@li-virtual-machine:/usr/local/hadoop$
```

图 3-29　启动 Hadoop 结果

3.2.3　安装 MySQL

1. 安装 MySQL 5.7.16

```
sudo apt-get update
sudo apt-get install mysql-server-5.7
```

更新 apt 结果,如图 3-30 所示。

```
hadoop@li-virtual-machine:~$ sudo apt-get update
命中:1 http://cn.archive.ubuntu.com/ubuntu bionic InRelease
获取:2 http://security.ubuntu.com/ubuntu bionic-security InRelease [88.7 kB]
获取:3 http://cn.archive.ubuntu.com/ubuntu bionic-updates InRelease [88.7 kB]
获取:4 http://cn.archive.ubuntu.com/ubuntu bionic-backports InRelease [74.6 kB]
获取:5 http://security.ubuntu.com/ubuntu bionic-security/main amd64 DEP-11 Metadata [5
5.1 kB]
获取:6 http://cn.archive.ubuntu.com/ubuntu bionic-updates/main amd64 DEP-11 Metadata [
297 kB]
获取:7 http://security.ubuntu.com/ubuntu bionic-security/universe amd64 DEP-11 Metadat
a [59.4 kB]
获取:8 http://security.ubuntu.com/ubuntu bionic-security/multiverse amd64 DEP-11 Metad
ata [2,464 B]
获取:9 http://cn.archive.ubuntu.com/ubuntu bionic-updates/universe amd64 DEP-11 Metada
ta [300 kB]
获取:10 http://cn.archive.ubuntu.com/ubuntu bionic-updates/multiverse amd64 DEP-11 Met
adata [2,468 B]
获取:11 http://cn.archive.ubuntu.com/ubuntu bionic-backports/universe amd64 DEP-11 Met
adata [9,264 B]
已下载 978 kB,耗时 6秒 (168 kB/s)

正在读取软件包列表... 完成
hadoop@li-virtual-machine:~$
```

图 3-30　更新 apt 结果

安装 mysql-server 命令执行过程,如图 3-31 所示。

执行结果,如图 3-32 所示。

```
hadoop@li-virtual-machine:~$ sudo apt-get install mysql-server-5.7
正在读取软件包列表... 完成
正在分析软件包的依赖关系树
正在读取状态信息... 完成
将会同时安装下列软件:
  libaio1 libevent-core-2.1-6 libhtml-template-perl mysql-client-5.7
  mysql-client-core-5.7 mysql-common mysql-server-core-5.7
建议安装:
  libipc-sharedcache-perl mailx tinyca
下列【新】软件包将被安装:
  libaio1 libevent-core-2.1-6 libhtml-template-perl mysql-client-5.7
  mysql-client-core-5.7 mysql-common mysql-server-5.7 mysql-server-core-5.7
升级了 0 个软件包，新安装了 8 个软件包，要卸载 0 个软件包，有 23 个软件包未被升级。
需要下载 19.1 MB 的归档。
解压缩后会消耗 154 MB 的额外空间。
您希望继续执行吗? [Y/n] Y
获取:1 http://cn.archive.ubuntu.com/ubuntu bionic/main amd64 mysql-common all 5.8+1.0.
4 [7,308 B]
获取:2 http://cn.archive.ubuntu.com/ubuntu bionic-updates/main amd64 libaio1 amd64 0.3
```

图 3-31　安装 mysql-server 命令执行过程

```
正在设置 mysql-client-5.7 (5.7.37-0ubuntu0.18.04.1) ...
正在设置 mysql-server-5.7 (5.7.37-0ubuntu0.18.04.1) ...
update-alternatives: 使用 /etc/mysql/mysql.cnf 来在自动模式中提供 /etc/mysql/my.cnf (m
y.cnf)
Renaming removed key_buffer and myisam-recover options (if present)
Created symlink /etc/systemd/system/multi-user.target.wants/mysql.service →/lib/syste
md/system/mysql.service.
正在处理用于 libc-bin (2.27-3ubuntu1.4) 的触发器 ...
正在处理用于 systemd (237-3ubuntu10.52) 的触发器 ...
正在处理用于 man-db (2.8.3-2ubuntu0.1) 的触发器 ...
正在处理用于 ureadahead (0.100.0-21) 的触发器 ...
```

图 3-32　安装 mysql-server 结果

安装依赖：

```
sudo apt install libmysqlclient-dev
```

安装依赖命令执行过程，如图 3-33 所示。

```
hadoop@li-virtual-machine:/etc$ cd  init.d
hadoop@li-virtual-machine:/etc/init.d$ sudo apt install libmysqlclient-dev
正在读取软件包列表... 完成
正在分析软件包的依赖关系树
正在读取状态信息... 完成
将会同时安装下列软件:
  libc-dev-bin libc6-dev libmysqlclient20 libssl-dev libssl1.1 linux-libc-dev
  manpages-dev zlib1g-dev
建议安装:
  glibc-doc libssl-doc
下列【新】软件包将被安装:
  libc-dev-bin libc6-dev libmysqlclient-dev libmysqlclient20 libssl-dev
  linux-libc-dev manpages-dev zlib1g-dev
下列软件包将被升级:
  libssl1.1
升级了 1 个软件包，新安装了 8 个软件包，要卸载 0 个软件包，有 22 个软件包未被升级。
需要下载 9,316 kB/10.6 MB 的归档。
解压缩后会消耗 48.0 MB 的额外空间。
您希望继续执行吗? [Y/n] Y
获取:1 http://cn.archive.ubuntu.com/ubuntu bionic-updates/main amd64 libc-dev-bin amd6
```

图 3-33　安装依赖命令执行过程

执行结果如图 3-34 所示。

2. 实现 root 登录

1）查看随机初始密码

安装完成后，会生成文件/etc/mysql/debian.cnf，查看这个文件可以获取 MySQL 随机生成的初始用户名和密码。

```
正在解包 manpages-dev (4.15-1) ...
正在设置 linux-libc-dev:amd64 (4.15.0-167.175) ...
正在设置 libssl1.1:amd64 (1.1.1-1ubuntu2.1~18.04.14) ...
正在设置 libmysqlclient20:amd64 (5.7.37-0ubuntu0.18.04.1) ...
正在设置 libc-dev-bin (2.27-3ubuntu1.4) ...
正在设置 manpages-dev (4.15-1) ...
正在设置 libc6-dev:amd64 (2.27-3ubuntu1.4) ...
正在设置 zlib1g-dev:amd64 (1:1.2.11.dfsg-0ubuntu2) ...
正在设置 libssl-dev:amd64 (1.1.1-1ubuntu2.1~18.04.14) ...
正在设置 libmysqlclient-dev (5.7.37-0ubuntu0.18.04.1) ...
正在处理用于 man-db (2.8.3-2ubuntu0.1) 的触发器 ...
正在处理用于 libc-bin (2.27-3ubuntu1.4) 的触发器 ...
hadoop@li-virtual-machine:/etc/init.d$
```

图 3-34　安装依赖结果

```
cd /etc/mysql/
sudo cat debian.cnf
```

查看随机初始密码，如图 3-35 所示。显示内容如下。

```
#Automatically generated for Debian scripts. DO NOT TOUCH!
[client]
host=localhost
user=debian-sys-maint
password=74KdWFObOXKq50nK
socket=/var/run/mysqld/mysqld.sock
[mysql_upgrade]
host=localhost
user=debian-sys-maint
password=74KdWFObOXKq50nK
socket=/var/run/mysqld/mysqld.sock
```

```
hadoop@li-virtual-machine:/etc/init.d$ cd /etc/mysql/
hadoop@li-virtual-machine:/etc/mysql$ ls
conf.d  debian.cnf  debian-start  my.cnf  my.cnf.fallback  mysql.cnf  mysql.conf.d
hadoop@li-virtual-machine:/etc/mysql$ vim debian.cnf
hadoop@li-virtual-machine:/etc/mysql$ sudo cat debian.cnf
[sudo] hadoop 的密码:
# Automatically generated for Debian scripts. DO NOT TOUCH!
[client]
host     = localhost
user     = debian-sys-maint
password = 74KdWFObOXKq50nK
socket   = /var/run/mysqld/mysqld.sock
[mysql_upgrade]
host     = localhost
user     = debian-sys-maint
password = 74KdWFObOXKq50nK
socket   = /var/run/mysqld/mysqld.sock
hadoop@li-virtual-machine:/etc/mysql$
```

图 3-35　查看随机初始密码

也就是说，本次安装生成的初始用户是：debian-sys-maint，初始随机密码是：74KdWFObOXKq50nK。

2）启动 MySQL 服务

建立/var/run/mysqld 并赋权 mysql 用户，执行命令：

```
cd /var/run
sudo mkdir mysqld
sudo chown -R mysql /var/run/mysqld
sudo chgrp -R mysql /var/run/mysqld
```

启动 MySQL 服务，执行命令：

```
sudo service mysql stop
sudo usermod -d /var/lib/mysql/ mysql
sudo service mysql start
```

启动 MySQL 服务结果，如图 3-36 所示。

```
hadoop@li-virtual-machine:/var/run$ sudo service mysql stop
hadoop@li-virtual-machine:/var/run$ sudo usermod -d /var/lib/mysql/ mysql
hadoop@li-virtual-machine:/var/run$ sudo service mysql start
```

图 3-36　启动服务结果

使用初始用户和密码登录 MySQL，执行命令：

```
mysql -h localhost -u debian-sys-maint -p
```

初始登录执行命令，如图 3-37 所示。

```
hadoop@li-virtual-machine:/etc/mysql$ mysql -h localhost -u debian-sys-maint -p
Enter password:
```

图 3-37　初始登录执行命令

输入刚生成的随机密码后，进入 MySQL 交互界面。
初始登录结果，如图 3-38 所示。

```
hadoop@li-virtual-machine:/etc/mysql$ mysql -h localhost -u debian-sys-maint -p
Enter password:
Welcome to the MySQL monitor.  Commands end with ; or \g.
Your MySQL connection id is 4
Server version: 5.7.37-0ubuntu0.18.04.1 (Ubuntu)

Copyright (c) 2000, 2022, Oracle and/or its affiliates.

Oracle is a registered trademark of Oracle Corporation and/or its
affiliates. Other names may be trademarks of their respective
owners.

Type 'help;' or '\h' for help. Type '\c' to clear the current input statement.

mysql>
```

图 3-38　初始登录结果

3）实现 root 登录并设置密码
在 MySQL 交互界面中，执行命令(***为设置的新密码，读者请自行设置)。

```
mysql>update mysql.user set authentication_string=password('***') where user=
'root' and host='localhost';
```

设置 root 登录过程，如图 3-39 所示。

```
mysql> update mysql.user set authentication_string=password('111111') where user='root' a
nd host='localhost';
Query OK, 1 row affected, 1 warning (0.06 sec)
Rows matched: 1  Changed: 1  Warnings: 1

mysql>
```

图 3-39　设置 root 登录过程

在 MySQL 交互界面中，依次执行：

```
mysql>update mysql.user set plugin='mysql_native_password';
mysql>flush privileges;
mysql>quit;
```

更新 MySQL 设置,如图 3-40 所示。

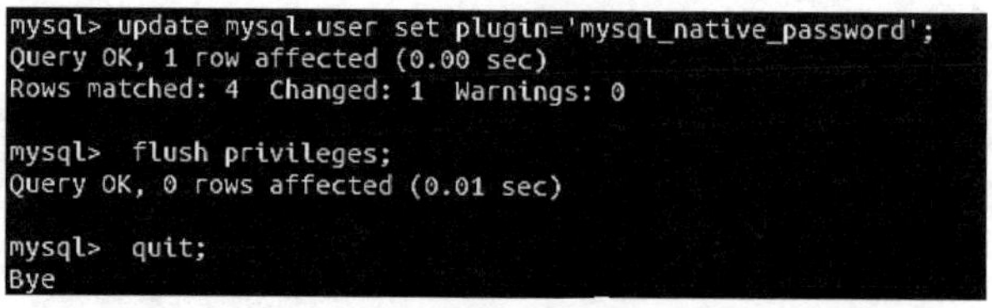

```
mysql> update mysql.user set plugin='mysql_native_password';
Query OK, 1 row affected (0.00 sec)
Rows matched: 4  Changed: 1  Warnings: 0

mysql>  flush privileges;
Query OK, 0 rows affected (0.01 sec)

mysql>  quit;
Bye
```

图 3-40　更新 MySQL 设置

重新启动 MySQL,之后就可以使用 root 登录 MySQL 了。

```
sudo service mysql restart
mysql -h localhost -u root -p
```

root 登录 MySQL 结果,如图 3-41 所示。

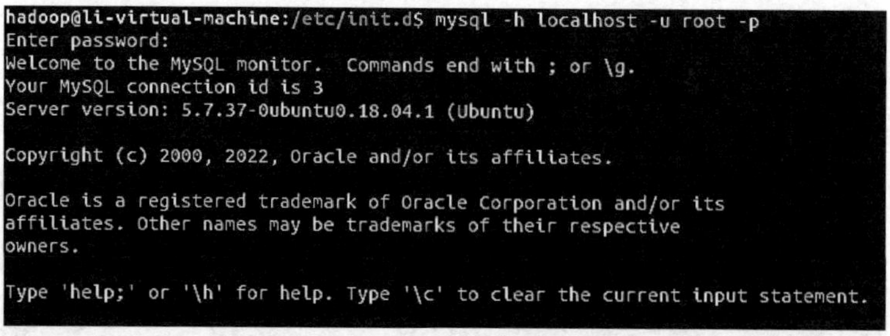

```
hadoop@li-virtual-machine:/etc/init.d$ mysql -h localhost -u root -p
Enter password:
Welcome to the MySQL monitor.  Commands end with ; or \g.
Your MySQL connection id is 3
Server version: 5.7.37-0ubuntu0.18.04.1 (Ubuntu)

Copyright (c) 2000, 2022, Oracle and/or its affiliates.

Oracle is a registered trademark of Oracle Corporation and/or its
affiliates. Other names may be trademarks of their respective
owners.

Type 'help;' or '\h' for help. Type '\c' to clear the current input statement.
```

图 3-41　root 登录 MySQL 结果

3. 配置中文字符编码

在 MySQL 交互界面中,检查默认字符编码,执行命令:

```
mysql>show variables like 'character_set_%';
```

结果如下。

```
+------------------------------+---------------------------+
| Variable_name                | Value                     |
+------------------------------+---------------------------+
| character_set_client         | utf8                      |
| character_set_connection     | utf8                      |
| character_set_database       | latin1                    |
| character_set_filesystem     | binary                    |
| character_set_results        | utf8                      |
| character_set_server         | latin1                    |
| character_set_system         | utf8                      |
| character_sets_dir           | /usr/share/mysql/charsets/ |
+------------------------------+---------------------------+
8 rows in set (0.00 sec)
```

查看中文字符编码,如图 3-42 所示。

这里需要将 latin1 改为 utf8,先退出 MySQL。

```
mysql>quit;
```

退出 MySQL,如图 3-43 所示。

```
mysql> show variables like 'character_set_%';
+--------------------------+----------------------------+
| Variable_name            | Value                      |
+--------------------------+----------------------------+
| character_set_client     | utf8                       |
| character_set_connection | utf8                       |
| character_set_database   | latin1                     |
| character_set_filesystem | binary                     |
| character_set_results    | utf8                       |
| character_set_server     | latin1                     |
| character_set_system     | utf8                       |
| character_sets_dir       | /usr/share/mysql/charsets/ |
+--------------------------+----------------------------+
8 rows in set (0.05 sec)
```

图 3-42　查看中文字符编码

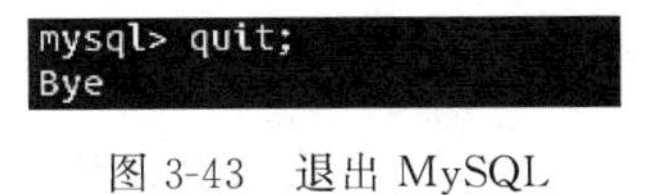

图 3-43　退出 MySQL

修改字符配置文件:

```
sudo vim /etc/mysql/mysql.conf.d/mysqld.cnf
```

在[mysqld]下添加一行 character_set_server=utf8,如图 3-44 所示。

```
# Remember to edit /etc/mysql/debian.cnf when changing the socket location.

# Here is entries for some specific programs
# The following values assume you have at least 32M ram

[mysqld_safe]
socket          = /var/run/mysqld/mysqld.sock
nice            = 0

[mysqld]
#
# * Basic Settings
#
user            = mysql
pid-file        = /var/run/mysqld/mysqld.pid
socket          = /var/run/mysqld/mysqld.sock
port            = 3306
basedir         = /usr
datadir         = /var/lib/mysql
tmpdir          = /tmp
lc-messages-dir = /usr/share/mysql
character_set_server=utf8
skip-external-locking
#
# Instead of skip-networking the default is now to listen only on
# localhost which is more compatible and is not less secure.
bind-address            = 127.0.0.1
```

图 3-44　修改字符配置

重启 MySQL 服务,并用 root 登录,再检查字符编码,可以发现 latin1 已经改为 utf8,如图 3-45 所示。

3.2.4　安装 Hive

1. 安装 Hive1.2.1

请读者自行下载 Hive 安装文件 apache-hive-1.2.1-bin.tar 从当前放置目录解压到/usr/

```
mysql> show variables like 'character_set_%';
+--------------------------+----------------------------+
| Variable_name            | Value                      |
+--------------------------+----------------------------+
| character_set_client     | utf8                       |
| character_set_connection | utf8                       |
| character_set_database   | utf8                       |
| character_set_filesystem | binary                     |
| character_set_results    | utf8                       |
| character_set_server     | utf8                       |
| character_set_system     | utf8                       |
| character_sets_dir       | /usr/share/mysql/charsets/ |
+--------------------------+----------------------------+
8 rows in set (0.00 sec)

mysql>
```

图 3-45　修改字符编码结果

local 目录中，执行命令：

```
sudo tar -zxvf /* * * /apache-hive-1.2.1-bin.tar.gz -C /usr/local/
```

解压 Hive 安装文件执行命令运行，如图 3-46 所示。

```
hadoop@li-virtual-machine:~$ sudo tar -zxvf /home/li/10885268_049/apache-hive-1.2.1-bin.t
ar.gz -C /usr/local/
apache-hive-1.2.1-bin/NOTICE
apache-hive-1.2.1-bin/LICENSE
apache-hive-1.2.1-bin/README.txt
apache-hive-1.2.1-bin/RELEASE_NOTES.txt
apache-hive-1.2.1-bin/examples/files/emp.txt
apache-hive-1.2.1-bin/examples/files/type_evolution.avro
apache-hive-1.2.1-bin/examples/files/extrapolate_stats_partial.txt
apache-hive-1.2.1-bin/examples/files/lineitem.txt
apache-hive-1.2.1-bin/examples/files/dec.txt
apache-hive-1.2.1-bin/examples/files/apache.access.log
apache-hive-1.2.1-bin/examples/files/opencsv-data.txt
apache-hive-1.2.1-bin/examples/files/flights_tiny.txt
apache-hive-1.2.1-bin/examples/files/kv1.txt
```

图 3-46　解压 Hive 安装文件执行命令运行

运行结果，如图 3-47 所示。

```
apache-hive-1.2.1-bin/hcatalog/share/webhcat/svr/lib/xercesImpl-2.9.1.jar
apache-hive-1.2.1-bin/hcatalog/share/webhcat/svr/lib/xml-apis-1.3.04.jar
apache-hive-1.2.1-bin/hcatalog/share/webhcat/svr/lib/hive-webhcat-1.2.1.jar
apache-hive-1.2.1-bin/hcatalog/share/webhcat/svr/lib/jersey-servlet-1.14.jar
apache-hive-1.2.1-bin/hcatalog/share/webhcat/svr/lib/wadl-resourcedoc-doclet-1.4.jar
apache-hive-1.2.1-bin/hcatalog/share/webhcat/svr/lib/commons-exec-1.1.jar
apache-hive-1.2.1-bin/hcatalog/share/webhcat/svr/lib/jul-to-slf4j-1.7.5.jar
apache-hive-1.2.1-bin/hcatalog/share/webhcat/java-client/hive-webhcat-java-client-1.2.1.j
ar
apache-hive-1.2.1-bin/conf/hive-log4j.properties.template
apache-hive-1.2.1-bin/conf/hive-exec-log4j.properties.template
apache-hive-1.2.1-bin/conf/beeline-log4j.properties.template
apache-hive-1.2.1-bin/hcatalog/share/doc/hcatalog/README.txt
hadoop@li-virtual-machine:~$
```

图 3-47　解压 Hive 安装文件结果

重命名文件夹并修改权限，执行命令：

```
cd /usr/local/
sudo mv apache-hive-1.2.1-bin hive
sudo chown -R hadoop: hadoop hive
```

重命名 Hive 文件夹并修改权限，如图 3-48 所示。

2. 其他相关配置

配置环境变量文件～/.bashrc，在文件中添加下列内容，之后更新该文件。

```
hadoop@li-virtual-machine:~$ cd /usr/local/
hadoop@li-virtual-machine:/usr/local$ sudo mv apache-hive-1.2.1-bin hive
hadoop@li-virtual-machine:/usr/local$ sudo chown -R hadoop: hadoop hive
hadoop@li-virtual-machine:/usr/local$
```

图 3-48　更改文件夹名称和修改权限

```
export HIVE_HOME=/usr/local/hive
export PATH=$HIVE_HOME/bin:$PATH
export HADOOP_HOME=/usr/local/hadoop
```

配置 Hive 环境变量，如图 3-49 所示。

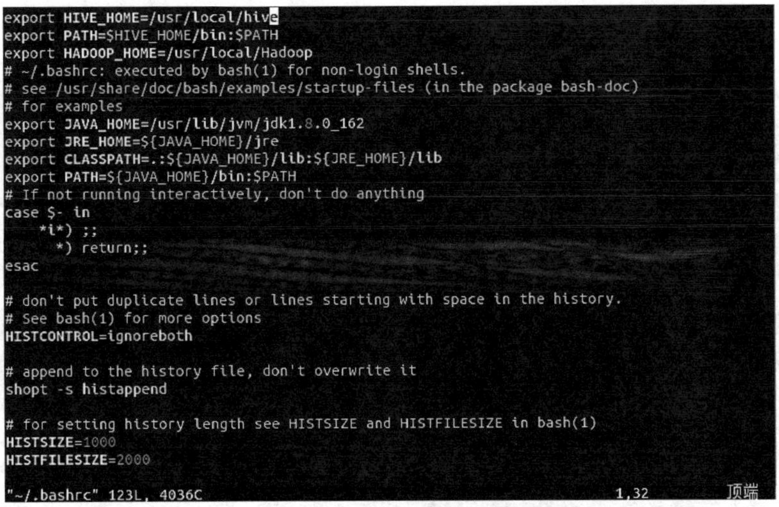

```
export HIVE_HOME=/usr/local/hive
export PATH=$HIVE_HOME/bin:$PATH
export HADOOP_HOME=/usr/local/Hadoop
# ~/.bashrc: executed by bash(1) for non-login shells.
# see /usr/share/doc/bash/examples/startup-files (in the package bash-doc)
# for examples
export JAVA_HOME=/usr/lib/jvm/jdk1.8.0_162
export JRE_HOME=${JAVA_HOME}/jre
export CLASSPATH=.:${JAVA_HOME}/lib:${JRE_HOME}/lib
export PATH=${JAVA_HOME}/bin:$PATH
# If not running interactively, don't do anything
case $- in
    *i*) ;;
      *) return;;
esac

# don't put duplicate lines or lines starting with space in the history.
# See bash(1) for more options
HISTCONTROL=ignoreboth

# append to the history file, don't overwrite it
shopt -s histappend

# for setting history length see HISTSIZE and HISTFILESIZE in bash(1)
HISTSIZE=1000
HISTFILESIZE=2000

"~/.bashrc" 123L, 4036C                                  1,32          顶端
```

图 3-49　配置 Hive 环境变量

配置 hive-default.xml 文件，执行命令：

```
cd /usr/local/hive/conf
mv hive-default.xml.template hive-default.xml
```

使用 vim 编辑器新建 hive-site.xml 文件，内容如下。

```
<?xml version="1.0" encoding="UTF-8" standalone="no"?>
<?xml-stylesheet type="text/xsl" href="configuration.xsl"?>
<configuration>
    <property>
        <name>javax.jdo.option.ConnectionURL</name>
        <value>jdbc:mysql://localhost:3306/hive?createDatabaseIfNotExist=
true</value>
        <description>JDBC connect string for a JDBC metastore</description>
    </property>
    <property>
        <name>javax.jdo.option.ConnectionDriverName</name>
         <value>com.mysql.jdbc.Driver</value>
         <description>Driver class name for a JDBC metastore</description>
    </property>
    <property>
```

```
        <name>javax.jdo.option.ConnectionUserName</name>
        <value>hive</value>
        <description>username to use against metastore database</description>
    </property>
    <property>
        <name>javax.jdo.option.ConnectionPassword</name>
        <value>hive</value>
        <description>password to use against metastore database
        </description>
    </property>
</configuration>
```

新建 hive-site 文件，如图 3-50 所示。

```
<?xml version="1.0" encoding="UTF-8" standalone="no"?>
<?xml-stylesheet type="text/xsl" href="configuration.xsl"?>
<configuration>
        <property>
              <name>javax.jdo.option.ConnectionURL</name>
              <value>jdbc:mysql://localhost:3306/hive?createDatabaseIfNotExist=true</value
>
              <description>JDBC connect string for a JDBC metastore</description>
        </property>
        <property>
              <name>javax.jdo.option.ConnectionDriverName</name>
               <value>com.mysql.jdbc.Driver</value>
               <description>Driver class name for a JDBC metastore</description>
        </property>
        <property>
               <name>javax.jdo.option.ConnectionUserName</name>
               <value>hive</value>
               <description>username to use against metastore database</description>
        </property>
        <property>
               <name>javax.jdo.option.ConnectionPassword</name>
               <value>hive</value>
               <description>password to use against metastore database</description>
        </property>
</configuration>
~
~
"hive-site.xml" 24L, 1090C                                          15,16          全部
```

图 3-50 新建 hive-site 文件

这里，可以自行设置连接密码(ConnectionPassword)。

3. 用 MySQL 保存 Hive 元数据

1) 解压 mysql jdbc 包

请读者自行下载 mysql jdbc 包 mysql-connector-java-5.1.40.tar 在当前目录解压，复制 jar 包到/usr/local/hive/lib 目录中，执行以下命令：

```
sudo tar -zxvf ./mysql-connector-java-5.1.40.tar.gz
sudo cp ./mysql-connector-java-5.1.40/mysql-connector-java-5.1.40-bin.jar /
usr/local/hive/lib
```

解压 jdbc 包执行命令运行，如图 3-51 所示。运行结果，如图 3-52 所示。

2) 启动并登录 MySQL

```
sudo service mysql restart
mysql -h localhost -u root -p
```

启动并登录 MySQL，如图 3-53 所示。

```
hadoop@li-virtual-machine:/home/li/下载$ sudo tar -zxvf ./mysql-connector-java-5.1.40.tar
.gz
mysql-connector-java-5.1.40/
mysql-connector-java-5.1.40/docs/
mysql-connector-java-5.1.40/src/
mysql-connector-java-5.1.40/src/com/
mysql-connector-java-5.1.40/src/com/mysql/
mysql-connector-java-5.1.40/src/com/mysql/fabric/
mysql-connector-java-5.1.40/src/com/mysql/fabric/hibernate/
mysql-connector-java-5.1.40/src/com/mysql/fabric/jdbc/
mysql-connector-java-5.1.40/src/com/mysql/fabric/proto/
mysql-connector-java-5.1.40/src/com/mysql/fabric/proto/xmlrpc/
mysql-connector-java-5.1.40/src/com/mysql/fabric/xmlrpc/
mysql-connector-java-5.1.40/src/com/mysql/fabric/xmlrpc/base/
mysql-connector-java-5.1.40/src/com/mysql/fabric/xmlrpc/exceptions/
mysql-connector-java-5.1.40/src/com/mysql/jdbc/
mysql-connector-java-5.1.40/src/com/mysql/jdbc/authentication/
mysql-connector-java-5.1.40/src/com/mysql/jdbc/configs/
mysql-connector-java-5.1.40/src/com/mysql/jdbc/exceptions/
mysql-connector-java-5.1.40/src/com/mysql/jdbc/exceptions/jdbc4/
```

图 3-51　解压 jdbc 包执行命令运行

```
mysql-connector-java-5.1.40/src/testsuite/ssl-test-certs/test-cert-store
hadoop@li-virtual-machine:/home/li/下载$ sudo cp ./mysql-connector-java-5.1.40/mysql-conn
ector-java-5.1.40-bin.jar  /usr/local/hive/lib
hadoop@li-virtual-machine:/home/li/下载$
```

图 3-52　解压 jdbc 包结果

```
hadoop@li-virtual-machine:/home/li/下载$ sudo service mysql restart
hadoop@li-virtual-machine:/home/li/下载$ mysql -h localhost -u root -p
Enter password:
Welcome to the MySQL monitor.  Commands end with ; or \g.
Your MySQL connection id is 2
Server version: 5.7.37-0ubuntu0.18.04.1 (Ubuntu)

Copyright (c) 2000, 2022, Oracle and/or its affiliates.

Oracle is a registered trademark of Oracle Corporation and/or its
affiliates. Other names may be trademarks of their respective
owners.

Type 'help;' or '\h' for help. Type '\c' to clear the current input statement.

mysql>
```

图 3-53　MySQL 登录

3）新建 Hive 数据库

新建 Hive 数据库与 hive-site.xml 中 localhost:3306/hive 的 hive 对应，用来保存 Hive 元数据。在 MySQL 交互界面中，执行命令：

```
mysql>create database hive;
```

新建 Hive 数据库，如图 3-54 所示。

```
mysql>  create database hive;
Query OK, 1 row affected (0.00 sec)

mysql>
```

图 3-54　新建 Hive 数据库

4）配置 MySQL 允许 Hive 接入

在 MySQL 交互界面中，执行命令：

```
mysql>grant all on *.* to hive@localhost identified by 'hive';
```

即将所有数据库的所有表的所有权限赋给 Hive 用户，后面的 Hive 是配置 hive-site.xml 中配置的连接密码。

在 MySQL 交互界面中，刷新系统权限关系表，执行命令：

```
mysql>flush privileges;
```

配置 MySQL 允许 Hive 接入过程，如图 3-55 所示。

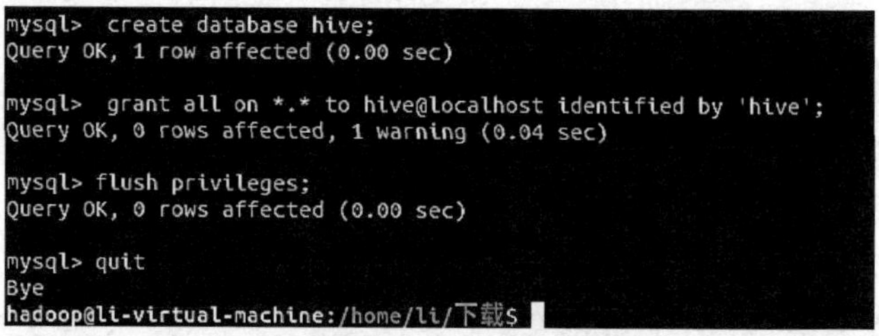

```
mysql>  create database hive;
Query OK, 1 row affected (0.00 sec)

mysql>  grant all on *.* to hive@localhost identified by 'hive';
Query OK, 0 rows affected, 1 warning (0.04 sec)

mysql> flush privileges;
Query OK, 0 rows affected (0.00 sec)

mysql> quit
Bye
hadoop@li-virtual-machine:/home/li/下载$
```

图 3-55　配置 MySQL 允许 Hive 接入过程

5）启动 Hive

先启动 Hadoop 集群，再启动 Hive，执行命令，如图 3-56 所示。

```
/usr/local/hadoop/sbin/start-all.sh
/usr/local/hive/bin/hive
```

```
hadoop@li-virtual-machine:/usr/local/hive/conf$ /usr/local/hive/bin/hive

Logging initialized using configuration in jar:file:/usr/local/hive/lib/hive-common-1.2.1
.jar!/hive-log4j.properties
Wed Feb 16 10:13:40 CST 2022 WARN: Establishing SSL connection without server's identity
verification is not recommended. According to MySQL 5.5.45+, 5.6.26+ and 5.7.6+ requireme
nts SSL connection must be established by default if explicit option isn't set. For compl
iance with existing applications not using SSL the verifyServerCertificate property is se
t to 'false'. You need either to explicitly disable SSL by setting useSSL=false, or set u
seSSL=true and provide truststore for server certificate verification.
```

图 3-56　启动 Hadoop 和 Hive

运行结果如图 3-57 所示。

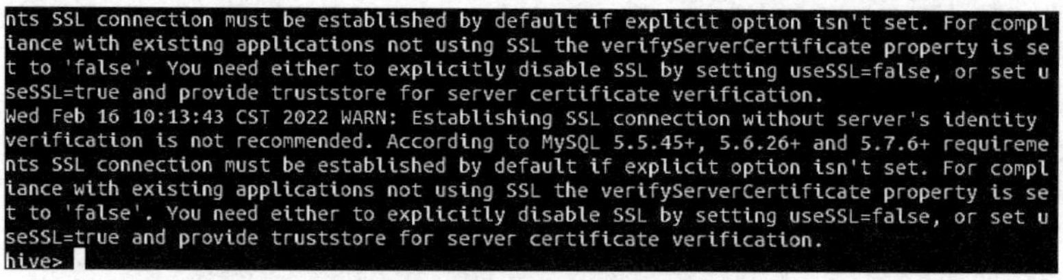

```
nts SSL connection must be established by default if explicit option isn't set. For compl
iance with existing applications not using SSL the verifyServerCertificate property is se
t to 'false'. You need either to explicitly disable SSL by setting useSSL=false, or set u
seSSL=true and provide truststore for server certificate verification.
Wed Feb 16 10:13:43 CST 2022 WARN: Establishing SSL connection without server's identity
verification is not recommended. According to MySQL 5.5.45+, 5.6.26+ and 5.7.6+ requireme
nts SSL connection must be established by default if explicit option isn't set. For compl
iance with existing applications not using SSL the verifyServerCertificate property is se
t to 'false'. You need either to explicitly disable SSL by setting useSSL=false, or set u
seSSL=true and provide truststore for server certificate verification.
hive>
```

图 3-57　启动运行结果

出现“hive>”提示符，表明 Hive 成功启动，可输入 SQL 语句执行。如果想退出 Hive 交互式执行环境，可以输入如下命令：

```
hive>exit;
```

退出 Hive，如图 3-58 所示。

图 3-57 警告信息出现的原因是需要显式指定是否进行 SSL 连接。解决办法如下。

```
hive> exit;
hadoop@li-virtual-machine:/usr/local/hive/conf$
```

图 3-58　退出 Hive

```
cd /usr/local/hive/conf
vim hive-site.xml
```

将其中

```
<value>jdbc:mysql://localhost:3306/hive?createDatabaseIfNot-Exist=true</value>
```

改成：

```
<value>jdbc:mysql://localhost:3306/hive?createDatabaseIfNotExist=true&amp;
useSSL=false</value>
```

指定 SSL 连接方式，如图 3-59 所示。

```
<?xml version="1.0" encoding="UTF-8" standalone="no"?>
<?xml-stylesheet type="text/xsl" href="configuration.xsl"?>
<configuration>
        <property>
             <name>javax.jdo.option.ConnectionURL</name>
             <value>jdbc:mysql://localhost:3306/hive?createDatabaseIfNotExist=true&amp;us
eSSL=false</value>
             <description>JDBC connect string for a JDBC metastore</description>
        </property>
        <property>
             <name>javax.jdo.option.ConnectionDriverName</name>
              <value>com.mysql.jdbc.Driver</value>
              <description>Driver class name for a JDBC metastore</description>
        </property>
        <property>
              <name>javax.jdo.option.ConnectionUserName</name>
              <value>hive</value>
              <description>username to use against metastore database</description>
        </property>
        <property>
              <name>javax.jdo.option.ConnectionPassword</name>
              <value>hive</value>
              <description>password to use against metastore database</description>
        </property>
</configuration>
~
~
"hive-site.xml" 24L, 1107C                                    6,99          全部
```

图 3-59　指定 SSL 连接方式

保存后退出，重启 Hive，如图 3-60 所示。

```
hadoop@li-virtual-machine:/usr/local/hive/conf$ /usr/local/hive/bin/hive

Logging initialized using configuration in jar:file:/usr/local/hive/lib/hive-common-1.2.1
.jar!/hive-log4j.properties
hive>
```

图 3-60　重启 Hive

3.2.5　安装 Sqoop

1. 安装 Sqoop1.4.6

从官方网站下载 Sqoop 安装文件 sqoop-1.4.6.bin_ _hadoop-2.0.4-alpha.tar，由当前放置目录解压到/usr/local 目录中，执行命令：

```
sudo tar -zxvf /***/sqoop-1.4.6.bin__hadoop-2.0.4-alpha.tar.gz -C /usr/
local/
```

解压 Sqoop 执行命令运行，如图 3-61 所示。运行结果如图 3-62 所示。

```
hadoop@li-virtual-machine:/usr/local/hive/conf$ sudo tar -zxvf /home/li/下载/sqoop-1.4.6.
bin__hadoop-2.0.4-alpha.tar.gz -C /usr/local/
[sudo] hadoop 的密码:
```

图 3-61　解压 Sqoop 执行命令运行

```
sqoop-1.4.6.bin__hadoop-2.0.4-alpha/bin/sqoop-merge
sqoop-1.4.6.bin__hadoop-2.0.4-alpha/bin/sqoop-metastore
sqoop-1.4.6.bin__hadoop-2.0.4-alpha/bin/sqoop-version
sqoop-1.4.6.bin__hadoop-2.0.4-alpha/bin/sqoop.cmd
sqoop-1.4.6.bin__hadoop-2.0.4-alpha/bin/start-metastore.sh
sqoop-1.4.6.bin__hadoop-2.0.4-alpha/bin/stop-metastore.sh
sqoop-1.4.6.bin__hadoop-2.0.4-alpha/conf/sqoop-env-template.sh
sqoop-1.4.6.bin__hadoop-2.0.4-alpha/src/scripts/create-tool-scripts.sh
sqoop-1.4.6.bin__hadoop-2.0.4-alpha/src/scripts/hudson/run-code-quality.sh
sqoop-1.4.6.bin__hadoop-2.0.4-alpha/src/scripts/hudson/run-tests.sh
sqoop-1.4.6.bin__hadoop-2.0.4-alpha/src/scripts/hudson/test-config.sh
sqoop-1.4.6.bin__hadoop-2.0.4-alpha/src/scripts/rat-violations.sh
sqoop-1.4.6.bin__hadoop-2.0.4-alpha/src/scripts/run-perftest.sh
sqoop-1.4.6.bin__hadoop-2.0.4-alpha/src/scripts/write-version-info.sh
sqoop-1.4.6.bin__hadoop-2.0.4-alpha/testdata/hcatalog/conf/hive-log4j.properties
sqoop-1.4.6.bin__hadoop-2.0.4-alpha/testdata/hcatalog/conf/hive-site.xml
sqoop-1.4.6.bin__hadoop-2.0.4-alpha/testdata/hcatalog/conf/log4j.properties
sqoop-1.4.6.bin__hadoop-2.0.4-alpha/testdata/hive/bin/hive
sqoop-1.4.6.bin__hadoop-2.0.4-alpha/testdata/hive/bin/hive.cmd
hadoop@li-virtual-machine:/usr/local/hive/conf$
```

图 3-62　解压 Sqoop 结果

重命名文件夹和配置权限，执行命令：

```
cd /usr/local
sudo mv sqoop-1.4.6.bin__hadoop-2.0.4-alpha sqoop
sudo chown -R hadoop:hadoop sqoop
```

更改 sqoop 文件夹名称和修改权限，如图 3-63 所示。

```
hadoop@li-virtual-machine:/usr/local/hive/conf$ cd /usr/local
hadoop@li-virtual-machine:/usr/local$ sudo mv sqoop-1.4.6.bin__hadoop-2.0.4-alpha sqoop
hadoop@li-virtual-machine:/usr/local$ sudo chown -R hadoop:hadoop sqoop
hadoop@li-virtual-machine:/usr/local$
```

图 3-63　更改 sqoop 文件夹名称和修改权限

修改配置文件 sqoop-env.sh。

```
cd sqoop/conf/
cp sqoop-env-template.sh sqoop-env.sh
```

使用 vim 编辑器修改该文件，在相应部分添加以下内容。

```
export HADOOP_COMMON_HOME=/usr/local/hadoop
export HADOOP_MAPRED_HOME=/usr/local/hadoop
export HBASE_HOME=/usr/local/hbase
export HIVE_HOME=/usr/local/hive
```

修改配置文件 sqoop-env.sh，如图 3-64 所示。

配置环境变量文件～/.bashrc，在文件中添加下列内容，然后更新该文件。

```
export SQOOP_HOME=/usr/local/sqoop
export PATH=$PATH:$SBT_HOME/bin:$SQOOP_HOME/bin
export CLASSPATH=$CLASSPATH:$SQOOP_HOME/lib
```

配置 Sqoop 环境变量，如图 3-65 所示。

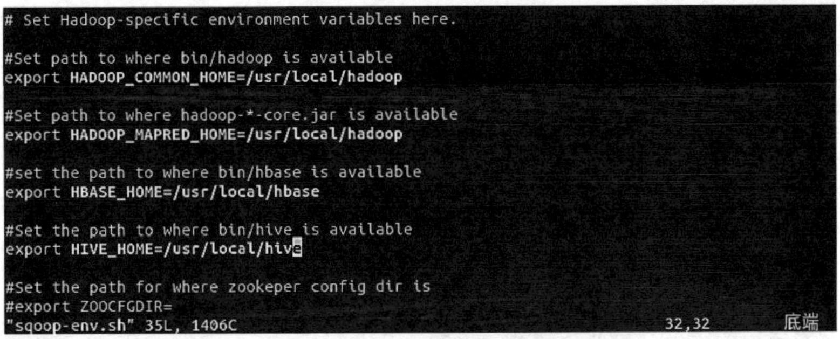

```
# Set Hadoop-specific environment variables here.

#Set path to where bin/hadoop is available
export HADOOP_COMMON_HOME=/usr/local/hadoop

#Set path to where hadoop-*-core.jar is available
export HADOOP_MAPRED_HOME=/usr/local/hadoop

#set the path to where bin/hbase is available
export HBASE_HOME=/usr/local/hbase

#Set the path to where bin/hive is available
export HIVE_HOME=/usr/local/hive

#Set the path for where zookeper config dir is
#export ZOOCFGDIR=
"sqoop-env.sh" 35L, 1406C                                    32,32         底端
```

图 3-64　修改配置文件

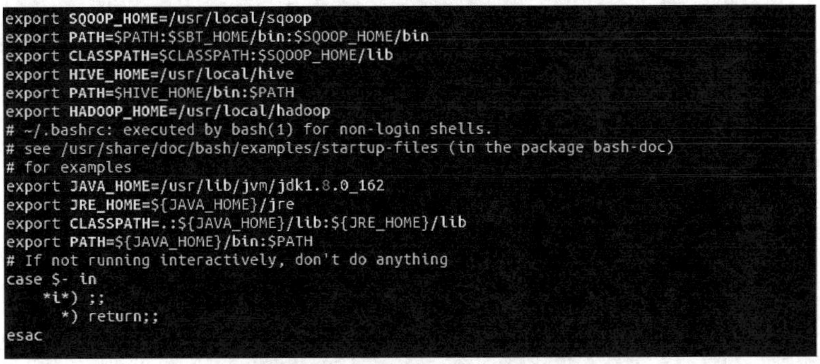

```
export SQOOP_HOME=/usr/local/sqoop
export PATH=$PATH:$SBT_HOME/bin:$SQOOP_HOME/bin
export CLASSPATH=$CLASSPATH:$SQOOP_HOME/lib
export HIVE_HOME=/usr/local/hive
export PATH=$HIVE_HOME/bin:$PATH
export HADOOP_HOME=/usr/local/hadoop
# ~/.bashrc: executed by bash(1) for non-login shells.
# see /usr/share/doc/bash/examples/startup-files (in the package bash-doc)
# for examples
export JAVA_HOME=/usr/lib/jvm/jdk1.8.0_162
export JRE_HOME=${JAVA_HOME}/jre
export CLASSPATH=.:${JAVA_HOME}/lib:${JRE_HOME}/lib
export PATH=${JAVA_HOME}/bin:$PATH
# If not running interactively, don't do anything
case $- in
    *i*) ;;
      *) return;;
esac
```

图 3-65　配置 Sqoop 环境变量

2. 与 MySQL 连接

将 3.2.4 节安装 Hive 中同样的 jar 包 mysql-connector-java-5.1.40-bin.jar 复制到/usr/local/sqoop/lib 目录中，执行以下命令：

```
sudo cp /***/mysql-connector-java-5.1.40-bin.jar /usr/local/sqoop/lib
```

复制 jar 包过程，如图 3-66 所示。

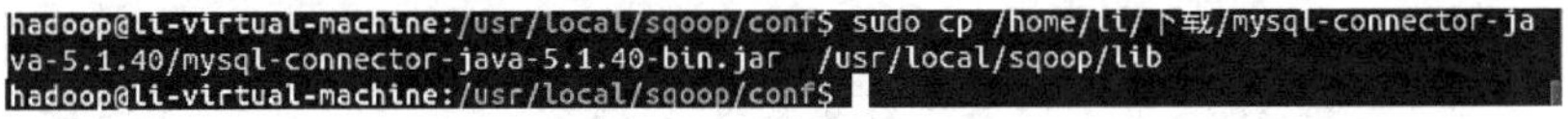

```
hadoop@li-virtual-machine:/usr/local/sqoop/conf$ sudo cp /home/li/下载/mysql-connector-ja
va-5.1.40/mysql-connector-java-5.1.40-bin.jar  /usr/local/sqoop/lib
hadoop@li-virtual-machine:/usr/local/sqoop/conf$
```

图 3-66　复制 jar 包过程

先启动 MySQL，再测试与 MySQL 的连接，执行命令：

```
sudo service mysql restart
sqoop list-databases --connect jdbc:mysql://127.0.0.1:3306/ --username root -P
```

MySQL 的数据库列表显示在屏幕上表示连接成功。Sqoop 与 MySQL 连接成功，如图 3-67 所示。

3.2.6　安装 Spark

1. 安装 Spark2.4.0

请读者自行下载 Spark 安装文件 spark-2.4.0-bin-without-hadoop 由当前位置解压到

```
hadoop@li-virtual-machine:/usr/local/sqoop/conf$ sqoop list-databases --connect jdbc:mysq
l://127.0.0.1:3306/ --username root -P
Warning: /usr/local/hbase does not exist! HBase imports will fail.
Please set $HBASE_HOME to the root of your HBase installation.
Warning: /usr/local/sqoop/../hcatalog does not exist! HCatalog jobs will fail.
Please set $HCAT_HOME to the root of your HCatalog installation.
Warning: /usr/local/sqoop/../accumulo does not exist! Accumulo imports will fail.
Please set $ACCUMULO_HOME to the root of your Accumulo installation.
Warning: /usr/local/sqoop/../zookeeper does not exist! Accumulo imports will fail.
Please set $ZOOKEEPER_HOME to the root of your Zookeeper installation.
22/02/16 10:54:11 INFO sqoop.Sqoop: Running Sqoop version: 1.4.6
Enter password:
22/02/16 10:55:19 INFO manager.MySQLManager: Preparing to use a MySQL streaming resultset
.
Wed Feb 16 10:55:20 CST 2022 WARN: Establishing SSL connection without server's identity
verification is not recommended. According to MySQL 5.5.45+, 5.6.26+ and 5.7.6+ requireme
nts SSL connection must be established by default if explicit option isn't set. For compl
iance with existing applications not using SSL the verifyServerCertificate property is se
t to 'false'. You need either to explicitly disable SSL by setting useSSL=false, or set u
seSSL=true and provide truststore for server certificate verification.
information_schema
hive
mysql
performance_schema
sys
hadoop@li-virtual-machine:/usr/local/sqoop/conf$
```

图 3-67　连接成功

/usr/local 目录中,执行命令:

```
sudo tar -zxvf / * * * /spark-2.4.0-bin-without-hadoop.tgz -C /usr/local/
```

解压 Spark 安装文件执行命令运行,如图 3-68 所示。运行结果,如图 3-69 所示。

```
hadoop@li-virtual-machine:~$ sudo tar -zxvf /home/li/下载/11246745_g/spark-2.4.0-bin-with
out-hadoop.tgz -C /usr/local/
spark-2.4.0-bin-without-hadoop/
spark-2.4.0-bin-without-hadoop/python/
spark-2.4.0-bin-without-hadoop/python/setup.cfg
spark-2.4.0-bin-without-hadoop/python/pyspark/
spark-2.4.0-bin-without-hadoop/python/pyspark/resultiterable.py
spark-2.4.0-bin-without-hadoop/python/pyspark/heapq3.py
```

图 3-68　解压 Spark 安装文件执行命令运行

```
spark-2.4.0-bin-without-hadoop/data/mllib/ridge-data/
spark-2.4.0-bin-without-hadoop/data/mllib/ridge-data/lpsa.data
spark-2.4.0-bin-without-hadoop/data/mllib/sample_movielens_data.txt
spark-2.4.0-bin-without-hadoop/data/mllib/iris_libsvm.txt
spark-2.4.0-bin-without-hadoop/data/mllib/sample_libsvm_data.txt
spark-2.4.0-bin-without-hadoop/data/streaming/
spark-2.4.0-bin-without-hadoop/data/streaming/AFINN-111.txt
spark-2.4.0-bin-without-hadoop/README.md
spark-2.4.0-bin-without-hadoop/LICENSE
hadoop@li-virtual-machine:~$
```

图 3-69　解压 Spark 安装文件运行结果

重命名文件夹和配置权限,执行命令:

```
cd /usr/local
sudo mv ./spark-2.4.0-bin-without-hadoop/ ./spark
sudo chown -R hadoop:hadoop ./spark
```

重命名 Spark 文件夹和配置权限,如图 3-70 所示。

2. 相关配置

修改 Spark 的配置文件 spark-env.sh。

```
cd /usr/local/spark
cp ./conf/spark-env.sh.template ./conf/spark-env.sh
```

```
hadoop@li-virtual-machine:~$ cd /usr/local
hadoop@li-virtual-machine:/usr/local$ sudo mv ./spark-2.4.0-bin-without-hadoop/ ./spark
hadoop@li-virtual-machine:/usr/local$ sudo chown -R hadoop:hadoop ./spark
hadoop@li-virtual-machine:/usr/local$
```

图 3-70 解压 Spark 安装文件结果

使用 vim 文档编辑器，修改 spark-env.sh 文件，在其中添加以下内容。

```
export SPARK_DIST_CLASSPATH=$(/usr/local/hadoop/bin/hadoop classpath)
```

修改文件 spark-env.sh 配置，如图 3-71 所示。

```
export SPARK_DIST_CLASSPATH=$(/usr/local/hadoop/bin/hadoop classpath)
#!/usr/bin/env bash

#
# Licensed to the Apache Software Foundation (ASF) under one or more
# contributor license agreements.  See the NOTICE file distributed with
# this work for additional information regarding copyright ownership.
# The ASF licenses this file to You under the Apache License, Version 2.0
# (the "License"); you may not use this file except in compliance with
# the License.  You may obtain a copy of the License at
#
#    http://www.apache.org/licenses/LICENSE-2.0
#
# Unless required by applicable law or agreed to in writing, software
# distributed under the License is distributed on an "AS IS" BASIS,
# WITHOUT WARRANTIES OR CONDITIONS OF ANY KIND, either express or implied.
# See the License for the specific language governing permissions and
# limitations under the License.
#
```

图 3-71 修改配置文件 spark-env.sh

通过运行 Spark 自带的示例，验证 Spark 是否安装成功。运行命令：

```
cd /usr/local/spark
bin/run-example SparkPi 2>&1 | grep "Pi is"
```

验证 Spark 安装是否成功，如图 3-72 所示。

```
hadoop@li-virtual-machine:/usr/local/spark$ bin/run-example SparkPi 2>&1 | grep "Pi is"
Pi is roughly 3.1450157250786255
hadoop@li-virtual-machine:/usr/local/spark$
```

图 3-72 验证 Spark 安装成功

3.2.7 利用 Echarts 可视化

1. Eclipse 和 Tomcat 准备

从官网下载 Eclipse IDE for Java EE Developers 版本，如图 3-73 所示。

下载完成后将压缩包解压即可。

Tomcat 是一个开放源代码的 Web 应用服务器，需要从官方网站下载，解压安装 Tomcat 7.0 版本。

2. Dynamic Web Project 实例

打开 Eclipse，单击菜单“New”→“Project”，在弹出的界面上选择 “Web”→“Dynamic Web Project”，如图 3-74 所示。

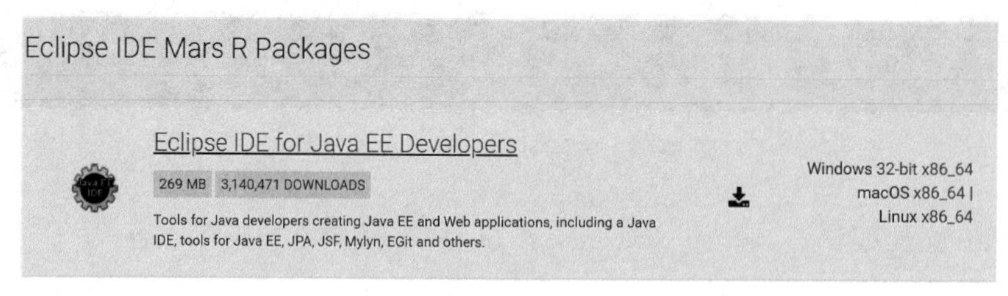

图 3-73　Eclipse Developers 版本

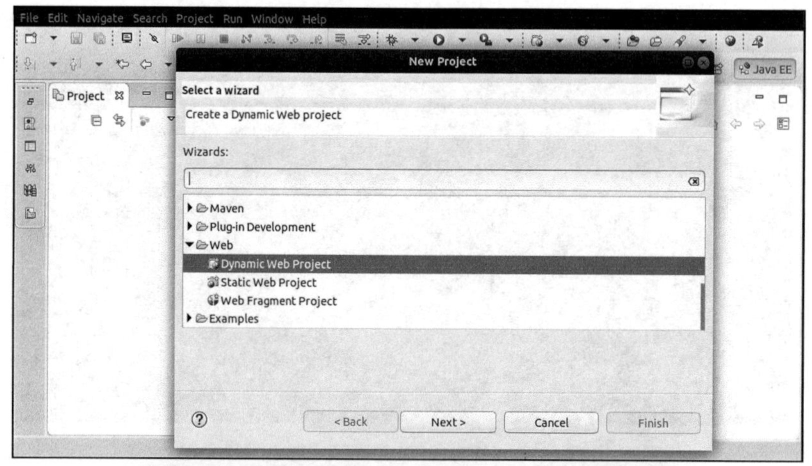

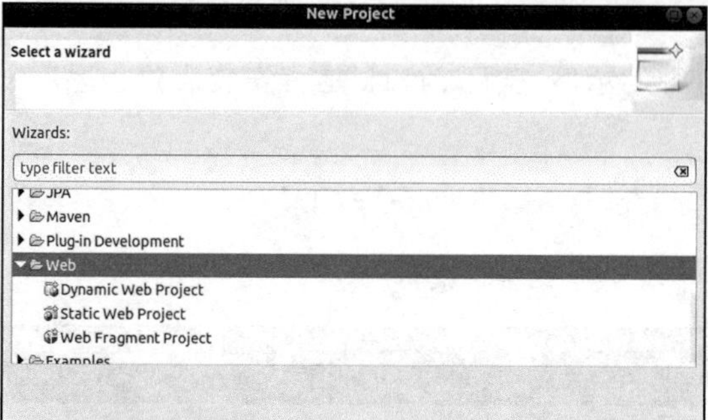

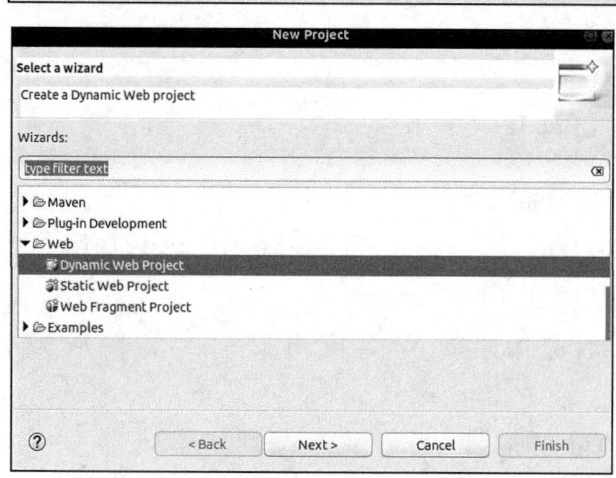

图 3-74　Eclipse 中新建 Dynamic Web Project

单击“Next”按钮，如图 3-75 所示。

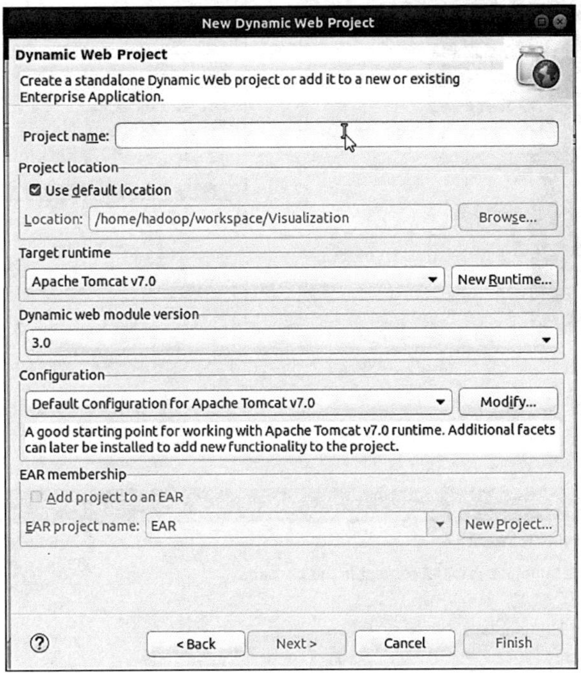

图 3-75　新 Dynamic Web Project 配置界面一

在这个界面中，需要输入 Project 的名字，比如输入“test”，另外，还要注意“Target Runtime”下拉列表需要选中“Apache Tomcat V7.0”。单击“Next”，如图 3-76 所示。

继续单击“Next”，如图 3-77 所示。

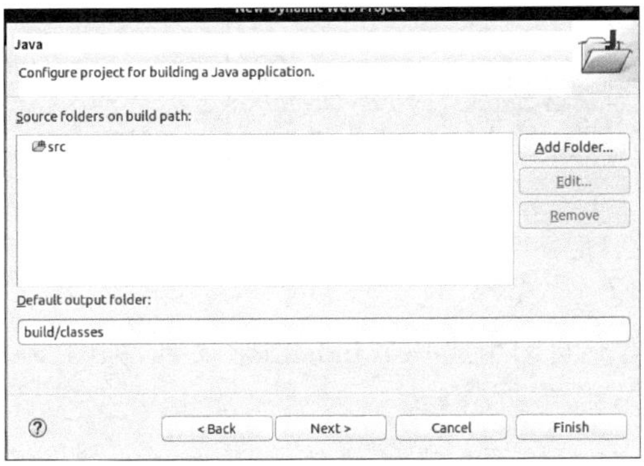

图 3-76　新 Dynamic Web Project 配置界面二

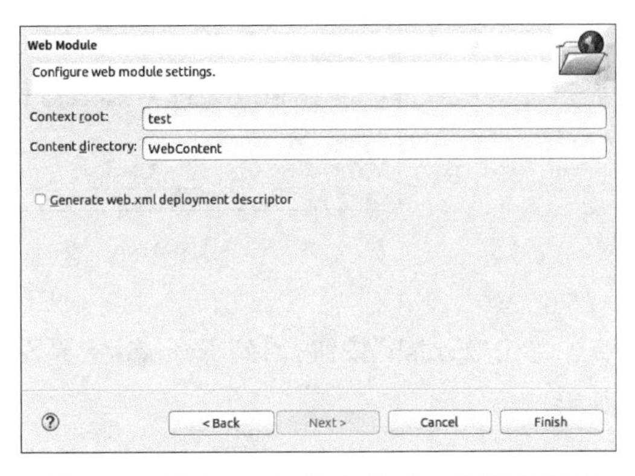

图 3-77　新 Dynamic Web Project 配置界面三

单击“Finish”，回到 Eclipse 主界面。在左侧项目栏中，在“WebContent”文件夹上右击，在弹出菜单中选择“New”→“JSP File”，如图 3-78 所示。

会弹出如图 3-79 所示界面，命名 jsp 文件名称“index.jsp”。

单击“Next”按钮，如图 3-80 所示。

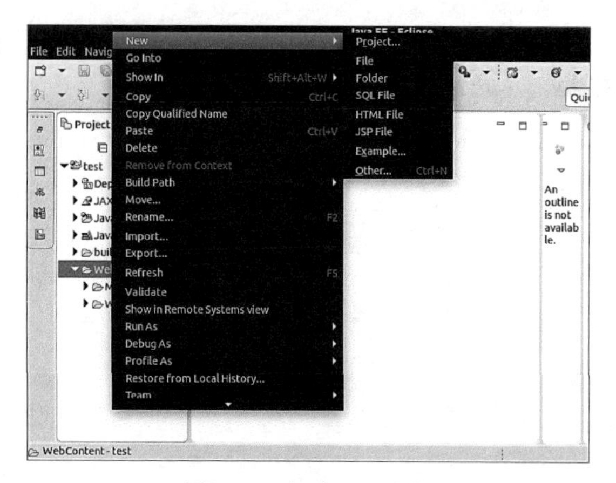

图 3-78　新建 JSP 文件

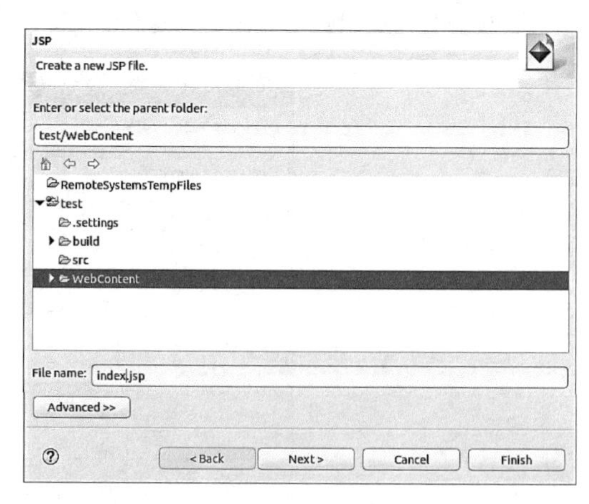

图 3-79　新建 JSP 文件配置界面一

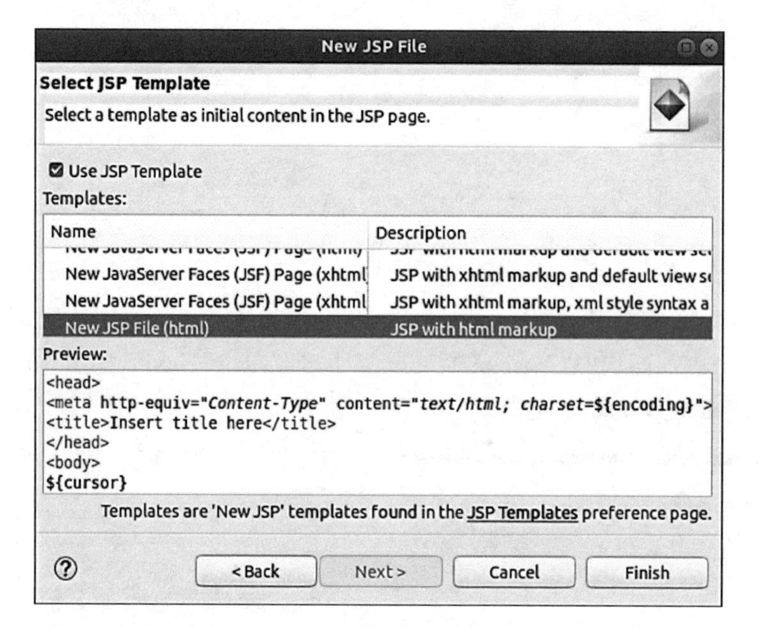

图 3-80　新建 JSP 文件配置界面二

单击"Finish"按钮，回到 Eclipse 主界面，会看到自动生成一个 index.jsp 文件，如图 3-81 所示。

在 body 标签中加入 HelloWorld，如图 3-82 所示。

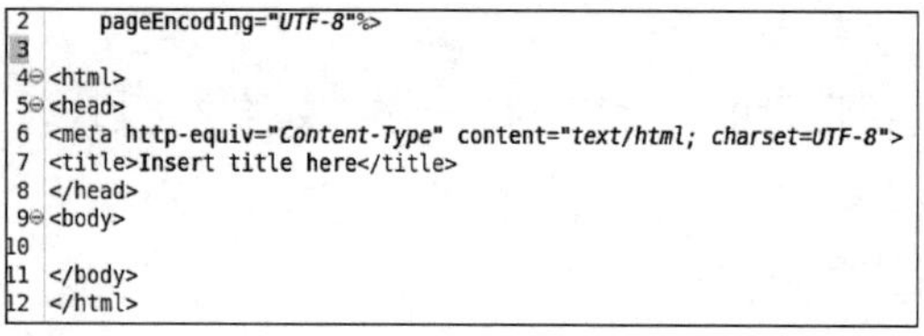

```
2      pageEncoding="UTF-8"%>
3
4⊖ <html>
5⊖ <head>
6  <meta http-equiv="Content-Type" content="text/html; charset=UTF-8">
7  <title>Insert title here</title>
8  </head>
9⊖ <body>
10
11 </body>
12 </html>
```

图 3-81　新建的 JSP 文件展示

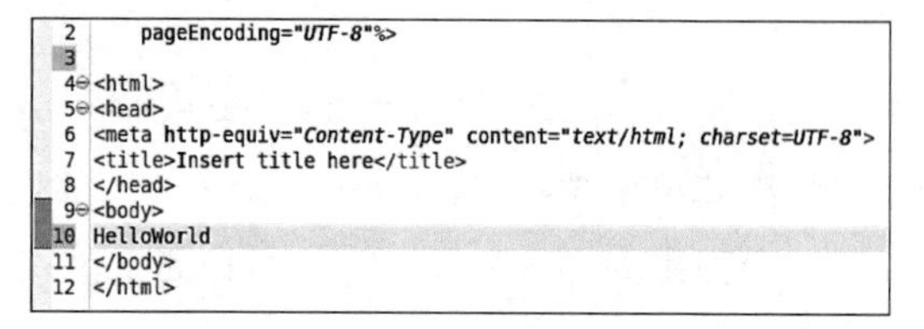

图 3-82　在 body 标签中添加内容

在 Eclipse 中的 index.jsp 界面上右击，在弹出的菜单中选择"Run As"→"Run on Server"，如图 3-83 所示。

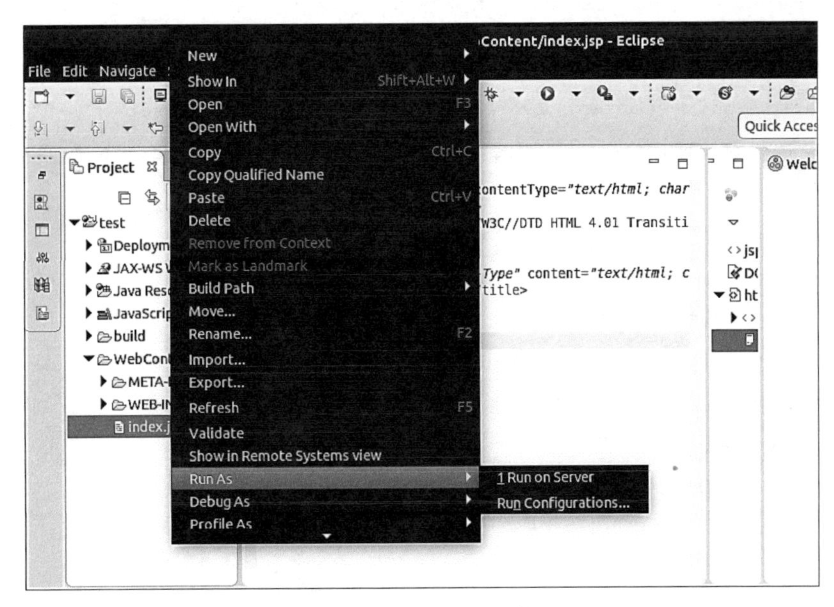

图 3-83 运行 jsp 文件

依次单击后续界面的"Next"和"Finish"按钮，成功执行 jsp 文件后，Eclipse 就会启动 Tomcat 服务。此时，可以打开浏览器，在地址栏中输入 http://localhost:8080/test/index.jsp，查看效果，如图 3-84 所示。

图 3-84 浏览器效果

3. Echart 可视化实例

3.2.7 高考人数统计可视化程序

ECharts 是基于 JavaScript 的数据可视化图表库，兼容当前绝大部分浏览器(IE8/9/10/11，Chrome，Firefox，Safari 等)，既可以运行在 PC 上，也可以运行在移动设备上。它的底层依赖矢量图形库 ZRender，可生成直观生动、可交互的数据可视化图表，并且各模块可以个性化定制。ECharts 最初由百度团队开源，并于 2018 年年初捐赠给 Apache 基金会，成为 ASF 孵化级项目。

ECharts 可以美观地展示折线图、柱状图、散点图、饼图、K 线图、统计盒形图、地理地图、热力图、线图、关系图、TreeMap、旭日图、多维数据的平行坐标、漏斗图、仪表盘等，并且支持图与图之间的混搭。接下来使用柱状图对 2016—2020 年的全国高考报名人数统计进行可视化展示。修改 index.jsp 文件，内容如下。

```
<%@page language="java" contentType="text/html; charset=UTF-8"
    pageEncoding="UTF-8"%>
<html>
<head>
<meta http-equiv="Content-Type" content="text/html; charset=UTF-8">
<title>Insert title here</title><script src="./js/echarts.min.js"></script>
</head>
<body>
<div id="main" style="width: 600px;height:400px;"></div>
<script type="text/javascript">
      var myChart =echarts.init(document.getElementById('main'));
      option ={
          title: {
              text: 'ECharts 示例'
          },
          tooltip: {},
          legend: {
            data:['高考报考人数统计(万人)']
          },
          xAxis: {
            data:['2016', '2017', '2018', '2019', '2020', '2021']
          },
          yAxis: {},
          series: [
            {
              name: '高考报考人数统计',
              type: 'bar',
              data:[940, 940, 975, 1031, 1071, 1200]
            }
          ]
      };
      myChart.setOption(option);
</script>
</body>
</html>
```

高考人数统计代码展示，如图 3-85 所示。

重新在 index.jsp 上右击“Run As→Run on Server”，执行后，在浏览器中可以显示可视化结果，如图 3-86 所示。

```
1  <%@ page language="java" contentType="text/html; charset=UTF-8"
2      pageEncoding="UTF-8"%>
3
4  <html>
5  <head>
6  <meta http-equiv="Content-Type" content="text/html; charset=UTF-8">
7  <title>Insert title here</title>
8  <script src="./js/echarts.min.js"></script>
9  </head>
10 <body>
11 <div id="main" style="width: 600px;height:400px;"></div>
12 <script type="text/javascript">
13      var myChart = echarts.init(document.getElementById('main'));
14      option = {
15                 title: {
16                   text: 'ECharts 示例'
17                 },
18                 tooltip: {},
19                 legend: {
20                   data: ['高考报考人数统计(万人)']
```

(a)

```
20                 data: ['高考报考人数统计(万人)']
21               },
22               xAxis: {
23                 data: ['2016', '2017', '2018', '2019', '2020', '2021']
24               },
25               yAxis: {},
26               series: [
27                 {
28                   name: '高考报考人数统计',
29                   type: 'bar',
30                   data: [940, 940, 975, 1031, 1071, 1200]
31                 }
32               ]
33             };
34     myChart.setOption(option);
35 </script>
36 </body>
37 </html>
```

(b)

图 3-85　高考人数统计代码

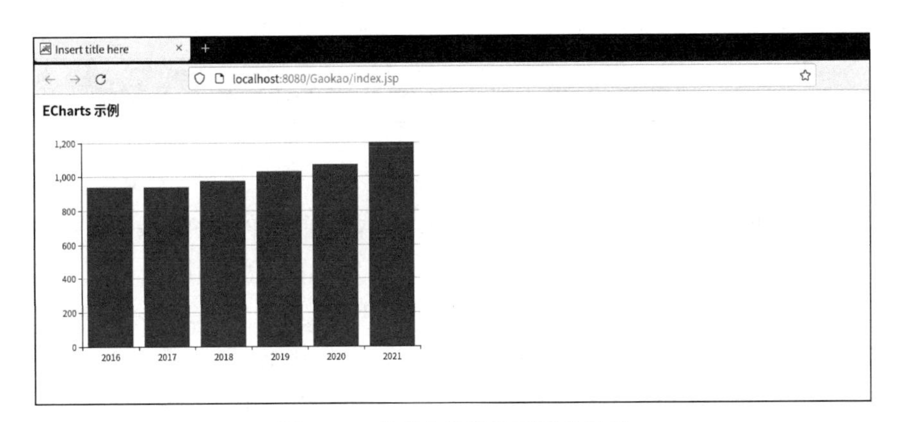

图 3-86　高考人数统计可视化展示

3.3 项目技术知识

3.3.1 微课

3.3.1　Spark 基本原理

1. Saprk 概览

Spark 于 2009 年在美国加州大学伯克利分校 RAD 实验室(UC Berkeley AMPLab 的前身)诞生，同年关于 Spark 的研究论文开始在学术会议上发表。2010 年 3 月开始，Saprk

开放源代码;2013年6月,Saprk成为Apache基金会的孵化项目;2014年2月,Saprk被Apache确定为顶级项目。

Spark是一种速度快、通用性好、易用性高、可扩展的大数据计算框架。它的通用并行框架类似于Hadoop MapReduce,不同的是将中间输出结果保存在内存中,是基于内存的大数据计算框架,因此运行速度快,增强了大数据场景下计算处理的实时性。

Spark中大部分计算能够在内存中完成,而且它利用有向无环图(Directed Acyclic Graph,DAG)来切分任务执行的先后顺序,因此运行速度比Mapreduce快大约10倍,在逻辑回归迭代算法场景下可以快100多倍。Spark通用性强,在统一框架下支持包括批处理、流处理、交互式查询、迭代算法等在内的多种计算,它将机器学习、图计算、实时流处理等多种库在同一个应用程序中实现无缝组合。Saprk易用性和可扩展性好,Spark可以使用Python、Java、Scala和R语言进行简单便捷的开发,支持交互式Shell(Python、Scala),还提供丰富的接口和其他配合使用的大数据工具,并支持访问不同的数据源和多种资源调度器。

Spark体系架构由多个组件紧密集成,它是一个大一统的软件栈,如图3-87所示。

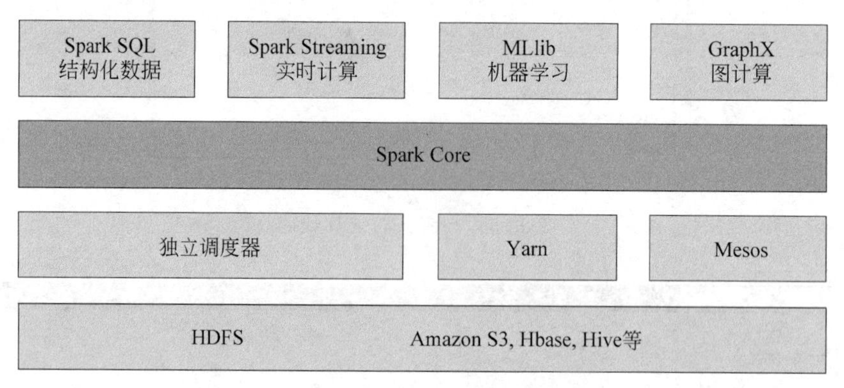

图3-87　Spark体系架构

Spark体系架构包括核心Spark Core和其他各应用组件。Spark的核心部分称为Spark Core,它用来实现Spark的基本功能,包括任务调度、内存管理、错误恢复、与存储系统交互等模块。Spark Core中包含主要程序入口、调度器(Scheduler)、针对无规则数据的重组排序器(Shuffle)、序列化器(Seralizer)等,还包含对弹性分布式数据集(Resilient Distributed Datasets,RDD)的API定义。RDD是分布在多个计算节点上可以并行操作的元素集合,是Spark中的核心抽象。Spark Core提供了创建和操作RDD的多个API。

Spark SQL是Spark操作结构化数据的应用组件,可以用SQL语句查询数据,同时支持多种数据源类型,包括Hive表、parquet以及JSON等。Spark Streaming是Spark对实时数据进行流式计算的应用组件,可以应用于典型的实时数据流场景,如生产环境中的网页服务器日志、网络服务中用户提交的状态更新组成的消息队列等。Spark Streaming中提供了操作数据流的API,并与Spark Core中的RDD API高度对应。MLlib是Spark对数据进行挖掘分析的机器学习应用组件,提供集成了分类、回归、聚类、协同过滤等很多算法的程序包,还提供模型评估、数据导入等功能。GraphX是Spark图计算应用组件,可以进行并行化的图计算。它扩展了Spark的RDD API,用于创建有向图,图的顶点和边都可以包含

任意属性，它还支持针对图的各种操作及一些常用的图算法。

Spark 底层设计可以满足在一个到数千个计算节点之间高效地伸缩计算，同时为了获得最大灵活性，Spark 支持在各种集群管理器上运行，包括 Hadoop YARN、Apache Mesos，其自带一个简易的独立调度器。因此，无论集群有没有预装 Hadoop Yarn 或 Apache Mesos 的调度管理器，Spark 应用都能顺利运行在集群上。Spark 不仅可以将任何 Hadoop 分布式文件系统(HDFS)上的文件读取为分布式数据集，也可以支持其他支持 Hadoop 接口的系统，比如本地文件、Amazon S3、Cassandra、Hive、HBase 等。

2. Saprk 的运行机制

Spark 的运行架构包括集群资源管理器(Cluster Manager)、每个应用运行的任务控制节点(Driver)、运行作业任务的工作节点(Worker Node)、每个工作节点上负责具体任务的执行进程(Executor)。Spark 分布式运行架构如图 3-88 所示。

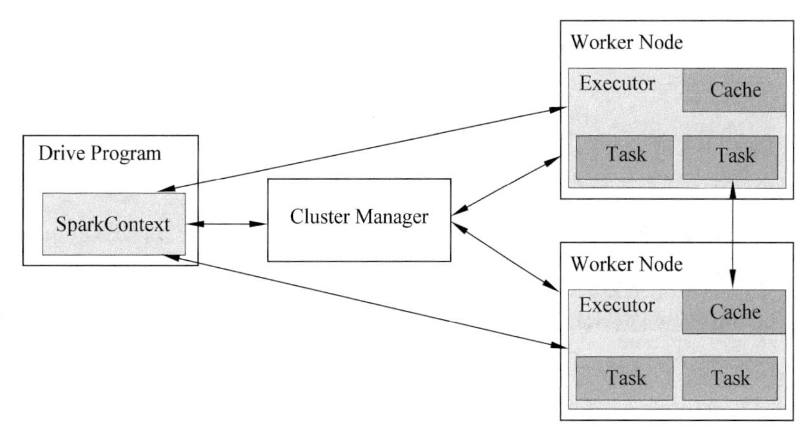

图 3-88 Spark 的运行架构

每个 Spark 应用由一个驱动器程序(Driver Program)来发起集群上的各种并行操作。Driver 负责运行应用程序 main 函数，创建 SparkContext，并准备运行环境。SparkContext 负责该应用程序与 Cluster Manager 的通信，进行资源申请、任务分配和运行监控，启动 Executor 进程，并发送应用程序代码和数据文件。当 Executor 进程执行完后，Driver 将 SparkContext 关闭。

Cluster Manager 可以是 Spark 的独立调度器，也可以是 Yarn 或 Mesos 的调度器。Worker Node 是集群中任何可以运行应用程序代码的工作节点。Executor 是运行在 Worker Node 上的一个进程，负责运行本工作节点上的任务(Task)，并将数据存储在内存或磁盘上。

为了减少任务启动开销，Executor 利用多线程来执行任务，其中还设计了一个 BlockManager 存储模块，当需要迭代计算或交互式查询时，可以将中间结果存储到该模块中，需要时直接读取，从而减少 I/O 开销。另外，Executor 还采用了数据本地化、推测执行等优化机制。

Spark 运行任务的基本流程如图 3-89 所示。具体说明如下。

(1) Spark 应用提交以后，先由任务控制节点 Driver 创建一个 SparkContext，并准备基本的运行环境。由 SparkContext 与 Cluster Manager 通信，向 Cluster Manager 注册并申请

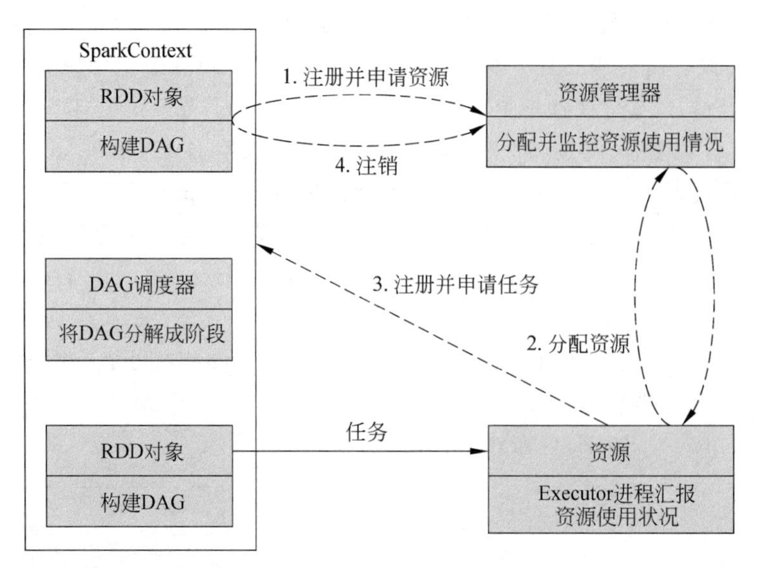

图 3-89　Spark 运行任务的基本流程

运行 Executor 的资源，并进行分配任务、监控运行状况等工作。

（2）Cluster Manager 为 Executor 分配资源，启动 Executor 进程，Executor 的运行情况会发送至 Cluster Manager。

（3）SparkContext 根据 RDD 的宽窄依赖关系构建 DAG，提交给 DAG 调度器（DAG Scheduler）进行解析，将 DAG 分解成多个阶段（Stage），计算出各个 Stage 间的依赖关系，然后将各 Stage 对应的某个任务集提交至底层任务调度器（Task Scheduler）。Executor 向 SparkContext 申请任务，Task Scheduler 将任务发给 Executor 运行，同时 SparkContext 将应用程序代码发送至 Executor。

（4）在 Executor 上运行任务，执行结果反馈给 Task Scheduler，然后反馈给 DAG Scheduler，运行完毕后保存数据并释放所有资源。

3. Saprk 的运行模式

Spark 的运行模式有很多种。在单机上，既可以使用本地模式运行，也可以使用伪分布式模式运行。在分布式集群上，根据实际情况，可以使用 Spark 内部的独立调度器进行资源调度，即 Standalone 模式，或者使用外部资源调度器，如 Yarn 模式、Mesos 模式。

在实际应用中，Spark 运行模式取决于 SparkContext 的 Master 环境变量的值，个别模式还需要辅助程序接口配合。Master 环境变量由如下特定的字符串或 URL 组成。

（1）local[N]：本地模式，使用 *N* 个线程。

（2）local cluster[worker，core，memory]：伪分布式模式，可以配置需启动的虚拟工作节点的数量以及每个工作节点的 CPU 数量和内存大小。

（3）spark://hostname：port：Standalone 模式，需要部署到相关节点，配置 Spark Master 主机地址和端口，默认端口是 7077。

（4）mesos://hostname:port：Mesos 模式，需要部署到 Mesos 相关节点，配置 Mesos 主机地址和端口，默认端口是 5050。

（5）yarn-client：以客户端模式连接 yarn 集群，主程序逻辑运行在本地，具体任务运行在 yarn 集群中，集群位置在 HADOOP_CONF_DIR 环境变量里。

（6）yarn-cluster：以集群模式连接 yarn 集群，主程序逻辑和具体任务都运行在 yarn 集群中，集群位置在 HADOOP_CONF_DIR 环境变量里。

4. Saprk RDD

RDD 是分布式对象的集合，是 Spark 对数据的核心抽象。Spark 对数据的所有操作，不外创建 RDD、转化已存在的 RDD、调用 RDD 操作进行求值。每个 RDD 分为多个分区，各分区运行在集群的不同节点上，Spark 会自动进行 RDD 数据的集群分发及并行化执行。RDD 具有自动容错、位置感知调度等特点，可以在磁盘和内存中存储数据，并能进行数据的分区配置。

RDD 可以包含 Python、Java、Scala 中任意类型的对象，甚至用户可以自定义对象。RDD 被创建出来后，支持两种类型的操作：转化操作（Transformation）和行动操作（Action）。两者的区别在于 Spark 计算 RDD 的方式不同，只有出现第一个行动操作时，Spark 才会真正计算。也就是说，RDD 的转化操作都是惰性求值的，当对 RDD 调用转化操作时，不会立即执行。Spark 会在内部记录下所要求执行操作的相关信息，某种程度上，RDD 可以被当作通过转化操作构建出来的、记录如何计算数据的指令列表。

1）RDD 特征

RDD 具有以下 5 个特征。

（1）Partition（分区）：RDD 基本组成单位。RDD 作为数据结构本质上是一个只读记录分区的集合，每个 RDD 会有若干个分区，分区的大小决定了计算的并行细粒度，每个分区的计算都作为一个单独任务进行处理。用户在创建 RDD 时可以指定分区个数，默认值是应用程序所分配到 CPU Core 的数目。

（2）Compute（计算函数）：每个分区的计算函数。Spark 每个 RDD 都会通过 computer 函数来计算，计算都以分区为基本单位。

（3）Dependencies（依赖）：RDD 间的宽、窄依赖关系。窄依赖（Narrow Dependency）是指父 RDD 的一个分区最多被子 RDD 的一个分区所使用，即父 RDD 中一个分区的数据在子 RDD 中还在同一个分区中。窄依赖的关系如图 3-90 所示。

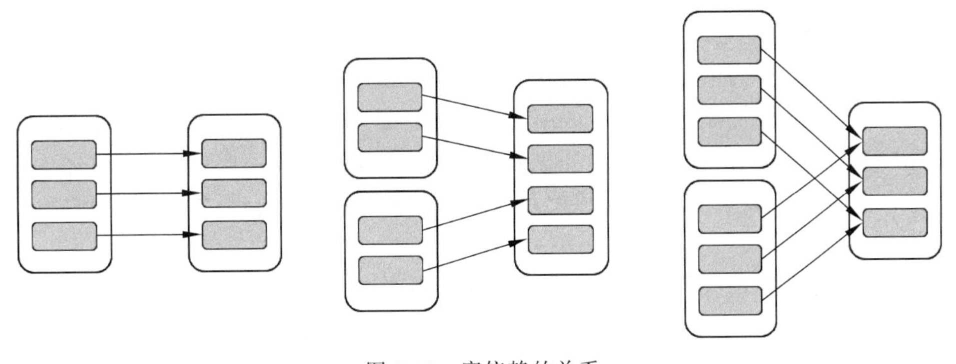

图 3-90　窄依赖的关系

宽依赖（Wide Dependency）是指父 RDD 的一个分区被子 RDD 多个分区使用，即父

RDD 中一个分区的数据在子 RDD 中出现在多个分区中。宽依赖的关系如图 3-91 所示。

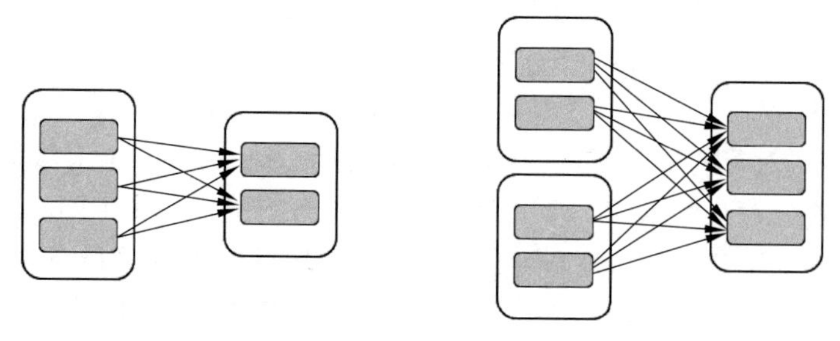

图 3-91　宽依赖的关系

具有窄依赖关系的 RDD 可以在同一个 Stage 中进行计算，Shuffle 过程所有操作一起进行，不需要等待。宽依赖的 Shuffle 过程，需要等待上一个 RDD 的所有任务执行完成才可以进入下一个 Stage。

(4) Partitioner(分区函数)：有基于哈希的 HashPartitioner、基于范围的 RangePartitioner 两种类型。分区函数只存在于 key/value 类型的 RDD 中，非 key/value 类型 RDD 的分区函数值是 None。分区函数决定了 RDD 的分片数量，以及计算中父 RDD Shuffle 后的分片数量。

(5) PreferedLocation(优先位置)：按照"不移动数据而是移动计算"的原则，Spark 在任务调度时会优先将任务分配到数据块存储的位置。

2) RDD 的创建方式

RDD 的创建有两种常用方式：一种是并行化现有集合；另一种是引用外部数据集，如 HDFS、HBase、本地文本文件等。

(1) 并行化现有集合(sc.parallelize)。通过调用 Spark 应用程序入口 SparkContext 类中的 parallelize()方法来实现并行化现有集合。该方法会复制集合中的所有元素，形成并行化、可操作的分布式数据集。其中一个重要参数是分区数目。通常，集群中每个 CPU 需要 2～4 个分区。Spark 会根据集群资源情况自动设置分区数量。用户也可以通过第二个参数手动设置分区数量，如 sc.parallelize(data,5)表示分区数量被用户手动设置为 5。

(2) 引用外部数据集(sc.textFile 等)。Spark 可以读取支持 Hadoop 的任何数据存储源来创建 RDD，包括本地文件系统、HDFS、Cassandra、HBase、Amazon S3 等，支持文本文件、SequenceFiles、任何符合 Hadoop InputFormat 的数据类文件型。通过调用 SparkContext 类的 textFile()方法来引用外部数据集并创建 RDD。该方法输入一个文件路径，如本地路径(file:///)、hdfs://、s3n://等，并将该路径文件中的数据以行集合形式读取，用户也可以设置分区数量。

RDD 的转化操作是从现有 RDD 基础上创建新的 RDD，而行动操作是在 RDD 上运行计算后返回值给驱动程序或者把结果写入外部系统。根本区别在于两者计算 RDD 的方式不同，RDD 的转化操作都是惰性求值的，即 RDD 调用转化操作时，不会立即执行，只有在遇到第某个行动操作时，Spark 才会真正进行计算。

Spark 中常用的 RDD 转化操作如表 3-2 所示。

表 3-2　Spark 中常用的 RDD 转化操作

转化操作	含　义
map(func)	返回一个新的 RDD,该 RDD 的元素由数据源经过 func 函数转换后组成
filter(func)	筛选出满足函数 func 的元素,并返回一个新的 RDD,由计算后返回值为 true 的输入元素组成
flatMap(func)	类似于 map,但每个输入项可以被映射为 0 或多个输出项,所以 func 函数应该返回一个序列 Seq,而不是单一项
mapPartitions(func)	类似于 map,但独立地在 RDD 的每个分区上运行
mapPartitionsWithIndex(func)	类似于 mapPartitions,但 func 带有一个整数参数表示分区的索引值
sample(withReplacement, fraction, seed)	根据 fraction 指定的比例对数据进行采样,可以选择是否使用随机数进行替换,seed 用于指定随机数生成器种子
union(otherDataset)	对源数据集和参数中的元素求并集后返回一个新的 RDD
intersection(otherDataset)	对源数据集和参数中的元素求交集后返回一个新的 RDD
distinct( )	对源数据集去重后返回一个新的 RDD
groupByKey( )	根据 RDD 中相同的键 Key 对各值 Value 进行分组
reduceByKey(func)	使用 func 函数合并 RDD 中具有相同键 Key 的各项值 Value
sortByKey([ascending])	根据 RDD 中相同的键 Key 对各值 Value 进行排序,参数 ascending 是布尔值,True 为升序,False 为降序
join(otherDataset)	根据相同的键 Key 对两个 RDD 中值 Value 进行合并连接
coalesce(numPartitions)	将 RDD 中分区数量减少到参数 numPartitions 指定的数量,有效过滤大数据集
repartition(numPartitions)	将 RDD 数据 reshuffle 后随机分配到新的分区中,使数据更加均衡

Spark 中常用的 RDD 行动操作如表 3-3 所示。

表 3-3　Spark 中常用的 RDD 行动操作

行动操作	含　义
reduce(func)	使用 func 函数聚集 RDD 中所有元素,func 函数必须是可交换和可并联的
collect( )	将 RDD 中的所有元素作为一个数组返回
count( )	返回 RDD 中元素的个数
first( )	返回 RDD 中的第一个元素
take(n)	返回 RDD 中前 n 个元素组成的数组
takeSample(withReplacement, Num,[seed])	返回从 RDD 数据集中随机采样的 num 个元素组成的数组,可以选择是否用随机数替换不足的部分,seed 用于指定随机数生成器的种子
takeOrdered(n,[ordering])	使用自然顺序或自定义的比较器,返回 RDD 的前 n 个元素
countByKey( )	根据 RDD 中相同的键 Key 计算对应元素的个数
foreach(func)	在数据集的每个元素上运行 func 函数进行更新

Spark可以在内存中持久化数据集，持久化一个RDD之后，每个分区节点都将计算结果保存在内存里，供RDD后续操作使用。持久化RDD会加快后续操作的执行速度，尤其在迭代算法和快速交互查询场景下。用户可以使用persist()方法或cache()方法进行持久化，但这两个方法被调用时不会立即进行缓存，只有在操作中第一次计算它时才会执行缓存。Spark的缓存是容错的，如果丢失了RDD的任何分区，它将使用最初创建的一系列操作自动重新计算并创建出该分区。

Spark自动监视每个节点上的缓存使用情况，如果要缓存的数据量太大，内存中放不下，则根据最近最少使用的缓存方式删除旧的数据分区。相对应的，用户可以使用unpersist()方法从缓存中移除持久化的RDD。

3.3.2 Hive数据仓库

1. 数据仓库的概念

数据仓库是一类面向主题集成化的数据集合工具，其中的数据相对稳定并能反映出历史变化，可以用于支持管理决策。面向主题是指按照一定的主题域组织数据仓库中的数据，集成是指数据仓库会加工处理源数据，消除了其中的不一致性。进入数据仓库的数据是相对稳定的，一般只需要定期地加载、刷新。数据仓库用来存放历史数据，表示的信息可以用于定量分析从而反映历史变化，并预测未来发展趋势。

数据仓库建设是一个工程化的过程，数据仓库并不是要取代数据库，大部分数据仓库还是用关系数据库管理系统进行管理。但两者之间也有明显区别：数据仓库一般用于存储历史数据，是面向主题、为了分析数据而设计的，在设计上有意引入冗余；数据库一般存储在线交易数据，是面向事务、为了捕获数据而设计的，在设计上尽量避免冗余。

2. Hive概述

Hive是应用广泛的基于Hadoop的数据仓库工具，既可以进行大量静态历史数据的转化、加载，也可以查询和分析Hadoop中的大规模数据。Hive能将结构化数据文件映射为一张数据库表，能提供SQL查询，并将查询语句转变成MapReduce任务执行，不需要专门开发MapReduce应用程序。Hive最适合应用在基于大量静态数据的批处理作业的现实场景下。

Hive诞生于Facebook的日志分析需求，后来开源给了Apache基金会，成为顶级项目后得到快速发展。很多企业选择Hive作为大数据平台中数据仓库分析的核心组件。Hive在Hadoop生态系统中的位置如图3-92所示，主要承担数据仓库的角色，管理、查询、分析Hadoop中的数据。

Hive是基于Hadoop的工具，其数据存在HDFS中，使用HQL(类似SQL)语句进行数据查询。Hive中会对HQL查询语句进行解释、优化，生成查询计划。查询计划被转化为MapReduce任务，在Hadoop集群上执行。有些查询语句没有执行MapReduce任务，比如select * from table。

3. 与普通关系数据库的区别

Hive与普通关系数据库的区别如表3-4所示。

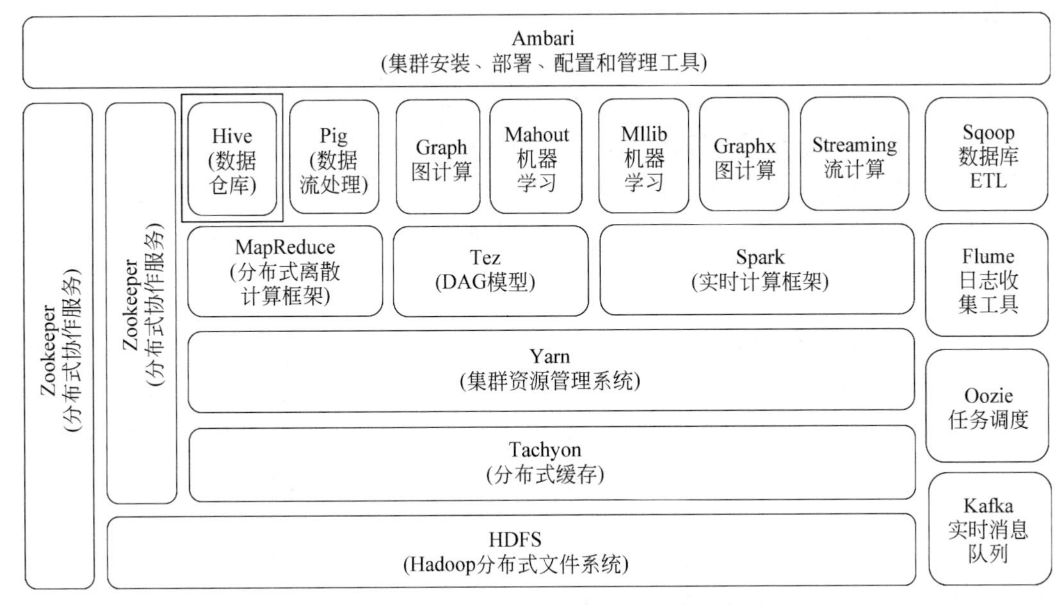

图 3-92　Hive 在 Hadoop 生态系统中的位置

表 3-4　Hive 与普通关系数据库的区别

类　别	Hive	普通关系数据库
查询语言	HiveQL	SQL
数据存储位置	HDFS	Raw Device 或者本地 FS
数据格式	用户定义	系统决定
数据更新	不支持	支持
索引	新版本支持，但支持较弱	有
执行	MapReduce	Executor
执行延迟	高	低
可扩展性	高	低
数据规模	大	小

1）数据格式

Hive 没有专门定义数据格式，可以由用户指定，此时需要指定三个属性：列分隔符（通常为空格、“\\t”“\\x001”）、行分隔符（“\\n”）、数据读取方法。Hive 数据存储格式有 TextFile、RCFile（Record Columnar File）、ORCFile（Optimized Row Columnar File）等，在不同的版本更新后陆续增加。在数据加载过程中，Hive 不会修改任何存储格式，而是将数据内容复制或者移动到 HDFS 中。相比于 Hive，普通关系数据库加载数据时间更长；对于普通关系数据库，不同数据库有不同的存储引擎，定义各自不同的数据格式存储数据。

2）数据更新

数据仓库对数据内容的要求是读多写少，因此 Hive 对数据的改写和添加支持不好，所有数据应该是在加载时就确定好的。而普通关系数据库是面向事务设计的，其中的数据需要经常修改，因此可以进行 INSERT INTO…VALUES 添加数据、UPDATE…SET 修改数据等操作。

3）索引

Hive 的数据加载过程不会处理数据，甚至不扫描数据，因此基本不支持数据索引。即使 Hive 没有索引，由于它可以转化成 MapReduce 任务并行访问数据，在数据量规模足够大时，就可以体现出速度上的优势。但如果是少量的数据访问，Hive 会因为延迟较高而不适合。普通关系数据库中，通常会针对一个或者几个列建立索引，因此对于在线数据查询等少量数据访问的场景，其效率更高、延迟更低。

4）执行延迟

Hive 访问延迟较高，访问满足特定条件的数据值时，需要“暴力”扫描整个数据。另外，由于 MapReduce 框架本身延迟较高，导致 Hive 在转化成 MapReduce 执行查询等任务时延迟也较高。普通关系数据库中，在数据规模较小时延迟较低，但当数据规模超过其处理能力时延迟太高，此时 Hive 以其并行能力，使得计算速度具有更大的优势。

5）可扩展性

Hive 是基于 Hadoop 的数据仓库工具，其可扩展性和 Hadoop 是一致的。普通关系数据库中，由于 ACID 语义的严格限制，扩展性非常有限。目前最先进的并行数据库 Oracle 理论上的扩展能力也只有 100 个节点左右。

4. Hive 的体系架构

Hive 的体系架构如图 3-93 所示。

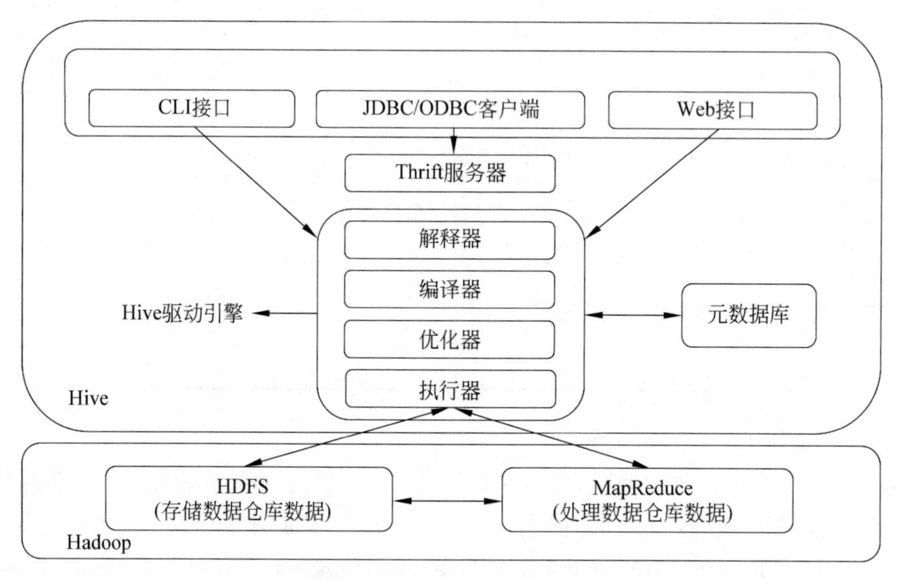

图 3-93　Hive 的体系架构

1）用户接口

用户接口主要有三个：CLI 接口、JDBC/ODBC 客户端和 Web 接口。

最常用的用户接口是 CLI，即命令行接口，CLI 启动时，会同时启动一个 Hive 副本。Hive 在启动 client 模式时，需要指定 Server 节点，用于启动 Hive Server。JDBC 客户端封装了 Thrift 服务的 Java 应用程序，通过指定的主机和端口连接到另一个进程中运行的

Hive 服务器；而 ODBC 客户端驱动会允许支持 ODBC 协议的应用程序连接到 Hive。最后一种 Web 接口会通过 Web 浏览器访问、操作和管理 Hive。

2）Thrift 服务器

Thrift 服务器基于 Socket 通信，支持跨语言。Hive Thrift 服务简化了在多编程语言中运行的 Hive 命令，支持 C++、Java、PHP、Python 和 Ruby 语言。

3）Hive 驱动引擎

驱动引擎是 Hive 的核心，它由解释器、编译器、优化器和执行器组成。解释器把 HQL 语句转换为语法树，编译器把语法树编译为逻辑执行计划，优化器优化逻辑执行计划；执行器调用底层运行框架执行逻辑执行计划。

4）元数据库

Hive 的数据由两部分组成：数据文件和元数据。元数据用于存放 Hive 的基础信息，它存储在关系型数据库中，如 MySQL、Derby（默认）中。元数据包括数据库信息、表名、表的列、分区及其属性、表的属性、表的数据所在目录等。

5）Hadoop

Hive 是构建在 Hadoop 之上的，Hive 数据文件存储在 HDFS 中，大部分的查询由 MapReduce 完成。对于包含 * 的查询，如 select * from table 的查询操作是不需要 MapReduce 的，不会生成 MapReduce 作业。

5. Hive 的数据类型

Hive 支持普通关系型数据库中的大多数基本数据类型，同时也支持复杂数据类型。Hive 对其数据在文件中的编码方式具有很大的灵活性，用户可以使用各种工具来管理和操作数据。随着 Hive 版本的持续更新，其支持的基本数据类型也在增加。

Hive 的基本数据类型如表 3-5 所示。

表 3-5　Hive 的基本数据类型

类　型	描　　述	示　　例
TINYINT	1 个字节（8 位）有符号整数	5
SMALLINT	2 个字节（16 位）有符号整数	5
INT	4 个字节（32 位）有符号整数	5
BIGINT	8 个字节（64 位）有符号整数	5
FLOAT	4 个字节（32 位）单精度浮点数	0.618
DOUBLE	8 个字节（64 位）单精度浮点数	0.618
BOOLEAN	TRUE/FALSE	TRUE
STRING	字符串	'hello'或"hello"
CHAR	固定长度的字符	CHAR(10)
VARCHAR	可变长的字符	VARCHAR(10)
TIMESTAMP	整型、浮点型或字符串	'2021-11-23 10:48:23'
DATE	整型、浮点型或字符串	'2021-11-23'
DECIMAL	不变的任意精度，DECIMAL(precision，scale)表示最多有 precision 位数字，后 scale 位是小数	DECIMAL(6,2)

Hive 的复杂数据类型如表 3-6 所示。

表 3-6 Hive 的复杂数据类型

类　型	描　　述	示　例
ARRAY	一组有序字段,字段的类型必须相同	Array(1,2)
MAP	一组无序的键值对,键的类型必须是原子的,值可以是任何类型,同一个映射的键的类型必须相同,值的类型必须相同	Map('a',1,'b',2)
STRUCT	一组命名的字段,字段类型可以不同	Struct('a',1,1,0)

6. Hive 的数据存储

Hive 数据存在 HDFS 中,没有专门定义数据格式,用户可以自由组织 Hive 中的表,只需要在创建表时指定列分隔符和行分隔符,就可以解析数据了。

Hive 中数据模型主要包含表(Table)、分区(Partition)、桶(Bucket)和外部表(External Table)四类。

1) 表(Table)

和普通关系数据库中的表类似,Hive 中每个表都有一个对应的存储目录。例如一个名为 item 的表,在 hive-site.xml 配置文件中由 ${hive.metastore.warehouse.dir}指定的数据仓库目录如果是/warehouse,该表在 HDFS 中的路径则为/warehouse/item。

2) 分区(Partition)

Hive 分区的组织方式与普通关系数据库很不相同。在 Hive 中,表中的一个分区对应于表下的一个目录,所有的分区数据都存储在对应的目录中。

3) 桶(Bucket)

Hive 对指定列根据计算的哈希值切分数据,每一个桶对应切分后的一个文件。例如对指定列计算哈希值后,对应哈希值为 0 的 HDFS 目录中会有一个文件为"part-00000",对应哈希值为 15 的 HDFS 目录中会有一个文件为"part-00015"。

4) 外部表(External Table)

外部表指向已经在 HDFS 中存在的数据,可以创建分区。在元数据的组织上,外部表和普通表是相同的,但实际数据的存储有很大区别。表在创建过程和数据加载过程可以由同一个语句完成;在数据加载的过程中,实际数据会被移动到数据仓库目录中,之后在数据仓库目录中完成对数据的访问;如果删除表,表中的数据和元数据会被同时删除。外部表使用 CREATE EXTERNAL TABLE...LOCATION 语句完成创建表和数据加载;实际数据存储在 LOCATION 后面指定的 HDFS 路径下,并不会被移动到数据仓库目录中;如果删除一个外部表,仅仅删除元数据而不会删除实际数据。

3.3.3 PySpark 简介

Spark 是用 Scala 编程语言编写的。为了让 Spark 支持 Python,Apache Spark 社区发布了一个工具 PySpark。使用 PySpark,基于名为 Py4j 的库,就可以使用 Python 语言对 RDD 进行编程。PySpark 提供了 PySpark Shell,它将 Python API 连接到 Spark 核心并初始化 SparkContext。如今,大多数数据科学家和数据分析专家都使用 Python,因为它具有丰富的库集。因此,PySpark 也成为 Spark 应用中重要的编程方式。在启动 PySpark 之前,需要为环境变量 PYTHONPATH 添加设置 Py4J 路径,才能顺利使用 PySpark。

1. PySpark 实现机制

PySpark 的实现机制如图 3-94 所示。

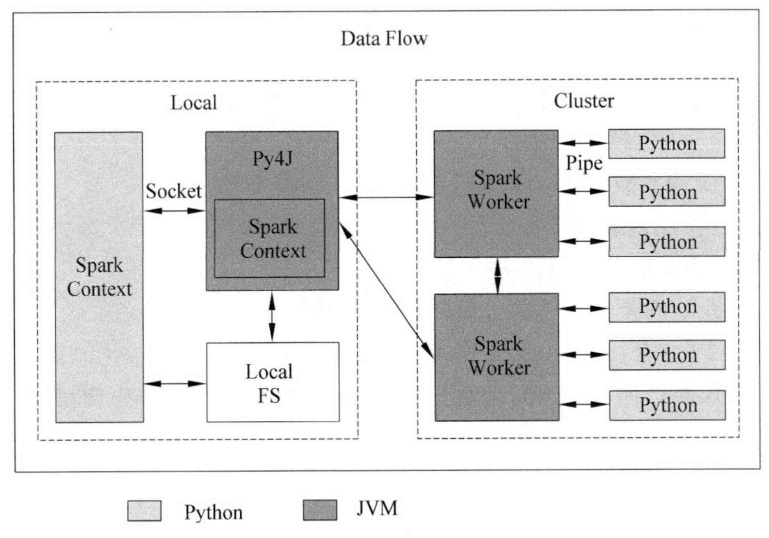

图 3-94 PySpark 的实现机制

在 Python 本地驱动端，SparkContext 利用 Py4J 启动一个 Java 虚拟机并产生一个 JavaSparkContext。Py4J 只在本地驱动端负责 python 与 Java SparkContext objects 的通信。在远端集群各个工作节点上，RDD 的转换在 Python 中被映射成 Java 环境下 PythonRDD，PythonRDD 对象启动若干子进程并通过 pipes 与这些子进程通信，以此发送代码和数据。

2. PySpark SparkContext

PySpark 类中 SparkContext 的详细信息及参数如下：

```
class pyspark.SparkContext (
    master =None,
    appName =None,
    sparkHome =None,
    pyFiles =None,
    environment =None,
    batchSize =0,
    serializer =PickleSerializer(),
    conf =None,
    gateway =None,
    jsc =None,
    profiler_cls =<class 'pyspark.profiler.BasicProfiler'>
)
```

SparkContext 各参数含义如下。

- Master：是连接到的集群的 URL，如 spark://host: port，mesos://host: port，local 等。
- appName：PySpark 应用程序名称。

- sparkHome：Spark 安装目录。
- pyFiles：发送到集群并添加到 PYTHONPATH 的.zip 或.py 文件。
- environment：工作节点环境变量。
- batchSize：单个 Java 对象的 Python 对象数量。设置为 1 表示禁用批处理，设置为 0 表示根据对象自动选择批处理块大小，设置为－1 表示批处理块的大小不受限制。
- serializer：RDD 序列化器。
- Conf：一个用于设置 Spark 属性的{SparkConf}对象。
- gateway：使用现有网关和 JVM，否则初始化新 JVM。
- JSC：JavaSparkContext 实例。
- profiler_cls：用于进行性能分析的一类自定义 Profiler。

在上述参数中，主要使用 master 和 appname。创建一个名为 test.py 的 Python 文件并在该文件中输入代码。任何 PySpark 程序的前两行都是在 Python 中初始化 Spark，代码如下所示：

```
from pyspark import SparkContext
sc =SparkContext("local", "MyFirstApp")
print "Hello World"
```

需要执行时，终端下执行 spark-submit test.py 命令运行此 Python 文件。

3. PySpark SparkConf

若要在本地/集群上运行 Spark 应用程序，需要设置一些配置和参数，可以用 PySpark 类中 SparkConf 来实现。它提供运行 Spark 应用程序的配置。

SparkConf 类的详细信息如下：

```
class pyspark.SparkConf (
    loadDefaults =True,
    _jvm =None,
    _jconf =None
)
```

在 SparkConf 类中，有一些 setter 方法，比如 conf. setAppName(PySparkApp), setMaster(local)，一旦将 SparkConf 对象传递给 Apache Spark，任何用户都无法修改它。以下是 SparkConf 最常用的一些属性。

- set(key,value)——设置配置属性。
- setMaster(value)——设置主 URL。
- setAppName(value)——设置应用程序名称。
- get(key,defaultValue = None)——获取密钥的配置值。
- setSparkHome(value)——在工作节点上设置 Spark 安装路径。

假设集群中 Spark 部署时 host 名为 master，端口号使用 7077。创建一个名为 test2.py 的 Python 文件并在该文件中输入以下代码：

```
from pyspark import SparkConf, SparkContext
conf =SparkConf().setAppName("MyClusterApp").setMaster("spark://master:7077")
sc =SparkContext(conf=conf)
```

```
print "Hello World"
```

这样就可以设置集群运行 PySpark 应用程序的基本配置。

3.3.4 Spark SQL 概述

1. Spark SQL 背景

Spark 中最早采用的查询引擎是 Hive,由于 Hive 底层是基于磁盘的 MapReduce,导致查询性能异常低下。为此 Spark 推出了 Shark,Shark 修改了 Hive 中内存管理、物理计划、执行三个模块,同时使用 Spark 基于内存的计算模型,从而查询性能比 Hive 提升了不少。但由于 Shark 底层依赖于 Hive 的语法解析器、查询优化器等组件,其性能提升存在一定制约,因此 Spark 团队决定完全抛弃 Shark,从 Spark2.0 版本开始推出了 Spark SQL,解除了对 Hive 的依赖。

2. Spark SQL 特征

Spark SQL 是 Spark 用来处理结构化数据的一个模块,区别于普通 RDD API,Spark SQL 接口提供了更多数据结构和计算结构的信息,利用这些信息可以更好地优化,并通过 SQL 或 Dataset APIf 与 Spark Core 进行交互。Spark SQL 支持不同的 API 和多种类编程语言,这意味着开发人员可以轻松切换各种最熟悉的 API 来完成同一个计算工作。

Spark SQL 主要有 4 个特点：①友好性高,可以无缝地将 SQL 查询与 Spark 程序整合,允许在 Spark 程序中使用 SQL 或 DataFrame API 查询结构化数据,支持 Java、Scala、Python 和 R 等多种语言；②可以使用统一访问方式连接到任何数据源,DataFrame 和 SQL 提供了访问各种数据源的常用方法,包括 Hive、Avro、Parquet、ORC、JSON 和 JDBC 等；③兼容性好,可以在 Hive 上运行 SQL 或 HiveQL 查询,允许访问 Hive；④可以通过 JDBC 或 ODBC 进行标注数据连接,支持商业智能软件等外部工具通过 JDBC 或 ODBC 连接进行查询。

3. DataFrame

Spark SQL 提供了一个称为 DataFrame 的编程抽象,DataFrame 是一种按列命名组织的 Dataset,它在概念上等价于普通关系型数据库中的一个表或者 R 语言/Python 中的一个数据帧,但 DataFrame 的底层做了更多的优化。可以通过多种数据源构建 DataFrame,如结构化的数据文件、Hive 表、各种数据库、RDD 等。DataFrame API 支持多种语言,如 Java、Python、Scala、R 语言,在 Scala 和 Java 中 DataFrame 由 Dataset 的 Rows 表示。

Dataset 是一种分布式数据集,是 Spark1.6 版本推出的,它既保留了 RDD 的优点,又受益于 Spark SQL 优化执行引擎,可以通过 Java 虚拟机构建,并可以进行各种转换操作(map、flatMap、filter 等),Dataset API 在 Java 和 Scala 中都可以使用。

4. SparkSession

从 Spark2.0 版本开始使用 SparkSession 作为 Spark SQL 的入口,类似于 SparkContext 之于 Spark Core,在使用 Dataset 或 Datafram 编写 Spark SQL 应用时,第一个要创建的对象就是 SparkSession,它支持从不同数据源加载数据,并把数据转换成 DataFrame。

Builder 是 SparkSession 的构造器。通过 Builder,可以添加各种配置。Builder 的方法如表 3-7 所示。

表 3-7　Builder 的方法

方　法	描　述
getOrCreate	获取或者新建一个 sparkSession
enableHiveSupport	增加支持 Hive Support
appName	设置 application 的名称
config	设置各种配置

可以通过 SparkSession.builder 来创建一个 SparkSession 的实例，并通过 stop 函数来停止 SparkSession。

通过 Builder 构建 SparkSession 的代码如下：

```
from pyspark.sql import SparkSession
spark =SparkSession.builder.master("spark://hadoopmaste:7077").appName
("test").config("key", "value").getOrCreate()
```

其中的参数意义如下。

- master 用于指定 spark 集群地址。
- appName 用于设置 app 的名称。
- config 中以 key，value 的形式进行一些配置。config 可以链式编程的方式多次调用，每次调用可设置一组 key/value 配置。而且可以传入一个关键字参数 conf，指定外部的 SparkConf 配置对象 getOrCreate，若存在 SparkSession 实例直接返回，否则实例化一个 SparkSession 返回。

3.3.5　MLlib 和关联分析

3.3.5 微课

1. 机器学习概览

机器学习是一门涉及概率论、统计学、逼近论、凸分析、算法复杂度等理论的多领域交叉学科，它企图从大量历史数据中挖掘出隐含的规律，使计算机通过不断改善算法模型性能来模拟人类的学习行为，从而用于预测或分类等各种知识推理。从数学角度上，这个过程可以看作在已知输入的样本数据，并已知输出的期望结果两个条件下，寻找一个未知函数的过程，只是在机器学习模型是神经网络，尤其是深度学习网络时，这个函数会非常复杂，不能用简单的公式进行形式化表述。学习到的函数适用于新样本的能力，称为泛化能力，泛化能力越强，机器学习模型的应用效果越好。

机器学习涉及众多算法模型、任务和学习理论，按照任务类型，机器学习模型可以分为回归模型、分类模型、结构化学习模型；按照方法，可以分为线性模型和非线性模型；按照学习理论，可以分为有监督学习模型、半监督学习模型、无监督学习模型。20 世纪 50 年代以来，对机器学习的研究经历了萌芽、缓慢进展、复兴、突飞猛进四个阶段，在不同时期的研究途径和目标并不相同，当前仍是人工智能研究中最前沿的领域之一。

2. MLlib 概述

MLlib(Machine Learning lib)是 Spark 的机器学习算法库，有很好的易用性和可扩展性，目前支持分类、回归、聚类、协同过滤等机器学习算法，具体来说主要包括以下五方面内容：①机器学习算法(Machine Learning Algorithm)，包含常见的机器学习算法，如分类、回归、聚类、协同过滤等；②特征化(Featurization)，包含特征提取、特征变换、特征选择和降维；③管道(Pipelines)，指用于构造、评估和优化机器学习管道的工具；④持久性(Persistence)，指保存和加载算法、模型和管道的工具；⑤实用工具(Utilities)，指线性代数、统计、数据处理等工具。

机器学习库从 Spark1.2 版本以后被分为两个包：spark.mllib、spark.ml。

(1) spark.mllib：历史比较长，在 Spark1.0 以前的版本就出现了，提供的算法实现都是基于原始的 RDD。

(2) spark.ml：弥补了原始 MLlib 库的不足，提供了基于 DataFrame 的高层次 API，可以构建机器学习管道，即工作流，向用户提供一个基于 DataFrame 的机器学习 Pipeline API，可以方便地把数据处理、特征转换、正则化以及多个机器学习算法连接起来，构建单一完整的机器学习流水线。Spark 官网推荐使用 spark.ml，并指出只要新算法能适用于机器学习管道的概念，就应放到 spark.ml 包中。

目前 MLlib 支持主流的统计和机器学习算法，相较于其他分布式开源的机器学习算法库，MLlib 的计算效率是最高的。目前 MLlib 支持的主要机器学习算法如表 3-8 所示。

表 3-8 MLlib 支持的主要机器学习算法

机器学习算法类型	离散数据	连续数据
监督学习	Classification、Logistic Regression (with Elastic-Net)、SVM、Decision Tree、Random Forest、GBT、Naive Bayes、Multilayer Perceptron、OneVsRest	Regression、Linear Regression (with Elastic-Net)、Decision Tree、Random Forest、GBT、AFTSurvival Regression、Isotonic Regression
无监督学习	Clustering、KMeans、Gaussian Mixture、LDA、PowerIteration Clustering、Bisecting KMeans	Dimensionality Reduction、Matrix Factorization、PCA、SVD、ALS、WLS

MLlib 提供的数据类型主要有本地向量(Local Vector)、标注点(Labeled Point)、本地矩阵(Local Matrix)、分布式矩阵(Distributed Matrix)，支持单机模式存储的本地向量和矩阵，以及基于一个或多个 RDD 的分布式矩阵。本地向量和本地矩阵作为 MLlib 的公共接口提供简单数据模型，底层的线性代数运算由 Breeze 库和 jblas 库提供。标注点类型用来表示监督学习中的训练样本类别。

1) 本地向量(Local Vector)

本地向量具有整数类型的行索引，从 0 开始索引，double 类型值，存储在单台机器上。MLlib 支持两种类型的本地向量：密集向量和稀疏向量。密集向量由一个 double 类型数组组成，如[5.0, 6.0, 7.0]。稀疏向量由索引和一个 double 类型向量组成，如(4,[0, 1],[1.0, 2.0])，相当于密集向量[1.0, 2.0, 0,0]。

2) 标注点(Labeled Point)

标注点是一个本地向量、密集向量或稀疏向量，并且带有一个标签。在 MLlib 中，标注点用于代表回归或分类等监督学习算法的分类类别。对于二分类，标注为 0(—)或 1(+)；对于多分类，标注应该是从 0 开始的类索引：0, 1, 2,…。

3) 本地矩阵(Local Matrix)

本地矩阵具有整数类型的行和列索引及 double 类型值，存储在单台机器上。MLlib 支持密集矩阵，其输入值按照列 column-major 顺序存储在单个 double 数组中，稀疏矩阵是其非零值按照主要列顺序以压缩稀疏列(CSC)格式存储。

4) 分布式矩阵(Distributed Matrix)

RowMatrix 是面向行的分布式矩阵，没有有意义的行索引，由其行的 RDD 支持，其中每行是本地向量。由于每一个行都由本地向量表示，因此列数受整数范围的限制。

IndexedRowMatrix 类似于 RowMatrix，但具有有意义的行索引，由索引行的 RDD 支持，因此每行由其长整类型索引和本地向量表示。

CoordinateMatrix 是由 RDD 支持的分布式矩阵，每个条目都是一个元组(i: Long, j:Long, value:long)，其中 i 是行索引，j 是列索引，value 是条目值。只有当矩阵的两个维度都很大且矩阵非常稀疏时才应使用 CoordinateMatrix。

BlockMatrix 是由一个 MatrixBlock 类型的 RDD 支持的分布式矩阵，其中 MatrixBlock 是一个元组((Int, Int), Matrix)，(Int,Int)是块索引，而 Matrix 是索引指定的子矩阵，其大小为 rowsPerBlock * colsPerBlock。BlockMatrix 支持的方法有 add 和 multiply，还有用于检查 BlockMatrix 是否设置正确的 validate 方法。

3. 关联分析

关联分析是在大规模数据集中发现物品间隐含关系的方法的统称，它包括很多种实现的算法，这些算法涉及的基本概念包括以下内容。

1) 项与项集

这是一个集合的概念，以购物车为例，一件商品就是一项(item)，若干项的集合为项集(Itemset)，例如{运动鞋，运动服}为一个二元项集。

2) 关联规则(Association Rule)

关联规则是形如 X→Y 的表达式，用于表示数据内隐含的关联性，其中 X 和 Y 是不相交的项集，即 $X \cap Y = \varnothing$，例如买了新鞋的客户往往也会买袜子。

关联规则的强度能够用它的支持度(Support)和置信度(Confidence)来度量。

3) 支持度

表示在所有项集中{x,y}出现的可能性，即项集中同时出现 x 和 y 的概率。公式为：$Support(X \rightarrow Y) = P(X,Y) / P(I) = P(X \cup Y) / P(I) = num(X \cup Y) / num(I)$。其中，I 表示总事务集。num()表示求事务集里特定项集出现的次数，num(I)表示总事务集的个数，num(X∪Y)表示含有{X,Y}的事务集的个数。该指标作为建立强关联规则的第一个门槛，衡量了所考察关联规则在“量”上的多少。

4) 置信度

表示在先决条件 x 发生的情况下，关联结果 y 发生的概率，即在含有 X 的项集中，含有 Y 的可能性。公式为：$Confidence(X \rightarrow Y) = P(Y|X) = P(X,Y) / P(X) = P(X \cup Y) / P(X)$。这是生成强关联规则的第二个门槛，衡量了所考察的关联规则在“质”上的可靠性。

5) 提升度(Lift)

在发生 X 的条件下同时发生 Y 的概率，与 Y 总体发生的概率之比，公式为：$Lift(X \rightarrow Y) = Confidence(X \rightarrow Y) / P(Y) = P(Y|X) / P(Y)$。提升度反映了关联规则中的 X 与 Y 的相关性，提升度>1 且越高代表正相关性越高，提升度<1 且越低代表负相关性越高，提升度=1 代表没有相关性，即相互独立。

6）最小支持度(Minsupport)

用户规定的关联规则必须满足的最小支持度阈值。

7）频繁项集(Frequent Itemset)

支持度大于或等于最小支持度的非空项集。

8）最小置信度(Minconfidence)

用户规定的关联规则必须满足的最小置信度阈值，它反映了关联规则的最低可靠度。

9）强关联规则(Strong Association Rule)

同时满足最小支持度(Minsupport)和最小置信度(Minconfidence)的关联规则称为强关联规则。

商品列表中，可能存在单一商品组成的频繁项集，也可能存在两个或两个以上的商品组成的频繁项集。在计算一个频繁项集的支持度时，一般必须要遍历全部的商品列表求得，但当列表数目成千上万时，计算量过大，是根本不现实的。

4. FPGrowth 算法

FPGrowth 算法采用了一些方法，使得无论多少数据，只需要遍历两次数据集，就可以挖掘频繁项集，算法运行效率高。FPGrowth 算法采取分治策略，使用了一种称为“频繁模式树”(Frequent Pattern Tree,FP-tree)的数据结构。FP-tree 是一种特殊的前缀树，由频繁项头表和项前缀树构成。FPGrowth 算法步骤如下。

(1) 构建 FP 树。遍历数据集，生成频繁 1-项集，并按出现次数由多到少排序，删除支持度低于 min_support 的项，剩余部分称为项头表(Header Table)。再次遍历数据集，从数据中删除非频繁 1-项集(删除每个样本中的非频繁 1-项集中的项，不是删除整个样本)，并按照项头表的顺序排序。FP 树头节点是一个 null 节点，逐个读取上一步处理后的数据集中每一个样本，每读取一个样本检查树是否已有该条样本项组成的路径，已有则每一个节点权值加 1，若是从某个项开始没有，则从该节点开始多一个分支，分支内的节点权值都新置 1，这样 FP 树就建好了。

(2) 频繁项的挖掘。从 FP 树底层的节点开始依次向上，构造每一个节点的条件模式基(Conditional Pattern Base,CPB)，条件模式基就是要挖掘的频繁项的前缀路径。对于项头表中的每个 item(频数设为 k)，记录其全部条件模式集中出现的每个 item 的频数，去除小于 min_support 的 item，保留项用来构造项头表中的这个 item(k)的条件 FP 树。那么其频繁项集就是该底层节点与其条件 FP 树上的所有项组成的集合，可能有频繁 2-项集、3-项集等。而后递归地挖掘每一个条件 FP 树，累加后缀频繁项集，直到找到 FP-tree 为空或者 FP-tree 只有一条路径(只有一条路径状况下，全部路径上 item 的组合都是频繁项集)。

FPGrowth 算法巧妙地利用了树结构来提高运行速度。在实践中，FP-tree 算法是可以用于生产环境的关联算法。

3.4 项目实践

3.4 数据集

本项目实践的数据集是一个土耳其零售商超的模拟交易数据，共 611108 条，含有 26 个字段。可从本章节配套教学资源中获取。

该数据包含了土耳其 81 个超市门店 2017 年 1 月—3 月共计 3 个月的交易数据，52000 余个顾客数据(会员卡号、性别)，9000 余个商品，包括商品编号、商品名称、一级分类、二级分类、三级分类、品牌、品牌编号等信息，如表 3-9 所示。

表 3-9　数据集表头含义

表头名称	表头含义	表头名称	表头含义
ID	数据 ID	REGION	分店所在城市所属的八大区域之一
ITEMCODE	商品编号	LATITUDE	纬度
ITEMNAME	商品名称	LONGTITUDE	经度
FICHE NO	会员卡号	CLIENTCODE	收银台编号
DATE_	日期	CLIENTNAME	收银台品牌名称
AMOUNT	数量	BRANDCODE	商品品牌编号
PRICE	单价	BRAND	商品品牌
LINENETTOTAL	总价	CATEGORY_NAME1	商品Ⅰ级分类
LINENET	优惠价格	CATEGORY_NAME2	商品Ⅱ级分类
BRANCHNR	分店编号	CATEGORY_NAME3	商品Ⅲ级分类
BRANCH	分店	STARTDATE	收银开始时间
SALESMAN	售货员	ENDDATA	收银结束时间
CITY	分店所在城市	GMALENDMALER	会员性别

3.4.1　基于 Hive＋MySQL＋Sqoop 的数据存储与传输

3.4.1 代码及数据

1. 把数据集导入分布式文件系统 HDFS 中

首先需要将数据传输到服务器中，并修改编码格式为 utf8。

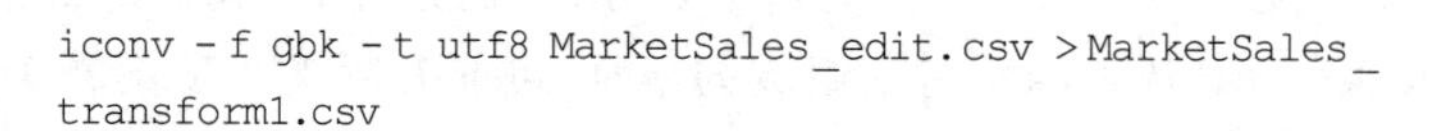

```
iconv -f gbk -t utf8 MarketSales_edit.csv >MarketSales_
transform1.csv
```

如图 3-95 所示，修改编码格式后查看数据可以正常显示。

删除第一行字段名称：

```
sed -i '1d' MarketSales_transform1.csv
```

3.4.1(1)微课

启动 hadoop：

```
/usr/local/hadoop/sbin/start-all.sh
```

下面将数据上传到 HDFS 中。在 HDFS 的根目录下面创建一个新的目录 supermarket，并在这个目录下创建一个子目录 dataset：

```
hadoop@i-jpph2meo:~/data$ head -5 MarketSales_transform1.csv
ID,ITEMCODE,ITEMNAME,FICHENO,DATE_,AMOUNT,PRICE,LINENETTOTAL,LINENET,BRANCHNR,BR
ANCH,SALESMAN,CITY,REGION,LATITUDE,LONGITUDE,CLIENTCODE,CLIENTNAME,BRANDCODE,BRA
ND,CATEGORY_NAME1,CATEGORY_NAME2,CATEGORY_NAME3,STARTDATE,ENDDATE,GMALENDMALER
11738,5863,SPRITE 1 LT LEMON FLAVORED SODA,18456,2017-1-7 0:00,1,2,2,1.85,52,科
贾埃利 Branch,Eyüp C NE,科贾埃利,Marmara,40.8533,29.8815,467369,Sercan KIZILOK,1
56,SPRITE,DRINK,CARBONATED BEVERAGE,SODA,2017-1-8 16:16,2017-1-8 16:17,MALE
10537,8,GRANULATED SUGAR,18105,2017-1-6 0:00,5,2.65,13.25,12.27,8,安塔利亚 Branc
h, lhan  RENL ,安塔利亚,Akdeniz,36.8841,30.7056,131464, smet  INGIR,,,DRINK,TEA
and COFFEE,CUBE SUGAR,2017-1-7 11:04,2017-1-7 11:05,MALE
11335,5979,FALIM GUM 5 PIECE MINT,18350,2017-1-3 0:00,1,0.4,0.4,0.37,40,伊斯坦布
尔 Branch, smet SARTIK,伊斯坦布尔,Marmara,41.0053,28.977,656969,Ya  z KUBAL,300,
FALIM,FOOD,GUM CANDY,CHEWING GUM,2017-1-4 14:00,2017-1-4 14:01,MALE
11336,5979,FALIM GUM 5 PIECE MINT,18350,2017-1-3 0:00,1,0.4,0.4,0.37,40,伊斯坦布
尔 Branch, smet SARTIK,伊斯坦布尔,Marmara,41.0053,28.977,656969,Ya  z KUBAL,300,
FALIM,FOOD,GUM CANDY,CHEWING GUM,2017-1-4 14:00,2017-1-4 14:01,MALE
```

图 3-95 格式修改后数据

```
cd /usr/local/hadoop
./bin/hdfs dfs -mkdir -p /supermarket/dataset/user_log
```

把 Linux 本地文件系统中的 MarketSales_transform1.csv 上传到分布式文件系统 HDFS 的"/supermarket/dataset"目录下：

```
./bin/hdfs dfs -put /home/hadoop/data/MarketSales_transform1.csv /supermarket/
dataset/user_log
```

查看是否保存成功。如图 3-96 所示，数据保存成功。

```
./bin/hdfs dfs -cat /supermarket/dataset/user_log/MarketSales_transform1.csv |
head -3
```

```
hadoop@i-jpph2meo:/usr/local/hadoop$ ./bin/hdfs dfs -cat /supermarket/dataset/us
er_log/MarketSales_transform1.csv | head -3
11738,5863,SPRITE 1 LT LEMON FLAVORED SODA,18456,2017-1-7 0:00,1,2,2,1.85,52,科
贾埃利 Branch,Eyüp C NE,科贾埃利,Marmara,40.8533,29.8815,467369,Sercan KIZILOK,1
56,SPRITE,DRINK,CARBONATED BEVERAGE,SODA,2017-1-8 16:16,2017-1-8 16:17,MALE
10537,8,GRANULATED SUGAR,18105,2017-1-6 0:00,5,2.65,13.25,12.27,8,安塔利亚 Branc
h, lhan  RENL ,安塔利亚,Akdeniz,36.8841,30.7056,131464, smet  INGIR,,,DRINK,TEA
and COFFEE,CUBE SUGAR,2017-1-7 11:04,2017-1-7 11:05,MALE
11335,5979,FALIM GUM 5 PIECE MINT,18350,2017-1-3 0:00,1,0.4,0.4,0.37,40,伊斯坦布
尔 Branch, smet SARTIK,伊斯坦布尔,Marmara,41.0053,28.977,656969,Ya  z KUBAL,300,
FALIM,FOOD,GUM CANDY,CHEWING GUM,2017-1-4 14:00,2017-1-4 14:01,MALE
cat: Unable to write to output stream.
```

图 3-96 数据导入结果图

2. 在数据仓库 Hive 上创建数据库

3.4.1(2)微课

启动 MySQL 和 Hive：

```
service mysql start
hive
```

Hive 中创建数据库 supermarket 并创建外部表：

```
create database supermarket;
use supermarket;
create external table supermarket.user_log(id STRING, itemcode STRING, itemname
STRING, ficheno STRING, merchant _ date STRING, amount DOUBLE, price DOUBLE,
linenettotal DOUBLE, linenet DOUBLE, branchnr STRING, branch STRING, salesman
STRING, city STRING, region STRING, latitude DOUBLE, longitude DOUBLE, clientcode
```

```
STRING, clientname STRING, brandcode STRING, brand STRING, category_I STRING,
category_II STRING, category_III STRING, startdate STRING, enddate STRING, sex
STRING) ROW FORMAT DELIMITED FIELDS TERMINATED BY ',' STORED AS TEXTFILE LOCATION
'/supermarket/dataset/user_log';
```

如图 3-97 所示，外部表创建成功。

```
hive> create external table supermarket.user_log(id STRING, itemcode STRING, itemname STRING,
 ficheno STRING, merchant_date STRING, amount DOUBLE, price DOUBLE, linenettotal DOUBLE, line
net DOUBLE, branchnr STRING, branch STRING, salesman STRING, city STRING, region STRING, lati
tude DOUBLE, longitude DOUBLE, clientcode STRING, clientname STRING, brandcode STRING, brand
STRING, category_I STRING, category_II STRING, category_III STRING, startdate STRING, enddate
 STRING, sex STRING) ROW FORMAT DELIMITED FIELDS TERMINATED BY ',' STORED AS TEXTFILE LOCATIO
N '/supermarket/dataset/user_log';
OK
Time taken: 0.149 seconds
hive>
```

图 3-97 创建外部表成功

3. 使用 Hive 查询分析

查询总数据量。图 3-98 显示了该查询结果。

```
select count(*) from user_log;
```

```
hive> select count(*) from user_log;
Query ID = hadoop_20220223141410_fafd4c72-cc9f-497d-862f-de6673efe42a
Total jobs = 1
Launching Job 1 out of 1
Number of reduce tasks determined at compile time: 1
In order to change the average load for a reducer (in bytes):
  set hive.exec.reducers.bytes.per.reducer=<number>
In order to limit the maximum number of reducers:
  set hive.exec.reducers.max=<number>
In order to set a constant number of reducers:
  set mapreduce.job.reduces=<number>
Job running in-process (local Hadoop)
2022-02-23 14:14:12,447 Stage-1 map = 100%,  reduce = 100%
Ended Job = job_local660402344_0001
MapReduce Jobs Launched:
Stage-Stage-1:  HDFS Read: 301901182 HDFS Write: 0 SUCCESS
Total MapReduce CPU Time Spent: 0 msec
OK
611116
Time taken: 1.658 seconds, Fetched: 1 row(s)
hive>
```

图 3-98 查询总数据量结果

3.4.1(3)微课

查询超市大类。图 3-99 显示了该查询结果。

```
select distinct category_I from user_log;
```

注意：在导入 Hive 的过程中，会因为 Hive 分隔符的问题，将数据库中的某些行分割为 2 行，因此原始数据量为 611 108，导入 Hive 中数据量增加到 611 116，同时会导致新增加的行的数据与表头不对应，如在查询一级分类时，SHAMPOOS 是属于 category_Ⅲ级，但是错位在 category_Ⅰ下。因为后续数据分析会将空值所在行删除，所以该问题并不影响后续的数据分析过程。若读者想实现 Hive 中数据为原始数据量 611 108，可以先将该数据集导入 MySQL 中，再由 MySQL 导入 Hive，这种方式避免了一行分为多行的情况。

```
hive> select distinct category_I from user_log;
Query ID = hadoop_20220307155222_29f0a712-1b71-4baa-bd28-e89b91edd21a
Total jobs = 1
Launching Job 1 out of 1
Number of reduce tasks not specified. Estimated from input data size: 1
In order to change the average load for a reducer (in bytes):
  set hive.exec.reducers.bytes.per.reducer=<number>
In order to limit the maximum number of reducers:
  set hive.exec.reducers.max=<number>
In order to set a constant number of reducers:
  set mapreduce.job.reduces=<number>
Job running in-process (local Hadoop)
2022-03-07 15:52:24,176 Stage-1 map = 100%,  reduce = 100%
Ended Job = job_local1375221033_0002
MapReduce Jobs Launched:
Stage-Stage-1:  HDFS Read: 603802364 HDFS Write: 0 SUCCESS
Total MapReduce CPU Time Spent: 0 msec
OK
NULL

BABY
CIGARETTE
COSMETIC
DETERGENT CLEANING
DRINK
FOOD
FRUITS AND VEGETABLES
HOUSE
MEAT CHICKEN
MILK BREAKFAST
PAPER
PET
SHAMPOOS
Time taken: 1.35 seconds, Fetched: 15 row(s)
hive>
```

图 3-99 查询一级分类结果

查询会员数量。图 3-100 显示了该查询结果。

```
select count(distinct ficheno) from user_log;
```

```
hive> select count(distinct ficheno) from user_log;
Query ID = hadoop_20220223151226_7d26f099-2a1c-40f0-b351-f79c1babaeb0
Total jobs = 1
Launching Job 1 out of 1
Number of reduce tasks determined at compile time: 1
In order to change the average load for a reducer (in bytes):
  set hive.exec.reducers.bytes.per.reducer=<number>
In order to limit the maximum number of reducers:
  set hive.exec.reducers.max=<number>
In order to set a constant number of reducers:
  set mapreduce.job.reduces=<number>
Job running in-process (local Hadoop)
2022-02-23 15:12:29,154 Stage-1 map = 0%,  reduce = 0%
2022-02-23 15:12:30,163 Stage-1 map = 100%,  reduce = 100%
Ended Job = job_local559284739_0001
MapReduce Jobs Launched:
Stage-Stage-1:  HDFS Read: 905703546 HDFS Write: 0 SUCCESS
Total MapReduce CPU Time Spent: 0 msec
OK
142610
Time taken: 3.253 seconds, Fetched: 1 row(s)
hive>
```

图 3-100 查询会员数量结果图

带条件的查询。图 3-101 和图 3-102 分别显示了条件为一级分类 FOOD 和 DRINK 下的二级分类查询结果。

```
select distinct category_II from user_log where category_I='FOOD';
```

```
hive> select distinct category_II from user_log where category_I='FOOD';
Query ID = hadoop_20220307155350_ffdba6d2-8137-4fb2-b5be-9e058b527433
Total jobs = 1
Launching Job 1 out of 1
Number of reduce tasks not specified. Estimated from input data size: 1
In order to change the average load for a reducer (in bytes):
  set hive.exec.reducers.bytes.per.reducer=<number>
In order to limit the maximum number of reducers:
  set hive.exec.reducers.max=<number>
In order to set a constant number of reducers:
  set mapreduce.job.reduces=<number>
Job running in-process (local Hadoop)
2022-03-07 15:53:51,566 Stage-1 map = 100%,  reduce = 100%
Ended Job = job_local1418753480_0003
MapReduce Jobs Launched:
Stage-Stage-1:  HDFS Read: 905703546 HDFS Write: 0 SUCCESS
Total MapReduce CPU Time Spent: 0 msec
OK
  KOLATA
BAKERY PRODUCTS
BAYRAMLIK
BISCUIT COOKIES
CHOCOLATE WAFER
FROZEN FOOD
GUM CANDY
LEGUMES
OILS
PASTA
POWDER SWEET
READY MEALS
SALT SPICE
SOUP BULION
Time taken: 1.188 seconds, Fetched: 14 row(s)
hive>
```

图 3-101　查询一级分类为 FOOD 条件下的二级分类

```
select distinct category_II from user_log where category_I='DRINK';
```

```
hive> select distinct category_II from user_log where category_I='DRINK';
Query ID = hadoop_20220307155434_edac3243-894d-47c5-bfb2-9e23fb3ac0f4
Total jobs = 1
Launching Job 1 out of 1
Number of reduce tasks not specified. Estimated from input data size: 1
In order to change the average load for a reducer (in bytes):
  set hive.exec.reducers.bytes.per.reducer=<number>
In order to limit the maximum number of reducers:
  set hive.exec.reducers.max=<number>
In order to set a constant number of reducers:
  set mapreduce.job.reduces=<number>
Job running in-process (local Hadoop)
2022-03-07 15:54:35,531 Stage-1 map = 100%,  reduce = 100%
Ended Job = job_local1853297701_0004
MapReduce Jobs Launched:
Stage-Stage-1:  HDFS Read: 1207604728 HDFS Write: 0 SUCCESS
Total MapReduce CPU Time Spent: 0 msec
OK
CARBONATED BEVERAGE
DAILY DRINK
GASLESS DRINK
TEA and COFFEE
WATER、MINERAL WATER
Time taken: 1.158 seconds, Fetched: 5 row(s)
hive>
```

图 3-102　查询一级分类为 DRINK 条件下的二级分类

4. 用 Sqoop 将数据从 Hive 导入 MySQL

创建临时表：

3.4.1(4)微课

```
create table supermarket.inner_user_log(id STRING, itemcode STRING, itemname STRING, ficheno STRING, merchant_date STRING, amount DOUBLE, price DOUBLE, linenettotal DOUBLE, linenet DOUBLE, branchnr STRING, branch STRING, salesman STRING, city STRING, region STRING, latitude DOUBLE, longitude DOUBLE, clientcode STRING, clientname STRING, brandcode STRING, brand STRING, category_I STRING, category_II
```

```
STRING, category_III STRING, startdate STRING, enddate STRING, sex STRING) ROW
FORMAT DELIMITED FIELDS TERMINATED BY ',' STORED AS TEXTFILE;
```

将 user_log 表中的数据插入 inner_user_log：

```
INSERT OVERWRITE TABLE supermarket.inner_user_log select * from supermarket.
user_log;
```

查看插入命令是否成功。如图 3-103 所示，user_log 数据插入 inner_user_log 成功。

```
hive> select * from inner_user_log limit 3;
OK
11738   5863    SPRITE 1 LT LEMON FLAVORED SODA 18456   2017-1-7 0:00   1.0     2.0     2.0 1
.85     52      科贾埃利 Branch Eyü p C NE      科贾埃利        Marmara 40.8533 29.8815 46736
9       Sercan KIZILOK  156     SPRITE  DRINK   CARBONATED BEVERAGE     SODA    2017-1-8 16:1
6       2017-1-8 16:17  MALE
10537   8       GRANULATED SUGAR        18105   2017-1-6 0:00   5.0     2.65    13.25   12.28
安塔利亚 Branch  lhan  RENL     安塔利亚        Akdeniz 36.8841 30.7056 131464  smet  INGIRD
RINK    TEA and COFFEE  CUBE SUGAR      2017-1-7 11:04  2017-1-7 11:05  MALE
11335   5979    FALIM GUM 5 PIECE MINT  18350   2017-1-3 0:00   1.0     0.4     0.4     0.374
0       伊斯坦布尔 Branch       smet SARTIK     伊斯坦布尔      Marmara 41.0053 28.977  65696
9       Ya  z KUBAL     300     FALIM   FOOD    GUM CANDY       CHEWING GUM     2017-1-4 14:0
0       2017-1-4 14:01  MALE
Time taken: 0.032 seconds, Fetched: 3 row(s)
hive> 
```

图 3-103　插入成功

使用 Sqoop 将数据从 Hive 导入 MySQL 时，需要首先登录 MySQL：

```
mysql -u root -p123456
```

创建数据库：

```
create database supermarket;
use supermarket;
```

创建表：

```
create table 'supermarket'.'user_log' ('id' varchar(100), 'itemcode' varchar
(100), 'itemname' varchar(100), 'ficheno' varchar(100), 'merchant_date' varchar
(100), 'amount' varchar(20), 'price' varchar(20), 'linenettotal' varchar(20),
'linenet' varchar(20), 'branchnr' varchar(20), 'branch' varchar(100), 'salesman'
varchar(100), 'city' varchar(100), 'region' varchar(100), 'latitude' varchar
(20), 'longitude' varchar(20), 'clientcode' varchar(20), 'clientname' varchar
(100), 'brandcode' varchar(100), 'brand' varchar(100), 'category_I' varchar
(100), 'category_II' varchar(100), 'category_III' varchar(100), 'startdate'
varchar(100), 'enddate' varchar(100), 'sex' varchar(20)) engine=InnoDB default
charset=utf8;
```

退出 MySQL，导入数据：

```
cd /usr/local/sqoop
bin/sqoop export --connect jdbc:mysql://localhost:3306/supermarket --username
root --password 123456 --table user_log --export-dir '/user/hive/warehouse/
supermarket.db/inner_user_log' --fields-terminated-by ',';
```

再次进入 MySQL，查看数据是否导入成功：

```
mysql -u root -p123456
use supermarket;
select count(*) from user_log;
```

考虑后续分析过程，主要进行性别与购物产品大类的关系、产品一级二级分类占比、超市城市会员人数占比等分析，只针对性别、购物产品一级分类、二级分类、城市这 4 列进行数据清洗，即将这 4 列中存在空值的行删除。

查询这四类中含有空值行的数量。图 3-104 为该四类的空值行数量查询结果。

```
select count(*) from user_log where city=' ';
select count(*) from user_log where category_I=' ';
select count(*) from user_log where category_II=' ';
select count(*) from user_log where sex=’’;
```

```
mysql> select count(*) from user_log where city='';
+----------+
| count(*) |
+----------+
|        1 |
+----------+
1 row in set (0.35 sec)

mysql> select count(*) from user_log where category_I='';
+----------+
| count(*) |
+----------+
|     7169 |
+----------+
1 row in set (0.31 sec)

mysql> select count(*) from user_log where category_II='';
+----------+
| count(*) |
+----------+
|    27660 |
+----------+
1 row in set (0.37 sec)

mysql> select count(*) from user_log where sex='';
+----------+
| count(*) |
+----------+
|    18365 |
+----------+
1 row in set (0.31 sec)

mysql>
```

图 3-104　空值行数量结果

删除空值行。图 3-105 为删除命令执行成功的结果。

```
delete from user_log where city='';
delete from user_log where category_I='';
delete from user_log where category_II='';
delete from user_log where sex='';
```

```
mysql> delete from user_log where city='';
Query OK, 1 row affected (0.60 sec)

mysql> delete from user_log where category_I='';
Query OK, 7168 rows affected (0.63 sec)

mysql> delete from user_log where category_II='';
Query OK, 20493 rows affected (0.79 sec)

mysql> delete from user_log where sex='';
Query OK, 17453 rows affected (0.98 sec)

mysql>
```

图 3-105　删除空值行执行命令

删除成功后，还有图 3-106 所示的 566 001 条数据量。

```
mysql> select count(*) from user_log;
+----------+
| count(*) |
+----------+
|   566001 |
+----------+
1 row in set (3.72 sec)
```

图 3-106　删除空值行剩余数据量

采用如下方法将当前的数据保存为 csv 格式：

```
select * from user_log into outfile '/home/hadoop/data/MarketSales_341results.
csv' fields terminated by ',' lines terminated by '\n';
```

若出现图 3-107 的报错，是因为在安装 MySQL 时限制了导入与导出的目录权限，只允许在规定的目录下才能导入。

```
mysql> select * from user_log into outfile '/home/hadoop/data/MarketSales_341results.csv' fie
lds terminated by ',' lines terminated by '\n';
ERROR 1290 (HY000): The MySQL server is running with the --secure-file-priv option so it cann
ot execute this statement
mysql>
```

图 3-107　保存数据时报错

输入以下命令查看 secure-file-priv 的值：

```
show variables like "secure-file-priv";
```

```
mysql> show variables like "secure_file_priv";
+------------------+-----------------------+
| Variable_name    | Value                 |
+------------------+-----------------------+
| secure_file_priv | /var/lib/mysql-files/ |
+------------------+-----------------------+
1 row in set (0.00 sec)
```

图 3-108　查看--secure-file-priv 值

图 3-108 中输入查看命令后，显示在安装 MySQL 时限制导入与导出的目录为/var/lib/mysql-files/。将保存的数据路径改为该目录后，可正确保存数据集。如图 3-109 所示，数据保存成功，共保存 566 001 条数据。

```
select * from user_log into outfile '/var/lib/mysql-files/MarketSales_
341results.csv' fields terminated by ',' lines terminated by '\n';
```

```
mysql> select * from user_log into outfile '/var/lib/mysql-files/MarketSales_341results.csv'
fields terminated by ',' lines terminated by '\n';
Query OK, 566001 rows affected (1.59 sec)
```

图 3-109　保存数据成功

将文件复制至 data 文件夹：

```
sudo cp /var/lib/mysql-files/MarketSales_341results.csv /home/hadoop/data/
```

修改文件权限：

```
sudo chown 777 /home/hadoop/data/MarketSales_341results.csv
```

若保存的数据没有表头,使用下面命令保存带有表头的数据:

```
select * from (select 'id','itemcode','itemname','ficheno', 'merchant_date',
'amount', 'price', 'linenettotal', 'linenet', 'branchnr', 'branch', 'salesman',
'city', ' region ', ' latitude ', ' longitude ', ' clientcode ', ' clientname ',
'brandcode', 'brand', 'category_I', 'category_II', 'category_III', 'startdate',
'enddate', 'sex' union all select id, itemcode, itemname, ficheno, merchant_date,
amount, price, linenettotal, linenet, branchnr, branch, salesman, city, region,
latitude, longitude, clientcode, clientname, brandcode, brand, category _ I,
category_II, category_III, startdate, enddate, sex from user_log)b into outfile
'/var/lib/mysql-files/MarketSales _ 341results.csv ' fields terminated by ',
'lines terminated by '\n';
```

3.4.2 基于零售交易数据的 Spark 数据处理与分析

3.4.2 代码及数据

1. PySpark 连接 MySQL 环境配置

本项目欲采用 Spark 进行数据分析,并将所得到的分析结果保存到 MySQL 中,以关系图的方式进行可视化展示。

首先将 MySQL 的驱动 jar 包放到 JAVA_HOME 目录下的 jre\lib\ext 目录下:

3.4.2(1)微课

```
cd /usr/local/hive/lib
sudo cp mysql-connector-java-5.1.40-bin.jar $JAVA_HOME/jre/
lib/ext
```

输入密码,复制完成。图 3-110 为驱动包的复制步骤。

```
hadoop@i-avjklmah:/usr/local/hive/lib$ sudo cp mysql-connector-ja
va-5.1.40-bin.jar $JAVA_HOME/jre/lib/ext
[sudo] password for hadoop:
hadoop@i-avjklmah:/usr/local/hive/lib$ 
```

图 3-110 复制驱动 jar 包到指定位置

启动 MySQL 服务,并输入密码。如图 3-111 所示,MySQL 启动成功。

```
mysql -h localhost -u root -p
```

```
hadoop@i-avjklmah:~$ mysql -h localhost -u root -p
Enter password:
Welcome to the MySQL monitor.  Commands end with ; or \g.
Your MySQL connection id is 3
Server version: 5.7.35-0ubuntu0.18.04.2 (Ubuntu)

Copyright (c) 2000, 2021, Oracle and/or its affiliates.

Oracle is a registered trademark of Oracle Corporation and/or its
affiliates. Other names may be trademarks of their respective
owners.

Type 'help;' or '\h' for help. Type '\c' to clear the current inp
ut statement.
```

图 3-111 启动 MySQL 服务

查看数据库。如图 3-112 所示，MySQL 中包含有 supermarket 的数据库。

```
show databases;
```

```
mysql> show databases;
+--------------------+
| Database           |
+--------------------+
| information_schema |
| associate          |
| dbjd               |
| dbtaobao           |
| hive               |
| mysql              |
| performance_schema |
| result             |
| supermarket        |
| sys                |
| test               |
+--------------------+
11 rows in set (0.00 sec)
```

图 3-112　查看数据库

2. 数据预处理

(1) 先将 csv 格式的数据上传至 hdfs 中。

启动 Hadoop，如图 3-113 所示，Hadoop 启动成功。

```
cd /usr/local/hadoop/
sbin/start-dfs.sh
```

```
hadoop@i-avjklmah:/usr/local/hadoop$ jps
3633 NameNode
4276 Jps
4117 SecondaryNameNode
3855 DataNode
```

图 3-113　Hadoop 成功启动相关信息

先在 HDFS 的根目录下自行创建文件夹/supermarket /dataset：

```
./bin/hdfs dfs -mkdir -p /supermarket/dataset
```

之后执行：

```
bin/hadoop fs -put ~/data/MarketSales_341results.csv /supermarket/dataset
```

/data/MarketSales_341results.csv 是/MarketSales_341results.csv 在自己本地计算机上的位置。

(2) 接着启动 Spark，使用 Python 语言对数据进行查看及清洗。

若本机未安装 numpy，需先安装 numpy 再启动 PySpark。

```
pip install numpy
cd /usr/local/spark
./bin/pyspark
```

导入所需包，如图 3-114 所示，正确导入包。

```
from pyspark.sql import SparkSession
from pyspark.sql.functions import collect_set
```

```
>>> from pyspark.sql import SparkSession
>>> from pyspark.sql.functions import collect_set
```

图 3-114　导入所需包

读取数据，图中 3-115 展示了读取数据的运行过程。

```
df= spark.read.format('com.databricks.spark.csv').options(header='true',
inferschema='true').load('/supermarket/dataset/MarketSales_341results.csv')
```

```
>>> df=spark.read.format('com.databricks.spark.csv').options(head
er='true', inferschema='true').load('/supermarket/dataset/MarketS
ales_341results.csv')
[Stage 134:>
[Stage 134:======================>
[Stage 134:=====================================================>
```

图 3-115　读取数据

打印概要，图 3-116 展示了部分概要内容。

```
df.printSchema()
```

```
>>> df.printSchema()
root
 |-- id: string (nullable = true)
 |-- itemcode: integer (nullable = true)
 |-- itemname: string (nullable = true)
 |-- ficheno: string (nullable = true)
 |-- merchant_date: string (nullable = true)
 |-- amount: string (nullable = true)
 |-- price: string (nullable = true)
 |-- linenettotal: string (nullable = true)
 |-- linenet: string (nullable = true)
 |-- branchnr: string (nullable = true)
 |-- branch: string (nullable = true)
 |-- salesman: string (nullable = true)
 |-- city: string (nullable = true)
 |-- region: string (nullable = true)
 |-- latitude: string (nullable = true)
 |-- longitude: string (nullable = true)
 |-- clientcode: string (nullable = true)
 |-- clientname: string (nullable = true)
```

图 3-116　打印概要

打印数据，图 3-117 展示了前 20 条数据的最 2 两条数据。

```
df.show()
```

默认打印前 20 条数据，且自动折叠过长的字段内容。
打印完整属性，将数据的折叠字段展开。图 3-118 展示了 2 条数据的完整字段内容。

```
df.show(truncate=False)
```

这样每个属性值都完整打印了。

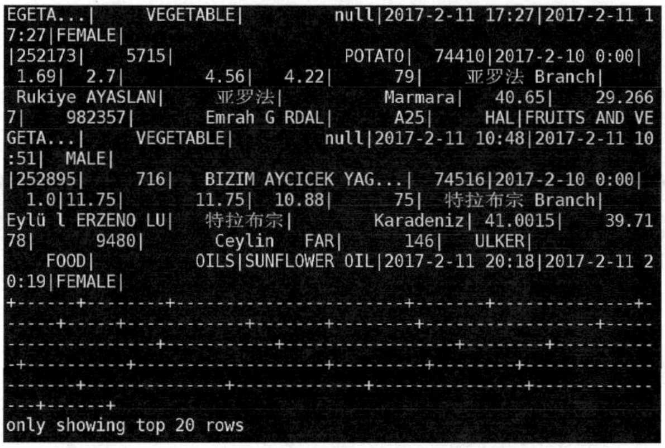

```
EGETA...|      VEGETABLE|          null|2017-2-11 17:27|2017-2-11 1
7:27|FEMALE|
|252173|    5715|                    POTATO|  74410|2017-2-10 0:00|
 1.69|  2.7|         4.56|   4.22|      79|    亚罗法 Branch|
 Rukiye AYASLAN|     亚罗法|          Marmara|   40.65|    29.266
7|    982357|         Emrah G RDAL|       A25|      HAL|FRUITS AND VE
GETA...|      VEGETABLE|          null|2017-2-11 10:48|2017-2-11 10
:51|  MALE|
|252895|      716|   BIZIM AYCICEK YAG...|  74516|2017-2-10 0:00|
  1.0|11.75|        11.75|  10.88|      75|  特拉布宗 Branch|
Eylü l ERZENO LU|    特拉布宗|        Karadeniz| 41.0015|     39.71
78|      9480|       Ceylin   FAR|       146|    ULKER|
    FOOD|           OILS|SUNFLOWER OIL|2017-2-11 20:18|2017-2-11 2
0:19|FEMALE|
+------+--------+--------------------+--------------+-
-----+-----+----------+-------+-----------+--------------+-----
--------------+----------+---------------+--------+---------
-+---------+---------------+------------+-------+-----------
-------+------------+-----------+------------+-----------
---+------+
only showing top 20 rows
```

图 3-117　部分数据

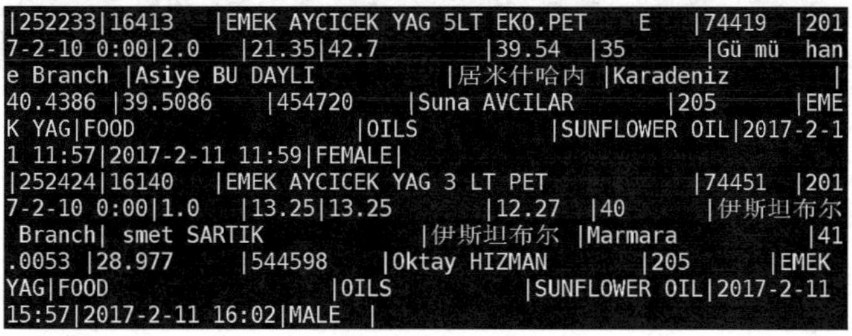

```
|252233|16413   |EMEK AYCICEK YAG 5LT EKO.PET    E   |74419  |201
7-2-10 0:00|2.0    |21.35|42.7         |39.54  |35       |Gü mü  han
e Branch |Asiye BU DAYLI          |居米什哈内 |Karadeniz         |
40.4386 |39.5086    |454720     |Suna AVCILAR         |205       |EME
K YAG|FOOD                |OILS             |SUNFLOWER OIL|2017-2-1
1 11:57|2017-2-11 11:59|FEMALE|
|252424|16140    |EMEK AYCICEK YAG 3 LT PET             |74451  |201
7-2-10 0:00|1.0    |13.25|13.25         |12.27  |40       |伊斯坦布尔
 Branch| smet SARTIK              |伊斯坦布尔 |Marmara            |41
.0053 |28.977      |544598     |Oktay HIZMAN         |205       |EMEK
YAG|FOOD                |OILS             |SUNFLOWER OIL|2017-2-11
15:57|2017-2-11 16:02|MALE   |
```

图 3-118　完整属性

查询概况如图 3-119 展示的部分数据的概况。

```
df.describe().show()
```

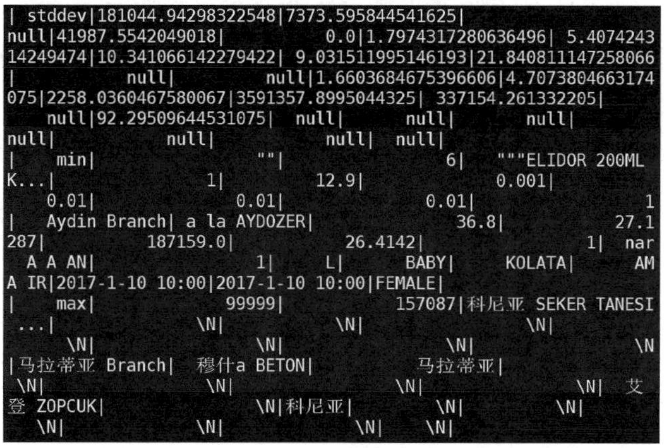

```
| stddev|181044.94298322548|7373.595844541625|
null|41987.5542049018|          0.0|1.7974317280636496| 5.4074243
14249474|10.341066142279422| 9.031511995146193|21.840811147258066
|            null|          null|1.6603684675396606|4.7073804663174
075|2258.0360467580067|3591357.8995044325| 337154.261332205|
    null|92.29509644531075|  null|       null|        null|
null|              null|            null|  null|
|    min|               ""|                6|   """ELIDOR 200ML
K...|              1|          12.9|              0.001|
    0.01|            0.01|           0.01|                    1
|   Aydin Branch|  a la AYDOZER|               36.8|          27.1
287|          187159.0|           26.4142|              1|  nar
  A A AN|              1|     L|        BABY|     KOLATA|       AM
A IR|2017-1-10 10:00|2017-1-10 10:00|FEMALE|
|    max|            99999|           157087|科尼亚 SEKER TANESI
 ...|              \N|           \N|              \N|
     \N|              \N|             \N|                    \N
|马拉蒂亚 Branch|  穆什a BETON|            马拉蒂亚|
 \N|              \N|            \N|                 \N|  艾
登 ZOPCUK|              \N|科尼亚|          \N|           \N|
  \N|              \N|          \N|    \N|
```

图 3-119　查询概况结果

本项目做关联分析，需要用到的有会员卡号 FICHENO 及商品编号 ITEMCODE，故需要先做数据清洗，将这两列为空值的数据删除。

删除没有会员卡号的数据，并统计了删除后的数据量。图 3-120 为成功删除会员卡号

为空的结果。

```
clean =df.filter(df["FICHENO"].isNotNull())
clean.count()
```

```
>>> clean = df.filter(df["FICHENO"].isNotNull())
>>> clean.count()
566001
```

图 3-120　删除无会员卡号后剩余数据量

删除没有商品编号的数据，并统计了删除后的数据量。图 3-121 为删除成功的结果。

```
clean =clean.filter(df["ITEMCODE"].isNotNull())
clean.count()
```

```
>>> clean = clean.filter(df["ITEMCODE"].isNotNull())
>>> clean.count()
566001
```

图 3-121　删除无商品编号后剩余数据量

这样数据预处理就完成了。

3. FPGrowth 关联分析

3.4.2(2)微课

关联规则挖掘最典型的例子是购物篮分析，通过分析可以知道哪些商品经常被一起购买，从而可以改进商品货架的布局。

首先回顾一下基本概念。

(1)关联规则：用于表示数据内隐含的关联性，一般用 X 表示先决条件，Y 表示关联结果。

(2) 支持度(Support)：所有项集中{X,Y}出现的可能性。

(3) 置信度(Confidence)：先决条件 X 发生的条件下，关联结果 Y 发生的概率。

本项目所用数据以 FICHENO 列进行分组，并将对应的 ITEMCODE 列合并成 list，每个 list 里元素是不重复的。

导入所需包：

```
from pyspark.sql.functions import collect_set
```

合并数据：

```
data=clean.groupBy("FICHENO").agg(collect_set("ITEMCODE")).withColumnRenamed
("collect_set(ITEMCODE)","ITEM_LIST")
```

查看数据条数。如图 3-122 所示，经过数据合并过程，总的数据量为 129961 条。

```
data.count()
```

打印前 10 条查看数据，前 10 条会员名和购买清单如图 3-123 所示。

```
data.show(10)
```

```
>>> data=clean.groupBy("FICHENO").agg(collect_set("ITEMCODE")).wi
thColumnRenamed("collect_set(ITEMCODE)","ITEM_LIST")
>>> data.count()
[Stage 13:>

129961
```

图 3-122　查看数据条数结果

```
>>> data.show(10)
[Stage 16:>
[Stage 16:=======>

+-------+--------------------+
|FICHENO|           ITEM_LIST|
+-------+--------------------+
| 100010|        [6275, 3241]|
| 100140|       [9697, 12100]|
| 100263|      [16400, 23547]|
| 100320|              [1803]|
| 100553|          [72, 3216]|
| 100704|              [2364]|
| 100735|             [15701]|
| 100768|[4444, 3326, 3988...|
| 100964|[15144, 11006, 11...|
| 101021|               [310]|
+-------+--------------------+
only showing top 10 rows
```

图 3-123　查看前 10 条数据

导入所需包：

```
from pyspark.ml.fpm import FPGrowth
```

定义模型：

```
fpGrowth =FPGrowth(itemsCol="ITEM_LIST", minSupport=0.01, minConfidence=0.1)
```

这里先设置最小支持度为 0.01，最小置信度为 0.1。

训练模型。模型的训练过程如图 3-124 所示。

```
model =fpGrowth.fit(data)
```

```
>>> model = fpGrowth.fit(data)
[Stage 18:>
[Stage 19:========================>
[Stage 19:==================================>                (
[Stage 19:==============================================>    (
[Stage 23:========================>
[Stage 23:====================================>              (
[Stage 23:==================================================> (
[Stage 24:============================>                      (
[Stage 24:===========================================>        (
```

图 3-124　训练模型执行

训练完毕。打印频繁项集，图 3-125 为前 20 项频繁项集。

```
model.freqItemsets.show()
```

打印关联规则，图 3-126 为找到的两项关联规则。

```
model.associationRules.show()
```

```
>>> model.freqItemsets.show()
[Stage 26:===============>
[Stage 26:======================>
[Stage 26:===========================>
[Stage 26:================================>
[Stage 26:======================================>
[Stage 26:============================================>
[Stage 26:==================================================>

+------------+----+
|       items|freq|
+------------+----+
|         [7]|8455|
|      [5694]|5714|
|      [5715]|5454|
|      [5701]|5284|
|         [8]|4922|
|      [5716]|4396|
|[5716, 5715]|1408|
|      [5717]|3914|
|      [5693]|3742|
|     [20885]|3684|
|      [5461]|3657|
|      [5518]|3565|
|      [5711]|3452|
|      [5362]|2798|
|      [5741]|2759|
|      [3190]|2491|
|       [263]|2436|
|      [5702]|2426|
|      [5780]|2362|
|     [21584]|2311|
+------------+----+
only showing top 20 rows
```

图 3-125　前 202 页频繁项集

```
>>> model.associationRules.show()
[Stage 37:=================>
[Stage 37:================================================>           (
[Stage 37:=====================================================>      (

+----------+----------+-------------------+-----------------+
|antecedent|consequent|         confidence|             lift|
+----------+----------+-------------------+-----------------+
|    [5715]|    [5716]|0.25815914924825817|7.632079434816397|
|    [5716]|    [5715]| 0.3202911737943585|7.632079434816396|
+----------+----------+-------------------+-----------------+
```

图 3-126　显示关联规则

看一下 5715,5716 分别代表什么。图 3-127 为查询到 5715 代表 POTATO,图 3-128 为查询到 5716 代表 SOGAN。

```
df.where("ITEMCODE =5715" ).show()
```

```
|     id|itemcode|itemname|ficheno| merchant_date|amount|price|linenetto
tal|linenet|branchnr|                         branch|          salesman|
  city|            region|latitude|longitude|clientcode|           clientn
ame|brandcode|brand|              category_I|category_II|category_III|
startdate|          enddate|    sex|
+-------+--------+--------+-------+--------------+------+-----+---------
---+-------+--------+------------------------+----------------+----------
------+----------------+---------+---------+----------+-----------------
---+---------+-----+------------------------+----------+------------+------
---------+----------------+------+
| 252602|    5715|  POTATO|  74478|2017-2-10 0:00| 1.005|  2.7|        2
.71|   2.51|       7|              安卡拉 Branch|      Adnan YAGIZ|
安卡拉|        Ic Anadolu| 39.9208|  32.8541|    547989|         Mü nevver
Y CE|      A25|  HAL|FRUITS AND VEGETA...|  VEGETABLE|          null|2017-
2-11 17:27|2017-2-11 17:27|FEMALE|
```

图 3-127　查询 ITEMCODE 为 5715 的商品名称

```
df.where("ITEMCODE =5716" ).show()
```

```
|     id|itemcode|itemname|ficheno| merchant_date|amount|price|linenetto
tal|linenet|branchnr|                 branch|          salesman|
  city|            region|latitude| longitude|clientcode|            clien
tname|brandcode|brand|            category_I|category_II|category_III|
  startdate|         enddate|   sex|
+-------+--------+--------+-------+--------------+------+-----+--------
---+-------+--------+----------------------+------------------+--------
------+---------------+--------+----------+----------  ----------
-----+--------+-----+--------------------+-----------+------------+----
-----------+----------------+------+
| 255743|    5716|   SOGAN|  75291|2017-2-10 0:00| 1.075|  0.8|       0
.86|    0.8|      41|       伊兹密尔 Branch|      Rabia KARANF L|      伊
兹密尔|             Ege| 38.4189|    27.1287|   1064553|  Muhammed Ali
BAYAT|       A25|  HAL|FRUITS AND VEGETA...|  VEGETABLE|         null|2017
-2-11 18:06|2017-2-11 18:06|  MALE|
```

图 3-128　查询 ITEMCODE 为 5716 的商品名称

5715 和 5716 分别代表洋葱和马铃薯，因此说明购买马铃薯的人有 25.8%的可能性购买洋葱，而购买洋葱的人有 31.9%的可能性购买马铃薯。

尝试不同支持度和置信度：

```
fpGrowth =FPGrowth(itemsCol="ITEM_LIST", minSupport=0.005, minConfidence=0.2)
```

这里再设置最小支持度为 0.005，最小置信度为 0.2。如图 3-129 所示，重置最小支持度为 0.005，最小置信度为 0.2。

```
>>> fpGrowth = FPGrowth(itemsCol="ITEM_LIST", minSupport=0.005, m
inConfidence=0.2)
```

图 3-129　重置支持度和置信度

重新训练模型，重新训练的过程如图 3-130 所示。

```
model =fpGrowth.fit(data)
```

```
>>> model = fpGrowth.fit(data)
[Stage 142:=========================>
[Stage 142:==================================>                    (
[Stage 142:============================================>          (

[Stage 146:========================================>              (
```

图 3-130　重新训练模型执行

显示关联规则，图 3-131 显示了当前支持度和置信度下的关联规则。

```
model.associationRules.show()
```

感兴趣的读者可以尝试不同的支持度和置信度参数，来观察分析出来的结果是否有不同关联规则。

4. 将结果保存至 MySQL

（1）将结果 dataframe 列类型 array 转换为 string。图 3-132 和图 3-133 为 consequent 转换前与转换后的数据格式类型，图 3-134 为转换后的结果。

3.4.2(3)微课

```
+----------+----------+-------------------+------------------+
|antecedent|consequent|         confidence|              lift|
+----------+----------+-------------------+------------------+
|    [5711]|    [5461]|0.23928157589803012| 8.503492722254277|
|    [5518]|    [5694]| 0.2064516129032258| 4.695599941287387|
|    [5518]|    [5461]|0.27545582047685835| 9.789038524745143|
|    [5518]|    [6261]|0.20841514726507715|13.805219650212381|
|    [6261]|    [5518]|0.37869520897043835|13.805219650212381|
|    [6261]|    [5461]|0.43577981651376146|15.486568426017215|
|    [5706]|    [5694]| 0.3875862068965517| 8.815381700119488|
|    [5696]|    [5694]|0.43609022556390975| 9.918572244401695|
|   [20885]|       [8]|0.23289902280130292| 6.149490024843586|
|    [5707]|    [5694]|  0.408418131359852|  9.28918949416481|
|    [5715]|    [5716]|0.25815914924825817| 7.632079434816397|
|    [5716]|    [5715]| 0.3202911737943585| 7.632079434816396|
|    [5741]|    [5694]|0.24610366074664733| 5.597458497426502|
|    [5693]|    [5701]|0.22020309994655266| 5.415937750218382|
|    [5461]|    [5694]|0.22149302707136997| 5.037706561291969|
|    [5461]|    [5518]| 0.2685261143013399| 9.789038524745141|
|    [5461]|    [5711]|0.22586819797648347| 8.503492722254279|
|    [5461]|    [6261]|0.23379819524200163|15.486568426017215|
+----------+----------+-------------------+------------------+
```

图 3-131　显示关联规则

```
rules=model.associationRules
rules.printSchema()
```

```
>>> rules.printSchema()
root
 |-- antecedent: array (nullable = false)
 |    |-- element: integer (containsNull = true)
 |-- consequent: array (nullable = false)
 |    |-- element: integer (containsNull = true)
 |-- confidence: double (nullable = false)
 |-- lift: double (nullable = true)
```

图 3-132　原始数据类型

```
rules1=rules.withColumn("consequent", rules["consequent"].getItem(0).cast
("string"))
rules1.printSchema()
```

```
>>> rules1.printSchema()
root
 |-- antecedent: array (nullable = false)
 |    |-- element: integer (containsNull = true)
 |-- consequent: string (nullable = true)
 |-- confidence: double (nullable = false)
 |-- lift: double (nullable = true)
```

图 3-133　consequent 数据类型转换

```
rules1.show()
```

```
+----------+----------+-------------------+------------------+
|antecedent|consequent|         confidence|              lift|
+----------+----------+-------------------+------------------+
|    [5711]|      5461|0.23928157589803012| 8.503492722254277|
|    [5518]|      5694| 0.2064516129032258| 4.695599941287387|
|    [5518]|      5461|0.27545582047685835| 9.789038524745143|
|    [5518]|      6261|0.20841514726507715|13.805219650212381|
|    [6261]|      5518|0.37869520897043835|13.805219650212381|
|    [6261]|      5461|0.43577981651376146|15.486568426017215|
|    [5706]|      5694| 0.3875862068965517| 8.815381700119488|
|    [5696]|      5694|0.43609022556390975| 9.918572244401695|
|   [20885]|         8|0.23289902280130292| 6.149490024843586|
|    [5707]|      5694|  0.408418131359852|  9.28918949416481|
|    [5715]|      5716|0.25815914924825817| 7.632079434816397|
|    [5716]|      5715| 0.3202911737943585| 7.632079434816396|
|    [5741]|      5694|0.24610366074664733| 5.597458497426502|
|    [5693]|      5701|0.22020309994655266| 5.415937750218382|
|    [5461]|      5694|0.22149302707136997| 5.037706561291969|
|    [5461]|      5518| 0.2685261143013399| 9.789038524745141|
|    [5461]|      5711|0.22586819797648347| 8.503492722254279|
|    [5461]|      6261|0.23379819524200163|15.486568426017215|
+----------+----------+-------------------+------------------+
```

图 3-134　显示类型转换结果

同理，可对 antecedent 进行数据转换。图 3-135 为 antecedent 转换后的数据格式类型。

```
rules2=rules1.withColumn("antecedent", rules["antecedent"].getItem(0).cast
("string"))
```

```
>>> rules2.printSchema()
root
 |-- antecedent: string (nullable = true)
 |-- consequent: string (nullable = true)
 |-- confidence: double (nullable = false)
 |-- lift: double (nullable = true)
```

图 3-135 antecedent 数据类型转换

(2) 将结果保存至 MySQL 如图 3-136 所示，PySpark 中将数据保存至该数据库。

```
rules2.write.format('jdbc').options(url='jdbc:mysql://localhost:3306/
supermarket?useUnicode=true&characterEncoding=utf8', useSSL="false",driver=
'com.mysql.jdbc.Driver', dbtable='rules', user='root', password='123456').
mode('append').save()
```

```
>>> rules2.write.format('jdbc').options(url='jdbc:mysql://localho
st:3306/supermarket?useUnicode=true&characterEncoding=utf8', useS
SL="false",driver='com.mysql.jdbc.Driver', dbtable='rules', user=
'root', password='123456').mode('append').save()
```

图 3-136 PySpark 分析结果保存至数据库

MySQL 中查询结果。如图 3-137～图 3-139 所示，使用 supermarket 数据库，显示该数据库中的表名，存在 rules 表，并显示 rules 表的具体内容。

```
use supermarket;
```

```
mysql> use supermarket;
Reading table information for completion of table and column name
s
You can turn off this feature to get a quicker startup with -A

Database changed
```

图 3-137 使用数据库

```
show tables;
```

```
mysql> show tables;
+----------------------+
| Tables_in_supermarket |
+----------------------+
| rules                |
| user_log             |
+----------------------+
2 rows in set (0.00 sec)
```

图 3-138 显示数据库中的表结果

```
select * from rules;
```

```
mysql> select * from rules;
+------------+------------+---------------------+----------------
----+
| antecedent | consequent | confidence          | lift
   |
+------------+------------+---------------------+----------------
----+
| 5711       | 5461       | 0.23928157589803012 |  8.503492722254
277 |
| 5518       | 5694       |  0.2064516129032258 |  4.695599941287
387 |
| 5518       | 5461       | 0.27545582047685835 |  9.789038524745
143 |
| 5706       | 5694       |  0.3875862068965517 |  8.815381700119
488 |
| 5518       | 6261       | 0.20841514726507715 | 13.805219650212
381 |
| 6261       | 5518       | 0.37869520897043835 | 13.805219650212
381 |
| 6261       | 5461       | 0.43577981651376146 | 15.486568426017
215 |
| 20885      | 8          | 0.23289902280130292 |  6.149490024843
586 |
```

图 3-139　查询关联规则

查询保存路径。如图 3-140 所示，sercure_file_priv 的值为/var/lib/mysql-files/。

```
show variables like "secure_file_priv";
```

```
mysql> show variables like "secure_file_priv";
+------------------+-----------------------+
| Variable_name    | Value                 |
+------------------+-----------------------+
| secure_file_priv | /var/lib/mysql-files/ |
+------------------+-----------------------+
1 row in set (0.00 sec)
```

图 3-140　查看--sercure_file_priv 值

将关联关系保存为 csv 格式，如图 3-141 所示，数据保存成功。

```
select * from (select 'antecedent','consequent','confidence','lift' union all
select antecedent, consequent, confidence, lift from rules)b into outfile '/var/
lib/mysql-filles/rules.csv' fields terminated by ',' lines terminated by '\n';
```

```
mysql> select * from (select 'antecedent','consequent','confidence','lift' union all select antecedent,
consequent, confidence, lift from rules)b into outfile '/var/lib/mysql-files/rules.csv' fields terminate
d by ',' lines terminated by '\n';
Query OK, 19 rows affected (0.01 sec)
```

图 3-141　保存数据成功

将文件导出至 data 文件夹：

```
sudo cp /var/lib/mysql-files/rules.csv /home/hadoop/data/
```

修改文件权限：

```
sudo chown 777 /home/hadoop/data/rules.csv
```

3.4.3 可视化展示

3.4.3 微课

本项目案例使用饼图、柱状图、气泡图和关系图对数据进行展示。其中，使用两个饼图分别展示超市各类产品的购买量与大类为饮料(DRINK)下的各个子类的购买量，使用柱状图展示男女会员在各个类下的购买量，使用气泡图展示土耳其各个省的会员个数，使用关系图展示超市商品之间的购买关系。

3.4.3 代码数据

1. 可视化程序架构

整体可视化程序结构如图3-142所示。

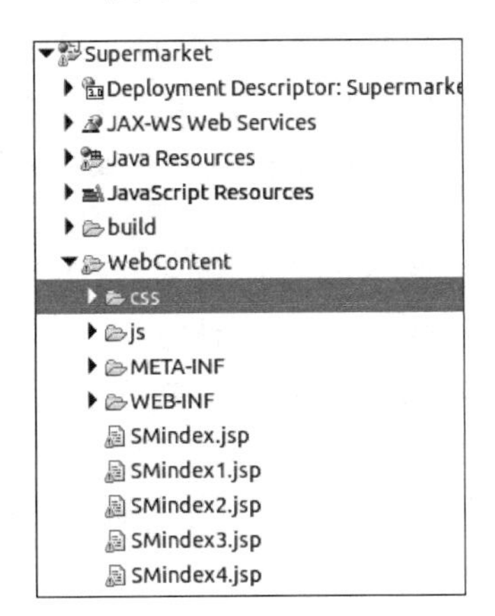

图3-142 整体可视化结构图

如图3-143所示，src目录用来存放服务端Java代码connDb.java，该代码实现Web界面与MySQL数据库的连接，并为每个页面提供数据；WebContent用来存放前端页面的文件资源与代码，这里一共包含5个jsp文件，为5个页面；css目录用来存放外部样式表文件；js目录存放JavaScript文件，包含整体页面的颜色分布，如style文件macarons.js等，以及echarts的样式和js格式的地图；lib目录存放Java与MySQL的连接库。

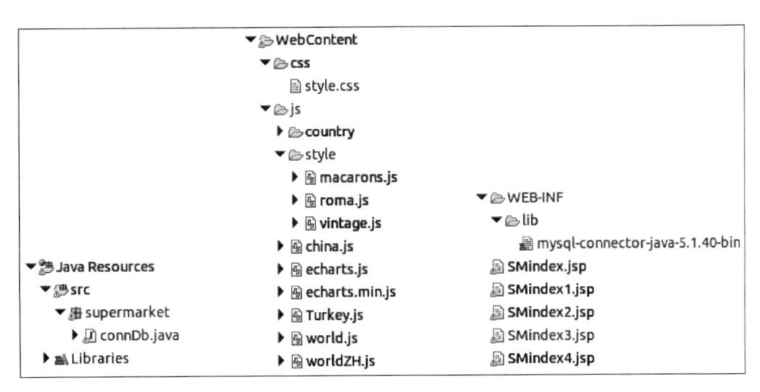

图3-143 目录src、WebContent以及WEB-INF中的内容

2. 代码详解及对应页面效果图

本项目案例采用5个独立页面，分别实现超市所有商品成交量对比的饼图、饮品成交量对比的饼图、各省会员人数的气泡图、男女购买商品对比的柱状图以及商品购买关系的关

系图。

本项目案例采用的页面结构为固定布局，均包含顶部的标题栏、左侧索引栏、主体部分的标题以及可视化图形。在本项目案例中，页面 1 为超市所有商品成交量对比饼图，页面 2 为饮品成交量对比饼图，页面 3 为各省会员人数地图，页面 4 为男女购买商品对比的柱状图，页面 5 为商品购买关系的关系图。下面分别介绍页面的设计及布局、页面数据是如何从数据库中获取的，以及 5 个页面的可视化是如何实现的。

1）页面设计及布局

Web 页面的设计在 index.jsp 文档中，包括整体的页面布局、主体结构配色、页面所需的数据等。其中，页面的布局文档 style.css 存储在 WebContent 文件夹下 css 文件下，该文件描述了页面布局中各个组块的颜色、尺寸等。可自行到对应位置去查看该文件具体内容。

页面的主体结构配色既可以使用页面布局的颜色，也可以另外引用 ECharts 中的配色。本节使用了 macarons.js、roma.js 以及 vintage.js 三个配色。若不引用具体的配色，ECharts 的默认配色是 light。

若设计的是地图形式，还需要下载对应格式（js 及 json）的地图，两种文件均可在 ECharts 中使用，本节目前使用的是 js 格式的地图。

本案例的 Web 页面设计代码主要由以下三部分构成：数据获取、页面布局引用以及 ECharts 实例内容。

页面布局中包括页面的颜色和格式、页面侧边栏以及页面主体。图 3-144～图 3-147 分别为对应部分代码的截图以及实现的页面效果截图。

```
<html>
<head>
<meta http-equiv="Content-Type" content="text/html; charset=UTF-8">
<title>ECharts supermarket</title>
<link href="./css/style.css" type='text/css' rel="stylesheet"/>
<link rel="shortcut icon" href="#"/>
<script src="./js/echarts.min.js"></script>
<script src="./js/style/macarons.js"></script>
<script src="./js/style/roma.js"></script>
<script src="./js/style/vintage.js"></script>
```

图 3-144　页面颜色及格式设置代码

```
<div class="content">
    <div class="nav">
        <ul>
            <li class="current"><a href="#">总商品品类成交量对比</a></li>
            <li><a href="./SMindex1.jsp">饮品成交量对比</a></li>
            <li><a href="./SMindex2.jsp">各省会员人数</a></li>
            <li><a href="./SMindex3.jsp">男女购买商品对比</a></li>
            <li><a href="./SMindex4.jsp">商品购买关系</a></li>

        </ul>
    </div>
```

图 3-145　页面侧边栏设计代码

```
<div class="container">
    <div class="title">超市所有商品成交量对比</div>
    <div class="show">
        <div class='chart-type'>饼图</div>
        <div id="main"></div>
    </div>
</div>
```

图 3-146　页面主体设计代码

2）数据读取

各个页面的数据由 connDb.java 和 index.jsp 两个文件来合作获取，其中 connDb.java 用于连接数据库并得到页面数据，index.jsp 用于关联 connDb.java 使每个页面取到所需数据。图 3-148 为 index.jsp 文件中关联 connDb 的 index()的代码截图。

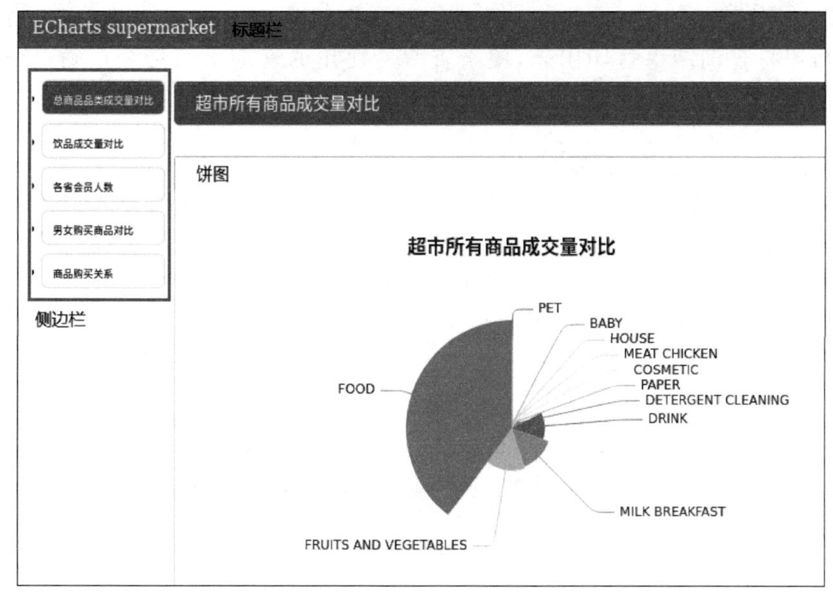

图 3-147　页面效果

```
<%@ page language="java" import="supermarket.connDb,java.util.*" contentType="text/html; charset=UTF-8"
    pageEncoding="UTF-8"%>
<%
    ArrayList<String[]> list = connDb.index();
%>
```

图 3-148　index.jsp 文件中数据获取代码

该部分代码实现了当前页面与 connDb.java 中的哪一个 index 是相关联的。下面具体介绍 connDb.java 是如何连接数据库并查询得到每个页面数据的。

（1）连接数据库。connDb.java 存放在 src 文件夹下，用于实现前端 Web 界面与 MySQL 数据库的连接。首先连接 MySQL 的数据库 supermarket，参数分别为 root 用户及登录密码 123456。图 3-149 为配置连接数据库的代码截图。

```
//连接数据库方法
public static void startConn() throws SQLException{
    try{
        Class.forName("com.mysql.jdbc.Driver");
        //连接数据库中间件
        try{
            con = DriverManager.getConnection("jdbc:MySQL://localhost:3306/supermarket","root","123456");
        }catch(SQLException e){
            e.printStackTrace();
        }
    }catch(ClassNotFoundException e){
        e.printStackTrace();
    }
}
```

图 3-149　配置连接数据库的代码截图

（2）页面 1 超市各类商品的成交量对比数据。首页展示的是超市各类商品的成交量对比。使用 index()来代表首页，用查询语句 rs＝stmt.executeQuery(“select category_I, count(*) num from user_log group by category_I”)实现数据库 supermarket 下表 user_ log 的商品一级分类 category_I 的数量统计。使用语句 System.out.println(temp[0]+":"+temp[1])可以将查询结果打印出来,便于查看所使用的查询语句是否正确。查询代码如图 3-150 所示。

```
//catagory_I ratio of supermarket data
public static ArrayList index() throws SQLException{
    ArrayList<String[]> list = new ArrayList();
    startConn();
    stmt = con.createStatement();
    rs = stmt.executeQuery("select category_I,count(*) num from user_log group by category_I");
    while(rs.next()){
        String[] temp={rs.getString("category_I"),rs.getString("num")};
        if(temp[0].length() > 2){
            System.out.println(temp[0] + " : " + temp[1]);
            list.add(temp);
        }
    }
        endConn();
    return list;
}
```

图 3-150　页面 1 查询超市各类商品成交量代码

查询结果如图 3-151 所示。

```
BABY : 6224
COSMETIC : 19768
DETERGENT CLEANING : 22048
DRINK : 71004
FOOD : 225055
FRUITS AND VEGETABLES : 87517
HOUSE : 11497
MEAT CHICKEN : 18890
MILK BREAKFAST : 83018
PAPER : 20943
PET : 31
```

图 3-151　超市各类商品成交量结果

这个结果即为页面 SMindex.jsp 所需展示的数据。

(3) 页面 2 DRINK 下的二级商品成交量数据。第二页为商品一级分类为 DRINK 的条件下二级商品的成交量分布。用 index_1()来代表第二页,使用查询语句得到对应数据。查询代码如图 3-152 所示。

```
//category_II of DRINK
public static ArrayList index_1() throws SQLException{
    ArrayList<String[]> list = new ArrayList();
    startConn();
    stmt = con.createStatement();
    rs = stmt.executeQuery("select category_II,count(*) num from user_log where category_I='DRINK' group by category_II");
    while(rs.next()){
        String[] temp={rs.getString("category_II"),rs.getString("num")};
        if(temp[0].length() > 2){
            System.out.println(temp[0] + " : " + temp[1]);
            list.add(temp);
        }
    }
    endConn();
    return list;
}
```

图 3-152　页面 2 查询 DRINK 下商品成交量代码

查询结果如图 3-153 所示。

这个结果即为页面 SMindex1.jsp 所需展示的数据。

```
CARBONATED BEVERAGE : 8953
DAILY DRINK : 2914
GASLESS DRINK : 11777
TEA and COFFEE : 30525
WATER、MINERAL WATER : 16835
```

图 3-153　DRINK 下的二级商品成交量结果

（4）页面 3 土耳其地图数据。第三页为地图，展示土耳其的各个省份、每个省份的会员人数以及每个省份的地理位置（经纬度）。用 index_2()来代表第三页，使用查询语句得到对应数据。查询代码如图 3-154 所示。

```
public static ArrayList index_2() throws SQLException{
    ArrayList<String[]> list = new ArrayList();
    startConn();
    stmt = con.createStatement();
    rs = stmt.executeQuery("select distinct city, count(distinct ficheno) num,latitude, longitude from user_log group by city,latit
    while(rs.next()){
        String[] temp={rs.getString("city"),rs.getString("num"),rs.getString("latitude"),rs.getString("longitude")};
        if(temp[1].length() > 1){
            System.out.println(temp[0] + " : " + temp[1]+" -- " +temp[2]+" -- " +temp[3]);
            list.add(temp);
        }
    }
    endConn();
    return list;
}
```

图 3-154　页面 3 查询土耳其各个省份的会员人数代码

查询结果如图 3-155 所示。

```
乌萨克 : 592 -- 38.6823 -- 29.4082
乔鲁姆 : 888 -- 40.5506 -- 34.9556
亚罗法 : 374 -- 40.65 -- 29.2667
代尼兹利 : 1641 -- 37.7765 -- 29.0864
伊兹密尔 : 6828 -- 38.4189 -- 27.1287
伊斯坦布尔 : 24058 -- 41.0053 -- 28.977
伊斯帕尔塔 : 738 -- 37.7648 -- 30.5566
伊迪尔 : 305 -- 39.888 -- 44.0048
克勒克卡莱 : 460 -- 39.8468 -- 33.5153
克尔谢希尔 : 401 -- 39.1425 -- 34.1709
内夫谢希尔 : 465 -- 38.6939 -- 34.6857
凡城 : 1792 -- 38.4891 -- 43.4089
加济安泰普 : 3191 -- 37.0662 -- 37.3833
博卢 : 491 -- 40.576 -- 31.5788
卡尔斯 : 435 -- 40.6167 -- 43.1
卡拉曼 : 390 -- 37.1759 -- 33.2287
卡拉比克 : 365 -- 41.2061 -- 32.6204
卡斯塔莫努 : 560 -- 41.3887 -- 33.7827
卡赫拉曼马拉什 : 1753 -- 37.5858 -- 36.9371
吉雷松 : 685 -- 40.9128 -- 38.3895
巴尔腾 : 300 -- 41.5811 -- 32.461
巴特曼 : 936 -- 37.8812 -- 41.1351
布尔杜尔 : 438 -- 37.4613 -- 30.0665
布尔萨 : 4688 -- 40.2669 -- 29.0634
开塞利 : 2157 -- 38.7312 -- 35.4787
恰纳卡莱 : 799 -- 40.1553 -- 26.4142
托卡特 : 994 -- 40.3167 -- 36.55
昌克勒 : 326 -- 40.6013 -- 33.6134
柯克拉雷利 : 577 -- 41.7333 -- 27.2167
梅尔辛 : 2715 -- 36.8 -- 34.6333
比特利斯 : 562 -- 38.3938 -- 42.1232
比莱吉克 : 345 -- 40.0567 -- 30.0665
泰基尔达 : 1590 -- 40.9833 -- 27.5167
特拉布宗 : 1195 -- 41.0015 -- 39.7178
科尼亚 : 3441 -- 37.8667 -- 32.4833
科贾埃利 : 2972 -- 40.8533 -- 29.8815
穆什 : 638 -- 38.9462 -- 41.7539
穆拉 : 1430 -- 37.2153 -- 28.3636
约兹加特 : 641 -- 39.8181 -- 34.8147
艾登 : 1711 -- 37.856 -- 27.8416
哈卡里 : 458 -- 37.5833 -- 43.7333
哈塔伊 : 2482 -- 36.4018 -- 36.3498
埃尔津詹 : 386 -- 39.75 -- 39.5
埃尔祖鲁姆 : 1231 -- 39.9 -- 41.27
埃拉泽 : 882 -- 38.681 -- 39.2264
埃斯基谢希尔 : 1297 -- 39.7767 -- 30.5206
埃迪尔内 : 614 -- 41.6818 -- 26.5623
基利斯 : 243 -- 36.7184 -- 37.1212
奥尔杜 : 1144 -- 40.9839 -- 37.8764
奥斯曼尼菲 : 826 -- 37.213 -- 36.1763
安卡拉 : 8592 -- 39.9208 -- 32.8541
安塔利亚 : 3670 -- 36.8841 -- 30.7056
宗古尔达克 : 3060 -- 41.4564 -- 31.7987
宾格尔 : 440 -- 39.0626 -- 40.7696
尚利乌尔法 : 3109 -- 37.1591 -- 38.7969
尼代 : 537 -- 37.9667 -- 34.6833
居米什哈内 : 264 -- 40.4386 -- 39.5086
屈塔希亚 : 894 -- 39.4167 -- 29.9833
巴伊布尔特 : 114 -- 40.2552 -- 40.2249
巴勒克埃西尔 : 1916 -- 39.6484 -- 27.8826
萨卡里亚 : 1548 -- 40.694 -- 30.4358
萨姆松 : 2075 -- 41.2928 -- 36.3313
迪亚巴克尔  : 2681 -- 37.9144 -- 40.2306
迪兹杰 : 546 -- 40.8438 -- 31.1565
通杰利 : 131 -- 39.3074 -- 39.4388
里泽 : 533 -- 41.0201 -- 40.5234
锡尔特 : 475 -- 37.9333 -- 41.95
锡尔纳克 : 801 -- 37.4187 -- 42.4918
锡瓦斯 : 923 -- 39.7477 -- 37.0179
锡诺普 : 333 -- 42.0231 -- 35.1531
阿克萨赖 : 668 -- 38.3687 -- 34.037
阿勒 : 835 -- 39.6269 -- 4.3021596E7
阿尔特温 : 278 -- 41.1828 -- 41.8183
阿尔达罕 : 167 -- 41.1105 -- 42.7022
阿德亚曼 : 909 -- 37.7648 -- 38.2786
阿菲永卡拉希萨尔 : 1138 -- 38.7507 -- 30.5567
阿达纳 : 3558 -- 37.0 -- 35.3213
阿马西亚 : 560 -- 40.6499 -- 35.8353
马尔丁 : 1246 -- 37.3212 -- 40.7245
马尼萨 : 2229 -- 38.6191 -- 27.4289
马拉蒂亚 : 1299 -- 38.3552 -- 38.3095
```

图 3-155　土耳其各个省份的会员人数、纬度与经度结果

该结果是 SMindex2.jsp 界面的数据来源。

(5) 页面 4 男女会员的购买量数据。第四页为一级分类商品的男女会员购买量对比柱状图。用 index_3()来代表第四页,使用查询语句得到对应数据。查询代码如图 3-156 所示。

```
public static ArrayList index_3() throws SQLException{
    ArrayList<String[]> list = new ArrayList();
    startConn();
    stmt = con.createStatement();
    rs = stmt.executeQuery("select sex,category_I,count(*) num from user_log group by sex,category_I");
        while(rs.next()){
        String[] temp={rs.getString("sex"),rs.getString("category_I"),rs.getString("num")};
        System.out.println(temp[0] + " : " + temp[1]+" -- " +temp[2]);
        list.add(temp);
    }
    endConn();
    return list;
}
```

图 3-156　页面 4 查询一级分类商品的男女会员购买量代码

查询结果如图 3-157 所示。

```
FEMALE : BABY -- 3330
FEMALE : COSMETIC -- 10463
FEMALE : DETERGENT CLEANING -- 11601
FEMALE : DRINK -- 37459
FEMALE : FOOD -- 117941
FEMALE : FRUITS AND VEGETABLES -- 45947
FEMALE : HOUSE -- 6068
FEMALE : MEAT CHICKEN -- 10153
FEMALE : MILK BREAKFAST -- 43614
FEMALE : PAPER -- 11136
FEMALE : PET -- 16
MALE : BABY -- 2894
MALE : COSMETIC -- 9305
MALE : DETERGENT CLEANING -- 10447
MALE : DRINK -- 33545
MALE : FOOD -- 107114
MALE : FRUITS AND VEGETABLES -- 41570
MALE : HOUSE -- 5429
MALE : MEAT CHICKEN -- 8737
MALE : MILK BREAKFAST -- 39404
MALE : PAPER -- 9807
MALE : PET -- 15
```

图 3-157　男女会员在商品一级分类的购买量结果

这个结果即为页面 SMindex3.jsp 所需展示的数据。

(6) 页面 5 商品购买关系数据。第五页为商品购买关系图。该关系图使用数据库 supermarket 中的表 rules 体现商品购买关系,使用表 user_log 对应表 rules 中的商品名,用 index_4()代表第五页的商品购买关系,用 index_5()代表 rules 中的商品名,使用查询语句得到对应数据。查询代码如图 3-158 和图 3-159 所示。

```
public static ArrayList index_4() throws SQLException{
    ArrayList<String[]> list = new ArrayList();
    startConn();
    stmt = con.createStatement();
    rs = stmt.executeQuery(" select antecedent,consequent,confidence from rules group by antecedent,consequent,confidence");
        while(rs.next()){
        String[] temp={rs.getString("antecedent"),rs.getString("consequent"),rs.getString("confidence")};
        System.out.println(temp[0] + " : " + temp[1]+" -- " +temp[2]);
        list.add(temp);
    }
    endConn();
    return list;
}
```

图 3-158　页面 5 查询商品购买关系代码

```
public static ArrayList index_5() throws SQLException{
    ArrayList<String[]> list = new ArrayList();
    startConn();
    stmt = con.createStatement();
    rs = stmt.executeQuery(" select distinct itemcode, itemname from user_log, rules where itemcode=antecedent or itemcode =consequ
        while(rs.next()){
        String[] temp={rs.getString("itemcode"),rs.getString("itemname")};
        System.out.println(temp[0] + " : " + temp[1]);
        list.add(temp);
    }
    endConn();
    return list;
}
```

图 3-159　页面 5 查询表 rules 中商品名称代码

查询结果如图 3-160 所示。

```
20885 : 8 -- 0.232899
5461 : 5518 -- 0.268526
5461 : 5694 -- 0.221493
5461 : 5711 -- 0.225868        5741 : YERLI BADEM
5461 : 6261 -- 0.233798        5461 : CURLY
5518 : 5461 -- 0.275456        5696 : CUCUMBER
5518 : 5694 -- 0.206452        6261 : SCALLION
5518 : 6261 -- 0.208415        5694 : TOMATOES
5693 : 5701 -- 0.220203        5706 : BLACK PEPPER
5696 : 5694 -- 0.43609         5518 : PARSLEY
5706 : 5694 -- 0.387586        5715 : POTATO
5707 : 5694 -- 0.408418        5701 : PORTAKAL
5711 : 5461 -- 0.239282        5693 : MUZ
5715 : 5716 -- 0.258159        5707 : CARLISTON
5716 : 5715 -- 0.320291        5716 : SOGAN
5741 : 5694 -- 0.246104        5711 : CARROT
6261 : 5461 -- 0.43578         20885 : OSMANCIK PIRINC KG.
6261 : 5518 -- 0.378695        8 : GRANULATED SUGAR
```

图 3-160　商品购买关系结果及商品代码对应名称

connDb.java 实现了 MySQL 数据库的连接，并为指定页面提供对应数据。connDb.java 完整代码如下。

```
package supermarket;
import java.sql.*;
import java.util.ArrayList;
public class connDb {
    private static Connection con =null;
    private static Statement stmt =null;
    private static ResultSet rs =null;
    //连接数据库
    public static void startConn() throws SQLException{
        try{
            Class.forName("com.mysql.jdbc.Driver");
            //连接数据库中间件
            try{
                con =DriverManager.getConnection("jdbc:MySQL://localhost:3306/
                supermarket","root","123456");
            }catch(SQLException e){
               e.printStackTrace();
            }
```

```
        }catch(ClassNotFoundException e){
            e.printStackTrace();
        }
    }
    //关闭连接数据库
    public static void endConn() throws SQLException{
        if(con !=null){
            con.close();
            con =null;
        }
        if(rs !=null){
            rs.close();
            rs =null;
        }
        if(stmt !=null){
            stmt.close();
            stmt =null;
        }
    }
    //category_I ratio of supermarket data
    public static ArrayList index() throws SQLException{
        ArrayList<String[]>list =new ArrayList();
        startConn();
        stmt =con.createStatement();
        rs = stmt.executeQuery("select category_I,count(*) num from user_log
group by category_I");
        while(rs.next()){
            String[] temp={rs.getString("category_I"),rs.getString("num")};
            if(temp[0].length() >2){
                System.out.println(temp[0] +" : " +temp[1]);
                list.add(temp);
            }
        }
        endConn();
        return list;
    }
    //category_II of DRINK
    public static ArrayList index_1() throws SQLException{
        ArrayList<String[]>list =new ArrayList();
        startConn();
        stmt =con.createStatement();
        rs = stmt.executeQuery("select category_II,count(*) num from user_log
where category_I='DRINK' group by category_II");
        while(rs.next()){
            String[] temp={rs.getString("category_II"),rs.getString("num")};
            if(temp[0].length() >2){
                System.out.println(temp[0] +" : " +temp[1]);
                list.add(temp);
```

```
            }
        }
        endConn();
        return list;
    }
    public static ArrayList index_2() throws SQLException{
        ArrayList<String[]>list =new ArrayList();
        startConn();
        stmt =con.createStatement();
        rs = stmt.executeQuery("select distinct city, count(distinct ficheno)
num,latitude, longitude from user_log group by city,latitude,longitude");
        while(rs.next()){
            String[] temp = {rs.getString("city"), rs.getString("num"), rs.
getString("latitude"),rs.getString("longitude")};
            if(temp[1].length() >1){
                System.out.println(temp[0] +" : " +temp[1]+" --" +temp[2]+" --" +
temp[3]);
                list.add(temp);
            }
        }
        endConn();
        return list;
    }
    public static ArrayList index_3() throws SQLException{
        ArrayList<String[]>list =new ArrayList();
        startConn();
        stmt =con.createStatement();
        rs =stmt.executeQuery("select sex,category_I,count(*) num from user_log
group by sex,category_I");
        while(rs.next()){
            String[] temp={rs.getString("sex"),rs.getString("category_I"),rs.
getString("num")};
            System.out.println(temp[0] +" : " +temp[1]+" --" +temp[2]);
            list.add(temp);
        }
        endConn();
        return list;
    }
    public static ArrayList index_4() throws SQLException{
        ArrayList<String[]>list =new ArrayList();
        startConn();
        stmt =con.createStatement();
        rs = stmt.executeQuery(" select antecedent,consequent,confidence from
rules group by antecedent,consequent,confidence");
        while(rs.next()){
            String[] temp={rs.getString("antecedent"),rs.getString("consequent"),rs.
getString("confidence")};
            System.out.println(temp[0] +" : " +temp[1]+" --" +temp[2]);
```

```
            list.add(temp);
        }
        endConn();
        return list;
    }
    public static ArrayList index_5() throws SQLException{
        ArrayList<String[]>list =new ArrayList();
        startConn();
        stmt =con.createStatement();
        rs = stmt.executeQuery(" select distinct itemcode, itemname from user_
log, rules where itemcode=antecedent or itemcode =consequent");
        while(rs.next()){
          String[] temp={rs.getString("itemcode"),rs.getString("itemname")};
          System.out.println(temp[0] +" : " +temp[1]);
          list.add(temp);
        }
        endConn();
        return list;
    }
}
```

3）可视化页面设计

ECharts 实例部分根据具体所要实现的可视化形式进行编写。下面分别详细介绍 5 个页面的 ECharts 实例部分。

（1）页面 1 超市所有商品成交量对比——饼图。

该页面实现了超市所有商品一级分类的成交量对比图，用饼图来展示，鼠标指到具体的某一分类时可以显示当前具体的商品一级分类名称和对应的交易量。如图 3-161 所示，图中用不同颜色展示了超市的一级商品分类，共 11 个分类，其中 DRINK 分类的成交数量为 71 004，占总交易量的 12.54%。

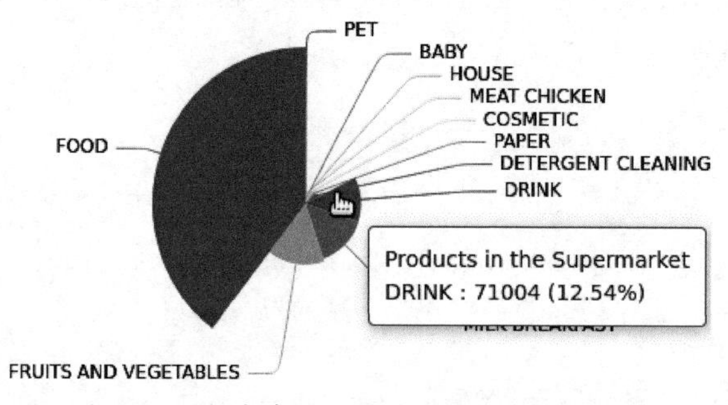

图 3-161　超市商品一级分类成交量对比饼图

该页面 SMindex.jsp 的完整代码如下：

```
<%@page language="java" import="supermarket.connDb,java.util.*" contentType=
"text/html; charset=UTF-8"
```

```
    pageEncoding="UTF-8"%>
<%
  ArrayList<String[]>list =connDb.index();
%>
<html>
<head>
<meta http-equiv="Content-Type" content="text/html; charset=UTF-8">
<title>ECharts supermarket</title>
<link href="./css/style.css" type='text/css' rel="stylesheet"/>
<link rel="shortcut icon" href="#"/>
<script src="./js/echarts.min.js"></script>
<script src="./js/style/macarons.js"></script>
<script src="./js/style/roma.js"></script>
<script src="./js/style/vintage.js"></script>
</head>
<body>
  <div class='header'>
        <p>ECharts supermarket</p>
    </div>
    <div class="content">
        <div class="nav">
            <ul>
                <li class="current"><a href="#">总商品品类成交量对比</a></li>
                <li><a href="./SMindex1.jsp">饮品成交量对比</a></li>
                <li><a href="./SMindex2.jsp">各省会员人数</a></li>
                <li><a href="./SMindex3.jsp">男女购买商品对比</a></li>
                 <li><a href="./SMindex4.jsp">商品购买关系</a></li>
            </ul>
        </div>
        <div class="container">
            <div class="title">超市所有商品成交量对比</div>
            <div class="show">
                <div class='chart-type'>饼图</div>
                <div id="main"></div>
            </div>
        </div>
    </div>
<script>
//基于准备好的 dom,初始化 echarts 实例
var myChart =echarts.init(document.getElementById('main'),'light');
// 指定图表的配置项和数据
var option ={
    title: {
        text: '超市所有商品成交量对比',
        left: 'center',
        top: 20,
        textStyle: {
            //color: '#ccc'
        }
    },
    tooltip : {
```

```
            trigger: 'item',
            formatter: "{a} <br/>{b} : {c} ({d}%)"
        },
        visualMap: {
            show: false,
            min: 80,
            max: 600
        },
        series : [
            {
                name:'Products in the Supermarket',
                type:'pie',
                radius : '50%',
                center: ['50%', '50%'],
                data:[
                  {value:<%=list.get(0)[1]%>, name:'<%=list.get(0)[0]%>'},
                  {value:<%=list.get(1)[1]%>, name:'<%=list.get(1)[0]%>'},
                  {value:<%=list.get(2)[1]%>, name:'<%=list.get(2)[0]%>'},
                  {value:<%=list.get(3)[1]%>, name:'<%=list.get(3)[0]%>'},
                  {value:<%=list.get(4)[1]%>, name:'<%=list.get(4)[0]%>'},
                  {value:<%=list.get(5)[1]%>, name:'<%=list.get(5)[0]%>'},
                  {value:<%=list.get(6)[1]%>, name:'<%=list.get(6)[0]%>'},
                  {value:<%=list.get(7)[1]%>, name:'<%=list.get(7)[0]%>'},
                  {value:<%=list.get(8)[1]%>, name:'<%=list.get(8)[0]%>'},
                  {value:<%=list.get(9)[1]%>, name:'<%=list.get(9)[0]%>'},
                  {value:<%=list.get(10)[1]%>, name:'<%=list.get(10)[0]%>'},
                ].sort(function (a, b) { return a.value -b.value}),
                roseType: 'angle',
                labelLine: {
                  normal: {
                    smooth: 0.2,
                    length: 10,
                    length2: 20
                  }
                },
                itemStyle: {
                  borderRadius:11,
                  normal: {
                    //color: '#c23531',
                    //shadowBlur: 200,
                    //shadowColor: 'rgba(0, 0, 0, 0.5)'
                  }
                },
                animationType: 'scale',
                animationEasing: 'elasticOut',
                animationDelay: function (idx) {
                  return Math.random() * 200;
                }
              }
            ]
    };
```

```
// 使用刚指定的配置项和数据显示图表。
option && myChart.setOption(option);
</script>
</body>
</html>
```

该代码的实现效果如图 3-162 所示。

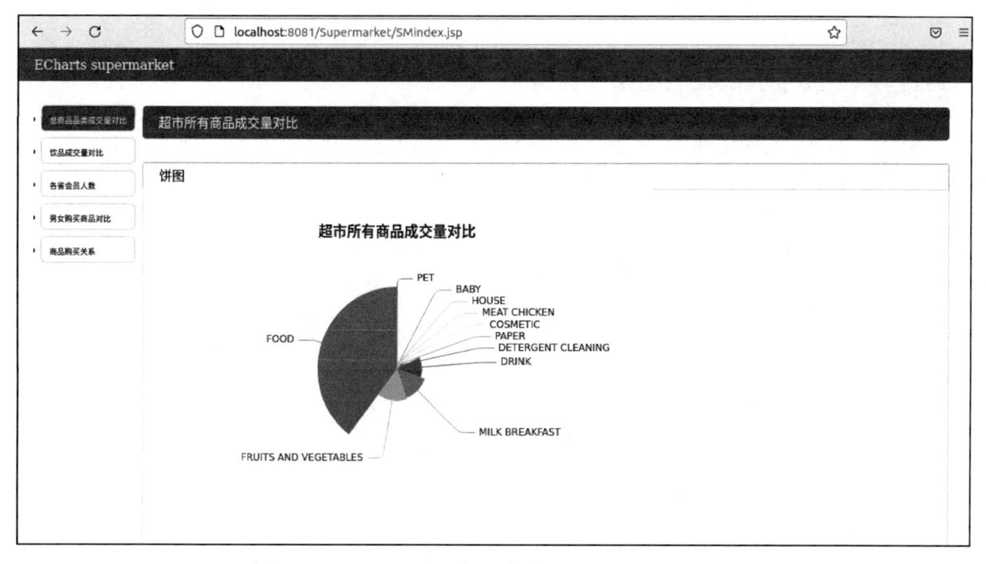

图 3-162 页面 1 超市所有商品成交量对比效果

(2) 页面 2 超市饮品成交量对比——饼图。

该页面实现了在 DRINK 分类下的二级分类的成交量对比图,用饼图来展示,光标指到具体的某一分类时可以显示当前具体的商品二级分类名称和对应交易量。如图 3-163 所示,图中用不同颜色展示了 DRINK 下的二级商品分类,共 5 个分类,其中 GASLESS DRINK 分类的成交数量为 11 777,占总交易量的 16.59%。

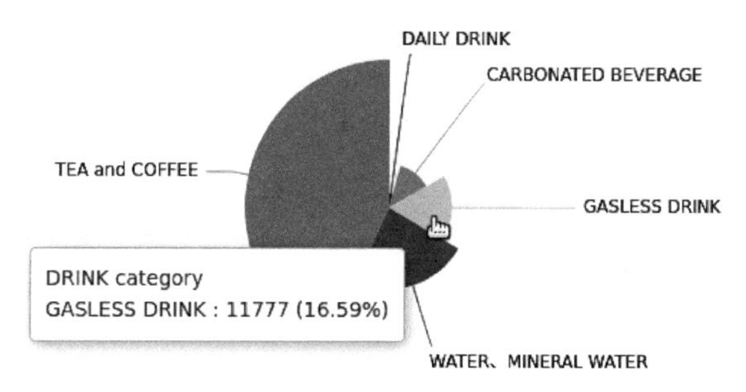

图 3-163 DRINK 的二级分类成交量对比饼图

该页面 SMindex1.jsp 的完整代码如下:

```
<%@page language="java" import="supermarket.connDb,java.util.*" contentType=
"text/html; charset=UTF-8"
```

```
    pageEncoding="UTF-8"%>
<%
    ArrayList<String[]>list =connDb.index_1();
%>
  <!DOCTYPE html PUBLIC "-//W3C//DTD HTML 4.01 Transitional//EN" "http://www.w3.
org/TR/html4/loose.dtd">
<html>
<head>
<meta http-equiv="Content-Type" content="text/html; charset=UTF-8">
<title>ECharts supermarket</title>
<link rel="shortcut icon" href="#"/>
<link href="./css/style.css" type='text/css' rel="stylesheet"/>
<script src="./js/echarts.js"></script>
<script src="./js/echarts.min.js"></script>
<script src="./js/style/macarons.js"></script>
<script src="./js/style/roma.js"></script>
<script src="./js/style/vintage.js"></script>
</head>
<body>
    <div class='header'>
        <p>ECharts supermarket</p>
    </div>
    <div class="content">
        <div class="nav">
            <ul>
                <li><a href="./SMindex.jsp">总商品品类成交量对比</a></li>
                <li class="current"><a href="#">饮品成交量对比</a></li>
                <li><a href="./SMindex2.jsp">各省会员人数</a></li>
                <li><a href="./SMindex3.jsp">男女购买商品对比</a></li>
                <li><a href="./SMindex4.jsp">商品购买关系</a></li>
            </ul>
        </div>
        <div class="container">
            <div class="title">饮品成交量对比</div>
            <div class="show">
                <div class='chart-type'>饼图</div>
                <div id="main"></div>
            </div>
        </div>
    </div>
<script>
//基于准备好的dom,初始化 echarts 实例
var myChart =echarts.init(document.getElementById('main'));
// 指定图表的配置项和数据
var option ={
    //backgroundColor: '#2c343c',
    title: {
        text: '饮品成交量对比',
        left: 'center',
        top: 20,
        textStyle: {
```

```
            //color: '#ccc'
        }
    },
    tooltip : {
        trigger: 'item',
        formatter: "{a} <br/>{b} : {c} ({d}%)"
    },
    visualMap: {
        show: false,
        min: 80,
        max: 600,
        inRange: {
            //colorLightness: [0, 1]
        }
    },
    series : [
        {
            name:'DRINK category',
            type:'pie',
            radius : '50%',
            center: ['50%', '50%'],
            data:[
             {value:<%=list.get(0)[1]%>, name:'<%=list.get(0)[0]%>'},
             {value:<%=list.get(1)[1]%>, name:'<%=list.get(1)[0]%>'},
             {value:<%=list.get(2)[1]%>, name:'<%=list.get(2)[0]%>'},
             {value:<%=list.get(3)[1]%>, name:'<%=list.get(3)[0]%>'},
             {value:<%=list.get(4)[1]%>, name:'<%=list.get(4)[0]%>'},
            ].sort(function (a, b) { return a.value -b.value}),
            roseType: 'angle',
            label: {
                normal: {
                  textStyle: {
                      //color: 'rgba(255, 255, 255, 0.3)'
                  }
                }
            },
            labelLine: {
                normal: {
                    lineStyle: {
                        //color: 'rgba(255, 255, 255, 0.3)'
                    },
                    smooth: 0.2,
                    length: 10,
                    length2: 20
                }
            },
            itemStyle: {
                borderRadius:11,
                normal: {
                    //color: '#c23531',
                    //shadowBlur: 200,
```

```
                    //shadowColor: 'rgba(0, 0, 0, 0.5)'
                }
            },
            animationType: 'scale',
            animationEasing: 'elasticOut',
            animationDelay: function (idx) {
             return Math.random() * 200;
            }
        }
    ]
};
// 使用刚指定的配置项和数据显示图表。
option && myChart.setOption(option);
</script>
</body>
</html>
```

该代码的实现效果图如图 3-164 所示。

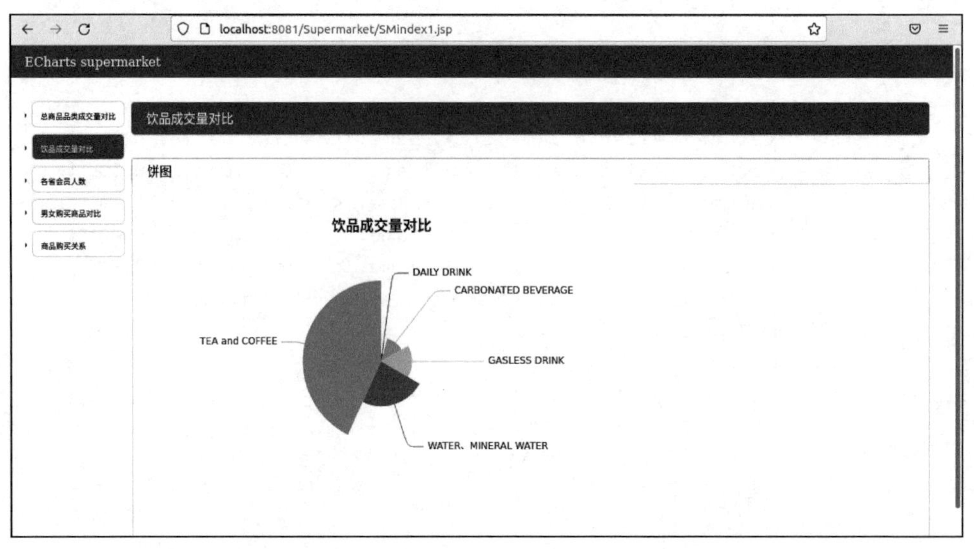

图 3-164　页面 2 饮品成交量对比效果图

(3) 页面 3 各省会员人数——气泡图。

该页面实现了在坐标轴上以气泡形式显示各个省份的会员人数，光标指到具体的某一气泡时可以显示当前气泡点所对应的省份名称以及会员人数。如图 3-165 所示，图中的各个气泡根据其对应省份的地理位置分布在坐标轴上，气泡越大说明会员人数越多，反之越少。图 3-165 中安卡拉这个省的会员人数为 8 592，气泡大，而马尔丁的会员人数为 1 246，气泡很小。

本页面实现的是气泡图，各个气泡对应的数据是从 MySQL 中获得的，该数据包含省份名称、省份的地理位置以及该省份的会员人数。该数据的格式为{name：名称，value：[纵坐标，横坐标，数值]}。具体使用方式如图 3-166 所示。

从 MySQL 中获得格式为 list 的数据分别为 list.get(i)[0]省份名称、list.get(i)[3]经

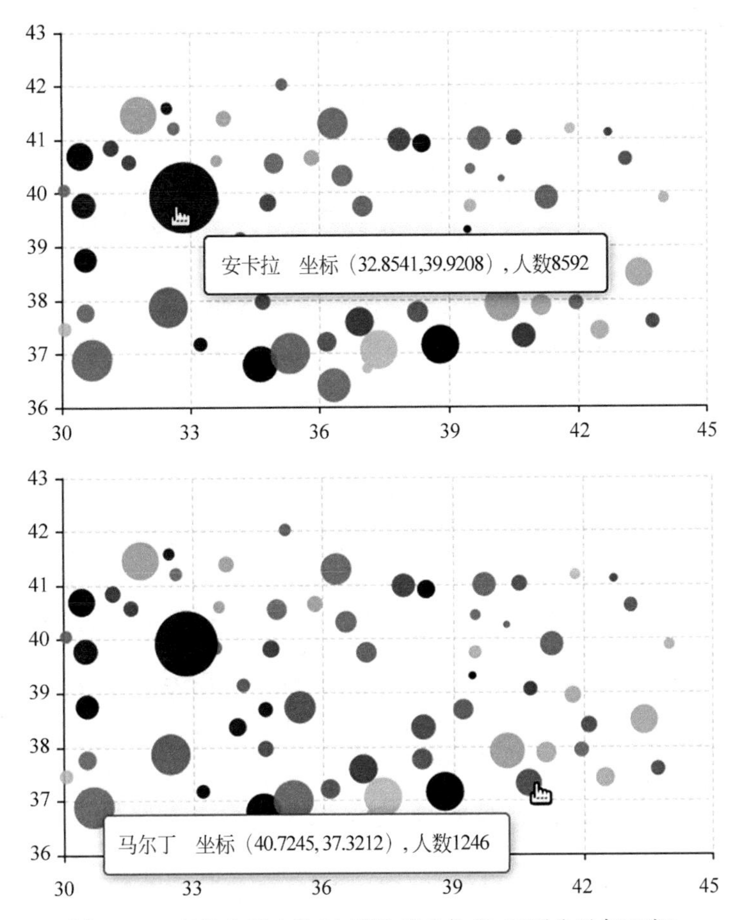

图 3-165　各省会员人数(上图为安卡拉省,下图为马尔丁省)

```
myData.push({
    name: '<%=list.get(i)[0]%>',
    value:[<%=list.get(i)[3]%>, <%=list.get(i)[2]%> ,'<%=list.get(i)[1]%>']
    }
    )
```

图 3-166　输入数据代码

度、list.get(i)[2]纬度以及 list.get(i)[1]会员人数。

该页面 SMindex2.jsp 的完整代码如下。

```
<%@page language="java" import="supermarket.connDb,java.util.*" contentType=
"text/html; charset=UTF-8"
  pageEncoding="UTF-8"%>
<%
ArrayList<String[]>list =connDb.index_2();
%>
<html>
<head>
<meta http-equiv="Content-Type" content="text/html; charset=UTF-8">
<title>ECharts supermarket</title>
```

```
<link href="./css/style.css" type='text/css' rel="stylesheet"/>
<link rel="shortcut icon" href="#"/>
<script src="./js/echarts.min.js"></script>
<script src="./js/style/macarons.js"></script>
<script src="./js/style/roma.js"></script>
<script src="./js/style/vintage.js"></script>
<script src="./js/Turkey.js"></script>
</head>
<body>
  <div class='header'>
      <p>ECharts supermarket</p>
  </div>
  <div class="content">
      <div class="nav">
        <ul>
          <li><a href="./SMindex.jsp">总商品品类成交量对比</a></li>
          <li><a href="./SMindex1.jsp">饮品成交量对比</a></li>
          <li class="current"><a href="#">各省会员人数</a></li>
          <li><a href="./SMindex3.jsp">男女购买商品对比</a></li>
          <li><a href="./SMindex4.jsp">商品购买关系</a></li>
        </ul>
      </div>
      <div class="container">
        <div class="title">各省会员人数</div>
        <div class="show">
          <div class='chart-type'></div>
          <div id="main"></div>
        </div>
      </div>
  </div>
<script>
//基于准备好的 dom,初始化 echarts 实例
var dom =document.getElementById("main");
var myChart =echarts.init(dom,'light');
var myData =[]
<%
    for(int i=0; i<list.size(); i++){
%>
myData.push(
  {
      name: '<%=list.get(i)[0]%>',
      value:[<%=list.get(i)[3]%>, <%=list.get(i)[2]%>,'<%=list.get(i)[1]%>']
  }
)
<%} %>
console.log(myData)
var option={
    title:{
```

```
            text:'各省会员人数'
        },
        xAxis:{
            splitLine:{
              lineStyle:{
                type:'dashed'
              }
            },
            min:30,
            max:45
        },
        yAxis:{
            splitLine:{
              lineStyle:{
                type:'dashed'
              }
            },
            scale:true
        },
        tooltip : {
            trigger: 'item',
            axisPointer : {                    // 坐标轴指示器,坐标轴触发有效
              axis: 'auto',
                type : 'shadow'                // 默认为直线,可选为:'line' | 'shadow'
            },
            formatter : function(params){
              return params.name +" "+"坐标("+params.value[0]+"," +params.value
[1]+"),人数 " +params.value[2];
            }
        },
        series:[
            {
              name:'会员人数',
              type:'scatter',
              //coordinateSystem:'geo',
              itemStyle:{
                normal:{
                  opacity:0.9,
                  color:function(params){
                    var colorList=[
                        '#C1232B','#B5C334','#FCCE10','#E87C25','#27727B',
                        '#FE8463','#9BCA63','#FAD860','#F3A43B','#60C0DD',
                        '#D7504B','#C6E579','#F4E001','#F0805A','#26C0C0',
                        '#C1232B','#B5C334','#FCCE10','#E87C25','#27727B',
                        '#FE8463','#9BCA63','#FAD860','#F3A43B','#60C0DD',
                        '#D7504B','#C6E579','#F4E001','#F0805A','#26C0C0',
                        '#C1232B','#B5C334','#FCCE10','#E87C25','#27727B',
                        '#FE8463','#9BCA63','#FAD860','#F3A43B','#60C0DD',
                        '#D7504B','#C6E579','#F4E001','#F0805A','#26C0C0',
                        '#C1232B','#B5C334','#FCCE10','#E87C25','#27727B',
                        '#FE8463','#9BCA63','#FAD860','#F3A43B','#60C0DD',
                        '#D7504B','#C6E579','#F4E001','#F0805A','#26C0C0',
                        '#C1232B','#B5C334','#FCCE10','#E87C25','#27727B',
                        '#FE8463','#9BCA63','#FAD860','#F3A43B','#60C0DD',
```

```
                    '#D7504B','#C6E579','#F4E001','#F0805A','#26C0C0',
                    '#C1232B','#B5C334','#FCCE10','#E87C25','#27727B',
                    '#FE8463','#9BCA63','#FAD860','#F3A43B','#60C0DD',
                    '#D7504B','#C6E579','#F4E001','#F0805A','#26C0C0',
                  ];
                  return colorList[params.dataIndex]
                }
              }
            },
            data:myData,
            symbolSize:function(val){
              return Math.sqrt(val[2])/2;
            },
            encode:{
              value:2,
            },
          }
        ]
    }
    myChart.setOption(option);
    </script>
    </body>
    </html>
```

该代码的实现效果如图 3-167 所示。

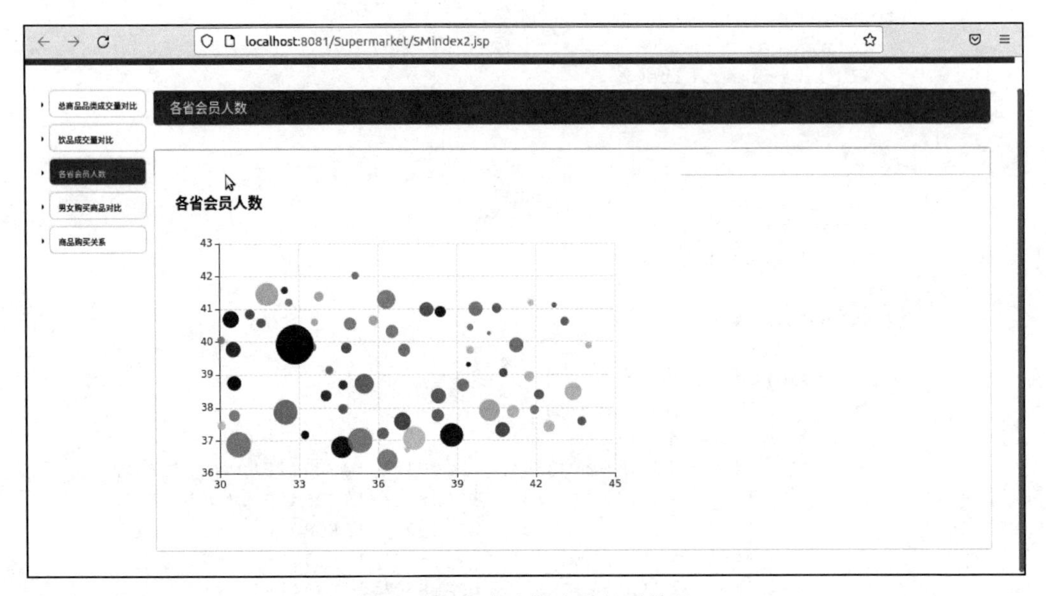

图 3-167　各省会员人员显示效果

(4) 页面 4 男女购买商品比例——柱状图。

该页面汇总了男女在 11 大类的一级商品分类下的购买量，并通过柱状图实现。在图 3-168 中，深色柱状表示女性购买的每一大类商品的交易量，浅色柱状表示男性购买每一大类商品的交易量，光标指针指到具体的某一个柱状图时可以显示当前所指示的是哪一种商品以及对应的男女会员购买量。

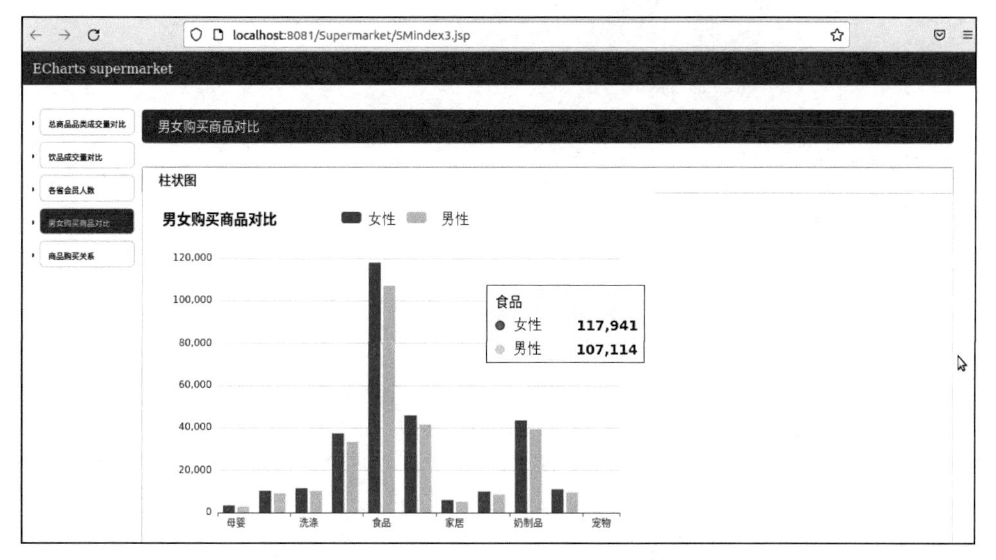

图 3-168　男性与女性购买食品交易量柱状图

本页面实现的是双柱状图，柱状图的数据是从 MySQL 中获得格式为 list 的数据之后分为 data[0]与 data[1]。list 的数据包含三个部分，分别为性别、商品分类和数量，通过判断 list 中的第 0 列是女性还是男性来为 data[0]和 data[1]输入数量数据。这里用 data[0]表示女性购买各类商品的交易量，data[1]表示男性购买各类商品的交易量。具体的实现代码如图 3-169 所示。

```
const data = [];
data[0] = [];
data[1] = [];
<%
    for(String[] a:list){
        if(a[0].equals("FEMALE")){
            %>
            data[0].push("<%=a[2]%>");
            <%
        }else if(a[0].equals("MALE")){
            %>
            data[1].push("<%=a[2]%>");
            <%
        }
    }
%>
```

图 3-169　页面数据获取实现代码

该页面 SMindex3.jsp 的完整代码如下：

```
<%@page language="java" import="supermarket.connDb,java.util.*" contentType=
"text/html; charset=UTF-8"
    pageEncoding="UTF-8"%>
<%
ArrayList<String[]>list =connDb.index_3();
%>
<html>
```

```
<head>
<meta http-equiv="Content-Type" content="text/html; charset=UTF-8">
<title>ECharts supermarket</title>
<link href="./css/style.css" type='text/css' rel="stylesheet"/>
<link rel="shortcut icon" href="#"/>
<script src="./js/echarts.js"></script>
<script src="./js/echarts.min.js"></script>
<script src="./js/style/macarons.js"></script>
<script src="./js/style/roma.js"></script>
<script src="./js/style/vintage.js"></script>
</head>
<body>
  <div class='header'>
        <p>ECharts supermarket</p>
    </div>
    <div class="content">
        <div class="nav">
            <ul>
                <li><a href="./SMindex.jsp">总商品品类成交量对比</a></li>
                <li><a href="./SMindex1.jsp">饮品成交量对比</a></li>
                <li><a href="./SMindex2.jsp">各省会员人数</a></li>
                <li class="current"><a href="#">男女购买商品对比</a></li>
                <li><a href="./SMindex4.jsp">商品购买关系</a></li>
            </ul>
        </div>
        <div class="container">
            <div class="title">男女购买商品对比</div>
            <div class="show">
                <div class='chart-type'>柱状图</div>
                <div id="main"></div>
            </div>
        </div>
    </div>
<script>
//基于准备好的 dom,初始化 echarts 实例
var myChart =echarts.init(document.getElementById('main'),'light');
// 指定图表的配置项和数据
const data =[];
data[0] =[];
data[1] =[];
<%
  for(String[] a:list){
    if(a[0].equals("FEMALE")){
        %>
        data[0].push("<%=a[2]%>");
        <%
    }else if(a[0].equals("MALE")){
        %>
```

```
            data[1].push("<%=a[2]%>");
            <%
        }
    }
%>
var option ={
    title:{
        text:'男女购买商品对比',
    },
    //color: ['#C6E579','#27727B'],
        tooltip : {
            trigger: 'axis',
            axisPointer : {                 // 坐标轴指示器,坐标轴触发有效
                type : 'shadow'             // 默认为直线,可选为: 'line' | 'shadow'
            }
        },
     grid: {
         left: '3%',
         right: '4%',
         bottom: '3%',
         containLabel: true
     },
     legend:{top:-2,
         data:['female','male']},
     xAxis :
         {
             type : 'category',
              data : ['母婴','化妆品','洗涤','饮料','食品','蔬果','家居','肉类','奶制
              品','纸类','宠物']
         } ,
     yAxis :
         {
              type : 'value',
              boundaryGap: [0, 0.01]
         } ,
     series : [
         {
              name:'female',
              type:'bar',
              data:data[0]
         },
         {
              name:'male',
              type:'bar',
               // data:[2894, 9305, 10447, 33545, 107114, 41570, 5429, 8737, 39404, 9807,
               15],
              data:data[1]
         }
```

```
    ]
};
// 使用刚指定的配置项和数据显示图表。
option && myChart.setOption(option);
</script>
</body>
</html>
```

该代码的实现效果图如图 3-170 所示。

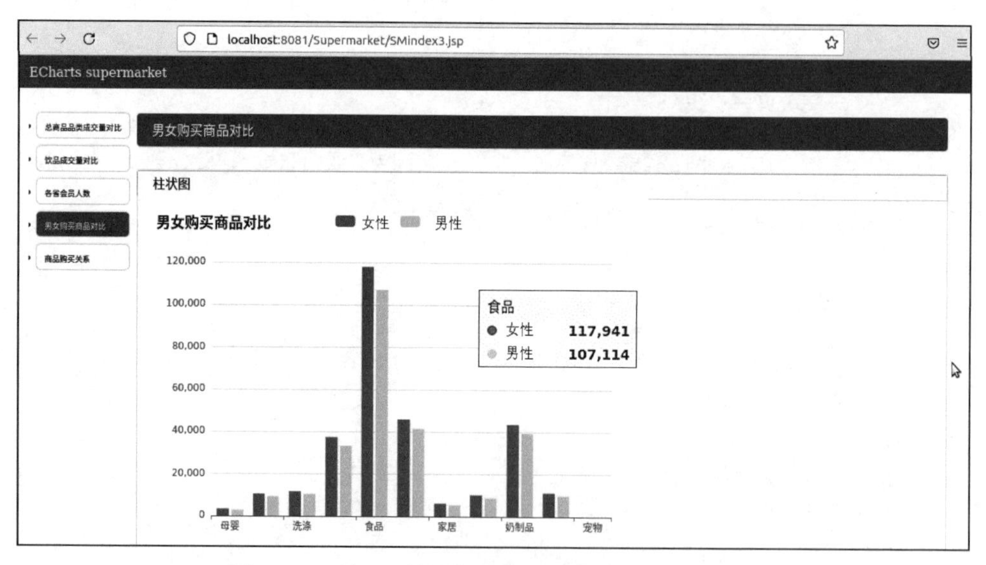

图 3-170　页面 4 男性与女性购买商品对比双柱状图

(5) 页面 5 商品购买关系——关系图。

该页面将通过 Spark 数据分析得到的商品购买关系进行可视化展示，在 3.4.2 节中，得到了如图 3-171 所示的商品购买关系图，即购买了商品 5711 时，有 23.93%的概率去购买商品 5461，购买 5518 时，有 20.64%的概率去购买 5694 等，将这类的对应关系以散点图和连

antecedent	consequent	confidence	lift
[5711]	5461	0.23928157589803012	8.503492722254277
[5518]	5694	0.2064516129032258	4.695599941287387
[5518]	5461	0.27545582047685835	9.789038524745143
[5518]	6261	0.20841514726507715	13.805219650212381
[6261]	5518	0.37869520897043835	13.805219650212381
[6261]	5461	0.43577981651376146	15.486568426017215
[5706]	5694	0.3875862068965517	8.815381700119488
[5696]	5694	0.43609022556390975	9.918572244401695
[20885]	8	0.23289902280130292	6.149490024843586
[5707]	5694	0.408418131359852	9.28918949416481
[5715]	5716	0.25815914924825817	7.632079434816397
[5716]	5715	0.3202911737943585	7.632079434816396
[5741]	5694	0.24610366074664733	5.597458497426502
[5693]	5701	0.22020309994655266	5.415937750218382
[5461]	5694	0.22149302707136997	5.037706561291969
[5461]	5518	0.2685261143013399	9.789038524745141
[5461]	5711	0.22586819797648347	8.503492722254279
[5461]	6261	0.23379819524200163	15.486568426017215

图 3-171　FP Growth 算法挖掘的关联规则

线的方式进行可视化展示。为便于看到清晰的商品购买关系，本节查询了 user_log 表中的对应字段，并将对应的商品名称显示在可视化界面中。

该页面以散点代表商品名称，以弧线表示商品之间的关联购买关系，并通过弧线的粗细体现关联购买关系的强弱，即更粗的弧线表示关联购买的可能性更大。鼠标指针指到具体的弧线时能够显示关联购买关系，如图 3-172 所示，CARROT＞CURLY 表示购买了 CARROT 之后还有可能购买 CURLY。

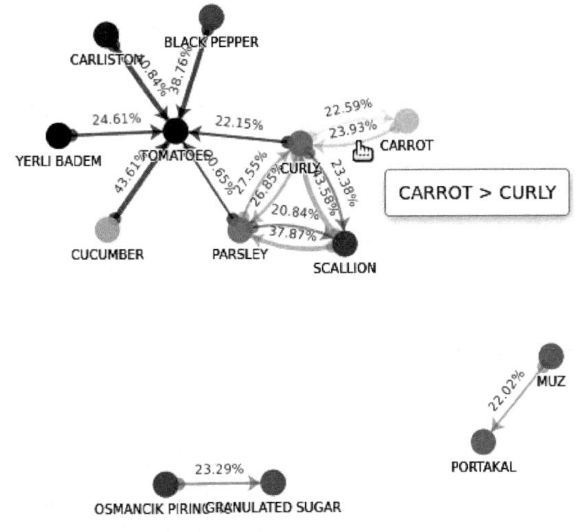

图 3-172　商品购买关系图

本页面实现的是关系图，关系图的数据是从 MySQL 中获得的，该数据包含两个 list，其中 list 表示商品关系，list2 表示对应商品名称。关系图的展示包含节点与连接线两个部分。其中，节点 node 需要给出节点名称，并为该节点打上标号，具体格式为：{name:'节点名称', id :'节点编号'}。连接线的格式需要给出 source 节点、target 节点以及 relation，具体格式为：{source:'source 节点 id', target:'target 节点 id',relation:{name:'连接线名称'}}，若想根据关系设计不同粗细的弧线，需再加上 lineStyle:{width:'粗细程度'}。部分输入的数据如图 3-173 所示。

```
nodes.push({
    name: '<%=list2.get(i)[1]%>',
    id: '<%=list2.get(i)[0]%>' ,
    symbolSize: 20,
    symbol:'circle',})
```

```
links.push({
    source: '<%=list.get(i)[0]%>',
    target: '<%=list.get(i)[1]%>',
    lineStyle:{ width: '<%=temp2%>'},
    relation: {name: '<%=temp%>'}})
```

图 3-173　关系图的部分设置(左为 nodes 格式，右为 links 格式)

该页面 SMindex4.jsp 的完整代码如下：

```
<%@page language="java" import="supermarket.connDb,java.util.*" contentType=
"text/html; charset=UTF-8"
    pageEncoding="UTF-8"%>
   <%ArrayList<String[]>list =connDb.index_4();
   ArrayList<String[]>list2 =connDb.index_5();
   %>
```

```
<html>
<head>
<meta http-equiv="Content-Type" content="text/html; charset=UTF-8">
<title>ECharts supermarket</title>
<link href="./css/style.css" type='text/css' rel="stylesheet"/>
<link rel="shortcut icon" href="#"/>
<script src="./js/echarts.js"></script>
<script src="./js/echarts.min.js"></script>
<script src="./js/style/macarons.js"></script>
<script src="./js/style/roma.js"></script>
<script src="./js/style/vintage.js"></script>
</head>
<body>
  <div class='header'>
        <p>ECharts supermarket</p>
    </div>
    <div class="content">
        <div class="nav">
            <ul>
               <li><a href="./SMindex.jsp">总商品品类成交量对比</a></li>
               <li><a href="./SMindex1.jsp">饮品成交量对比</a></li>
               <li><a href="./SMindex2.jsp">各省会员人数</a></li>
               <li><a href="./SMindex3.jsp">男女购买商品对比</a></li>
               <li class="current"><a href="#">商品购买关系</a></li>
            </ul>
        </div>
        <div class="container">
            <div class="title">超市商品购买关系</div>
            <div class="show">
               <div class='chart-type'></div>
               <div id="main" style="width:700px;height:500px"></div>
            </div>
        </div>
    </div>
<script>
var supermarketContainer=document.getElementById('main');
//基于准备好的 dom,初始化 echarts 实例
var myChart =echarts.init(supermarketContainer);
// 指定图表的配置项和数据
<%ArrayList list11 =new ArrayList();
  for(int i =0;i<list.size();i++){
    list11.add(list.get(i)[0]);
    list11.add(list.get(i)[1]);
  }
  System.out.println(list11);
  LinkedHashSet<Integer>hashSet =new LinkedHashSet(list11);
    ArrayList<Integer>list1 =new ArrayList(hashSet);
    //System.out.println(list1);
```

```
%>
var nodes =[];
<%
  for(int i =0; i<list1.size(); i++){
%>
nodes.push({
  name: '<%=list2.get(i)[1]%>',
  id: '<%=list2.get(i)[0]%>' ,
  symbolSize: 20,
  symbol:'circle',})
<%
  }
%>
console.log(nodes)
  var links =[];
<%
for(int i =0; i<list.size(); i++){
  String temp =list.get(i)[2];
  double temp1 =Double.parseDouble(temp);
  double temp2 =temp1 * 10;
  temp1 =temp1 * 100;
  temp =String.format("%.2f", temp1).toString()+"%";
  //System.out.println(temp);
%>
links.push({
  source: '<%=list.get(i)[0]%>',
  target: '<%=list.get(i)[1]%>',
  lineStyle:{ width: '<%=temp2%>'},
  relation: {name: '<%=temp%>'}})
<%
}
%>
console.log(links)
var option ={
    title: {
        text: '超市商品购买关系图',
        left: 'left',
        //top: 20,
        textStyle: {
          //color: '#ccc'
        }
    },
    tooltip : {
        trigger: 'item'
        //formatter: "{a} <br/>{b} : {c} ({d}%)"
    },
    visualMap: {
        show: false,
```

```
        min: 80,
        max: 600,
        inRange: {
            //colorLightness: [0, 1]
        }
    },
    grid:{
      containLable:true
    },
    series : [
     {
        type: 'graph',
        layout:'force',
        nodes: nodes,
        links: links,
        force:{
            repulsion:100,
            gravity:0.03,
            edgeLength:80,
            layoutAnimation:false
        },
        itemStyle:{
           normal:{
               opacity:0.9,
               color:function(params){
                 var colorList=[
                     '#C1232B','#B5C334','#FCCE10','#E87C25','#27727B',
                     '#FE8463','#9BCA63','#FAD860','#F3A43B','#60C0DD',
                     '#D7504B','#C6E579','#F4E001','#F0805A','#26C0C0',
                 ];
                 return colorList[params.dataIndex]
             }
         }
    },
     lineStyle:{
       normal:{
         show:true,
         color:'target',
         width:5
       }
     },
     label: {
         show: true,
         position: "bottom",
         distance: 5,
         fontSize: 10,
         align: "center",
     },
```

```
        autoCurveness: 0.01,                    //多条边时,自动计算曲率
        edgeLabel: {                            //边的设置
            show: true,
            position: "middle",
            fontSize: 10,
            formatter: (params) =>{
                return params.data.relation.name;
            },
        },
        edgeSymbol: ["circle", "arrow"],         //边起止点形状
    }
  ]
};
// 使用刚指定的配置项和数据显示图表
option && myChart.setOption(option);
//}
</script>
</body>
</html>
```

该代码的实现效果图如图 3-174 所示。

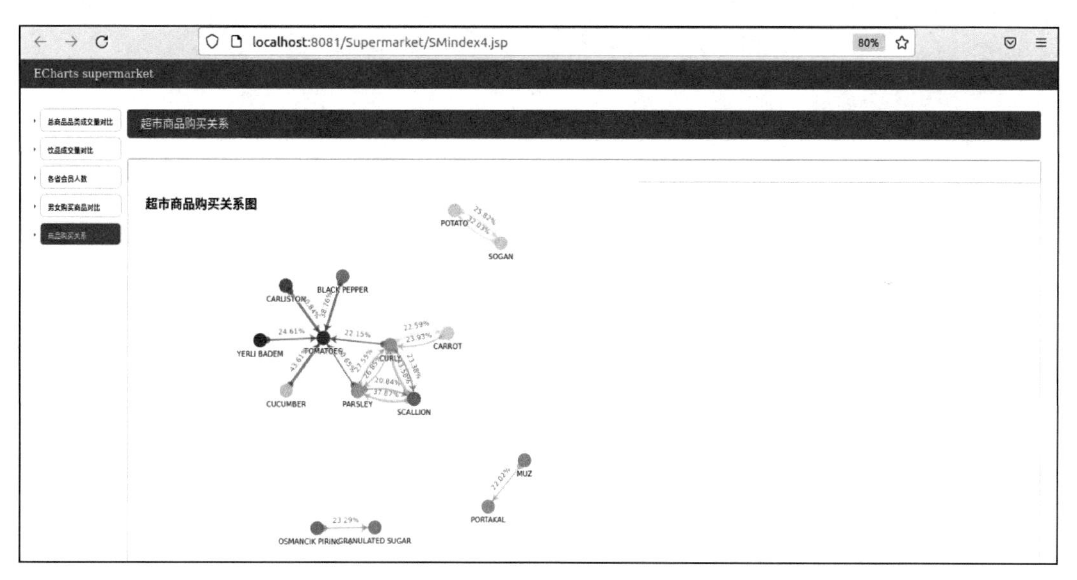

图 3-174　页面 5 超市商品购买关系效果

注意：若 jsp 无错误但网页不显示相应的可视化效果时，可能由于 echarts.min.js 没有存储相应的可视化模块，读者可自行从 Echarts 官网下载定制所需可视化模块。

3.5 项目小结

本章综合实践项目通过对商场零售交易数据进行统计及关联分析，模拟商场、商店、超市等零售商家的大数据生产过程，采用 Hive 搭建企业的数据仓库，采用 MySQL 为 Hive 的

元数据库；采用 Sqoop 为 Hive 和 MySQL 之间的数据传输工具；采用 Spark 进行零售数据中的用户购买行为的关联分析，对数据里隐含的潜在价值进行挖掘；利用 ECharts 进行数据可视化，从而达到经营分析、客户购买行为关联分析、特色客户群划分等目的。

3.6 项目拓展训练

3.6 拓展训练数据及答案

（1）设置最小置信度为 0.1，最小支持度为 0.001，训练新的关联规则模型。

（2）根据（1）得到的关联关系，预测随机 100 位顾客的商品购买情况。

第 4 章

基于 Elasticsearch＋Logstash＋Kibana＋Filebeat 的日志收集分析及可视化

4.1 项目概述

4.1 微课

随着计算机技术的发展，各行业企业的业务应用得到了极大的丰富，为用户提供了便捷的服务方式和流畅的服务体验。大量的业务应用产生了海量的日志数据，导致业务应用运维面临巨大挑战。例如常见的网约车应用，单日订单数量可达上亿条，日志数据类型多样，如用户业务方面会产生交易日志、评价日志、投诉日志等；运营业务方面会产生工作日志、用户日志、账单日志等；支持业务方面则会产生安全日志、系统日志等。当系统发生故障，或者业务出现异常时，运维工程师需要登录日志所在的服务器，使用 vim、sed、grep 等工具查看日志文件发现故障原因。在没有日志收集、分析、可视化工具的情况下，日志的查找，问题的分析、定位是一个非常烦琐的工作，尤其是目前业务应用采用虚拟机或容器的分布式部署方式，运维管理员需要深入每一个虚拟机和容器中，进行日志查找、日志分析与日志诊断等操作，其难度与工作量可想而知。

为解决这些问题，业界提供了一些成熟产品和解决方案，像简单的 Syslog-ng、Rsyslog，商业化的 Splunk，开源的 Scribe、Fluent，目前使用热度最高的是 ELKF 的组合。ELKF 是 Elasticsearch、Logstash、Kibana 和 Filebeat 四个组件的首字母简称，提供了分布式的实时日志搜集功能和分析功能，为运维人员提供数据查找、服务诊断、数据分析的一站式日志收集、查找、分析解决方案。

1. 项目简介

本项目介绍了 Elasticsearch、Kibana、Kafka、Logstash 和 Filebeat 的安装部署和使用，利用 Python 编程模拟网约车平台的日志数据，使用 Filebeat 收集日志数据，通过 Kafka 将日志数据流转到 Logstash 中进行初步的数据过滤和清洗，然后利用 Elasticsearch 存储过滤后的日志数据，并使用 Kibana 对日志数据从平台约车评价、地域约车、用户群体和网约车平台数字化运营等不同角度进行数据分析，实现了日志的统一收集、过滤、分析、展示的过程。

本章适合初学者学习搭建 ELKF 架构和工作流程，也适合运维工程师通过本章方法的学习，解决生产环境中日志管理的问题。

2. 项目适用对象

(1) 高校(高职)教师；

(2) 高校(高职)学生；

(3) 大数据入门从业者；

(4) 运维工程师。

3. 项目时间安排

本项目案例可作为大数据相关专业学生的大数据实践基础案例，建议16课时完成本项目案例。

4. 项目环境要求

本项目案例对系统环境的要求，需使用两个节点，假设读者部署环境数据分析节点node01-176的IP地址为192.168.136.176，数据收集节点node02-181的IP地址为192.168.136.181，如表4-1所示。

表4-1 项目实验环境

主机名	操作系统	IP地址	软件版本	硬件配置
node01-176	Ubuntu18.04	192.168.136.176	Elasticsearch=6.5.4 Kibana=6.5.4 Logstash=6.5.4 Zookeeper=3.4.13 Kafka=2.11	虚拟机：8CPU、8GB内存
node02-181	Ubuntu18.04	192.168.136.181	Filebeat=6.5.5	虚拟机：8CPU、8GB内存

5. 项目架构及流程

本项目构建基于Filebeat的ELKF日志分析系统，Elasticsearch为搜索引擎，Logstash为日志收集系统，Kibana为可视化平台，系统架构如图4-1所示。

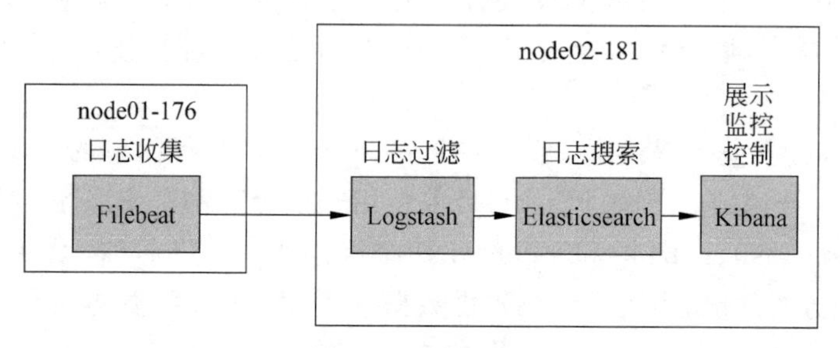

图4-1 系统架构

通常日志处理包括收集、存储、查询、展示几个阶段，项目中引入Filebeat作为ELKF Stack的新组件，读取需要采集的日志数据，将原数据实时发送到Logstash进行解析，或将数据发送至Elasticsearch进行集中式存储与解析。该过程与组件Logstash(收集)、Elasticsearch(存储+搜索)、Kibana(展示)相对应，这三个组件结合使用的技术称为ELKF Stack。

4.2 项目环境部署

基于Filebeat、Elasticsearch、Logstash和Kibana安装包进行部署，实现日志收集、日志搜索、日志分析及可视化功能。

4.2.1 Elasticsearch 安装

将 Elasticsearch 安装到 node01-176 节点，在 node01-176 上进行如下配置。

1. 配置 Elastic 源

请读者自行下载 Elasticsearch 公共 GPG 密钥 GPG-KEY-elasticsearch 并导入 APT。将 Elastic 的 6.x 源列表添加到 sources.list.d 目录。更新包列表，以便 APT 读取新的 Elastic 源。

```
sudo apt update
```

2. 安装 Java 环境

安装 Elasticsearch 前需要先安装 Java 环境。

（1）安装 Java：

```
sudo apt-get -y install openjdk-8-jdk
```

（2）配置环境变量：

```
echo 'export JAVA_HOME=/usr/lib/jvm/java-8-openjdk-amd64
export JRE_HOME=$JAVA_HOME/jre
export CLASSPATH=$JAVA_HOME/lib:$JRE_HOME/lib:$CLASSPATH
export PATH=$JAVA_HOME/bin:$JRE_HOME/bin:$PATH' >>~/.bashrc
```

（3）使配置生效：

```
sudo source ~/.bashrc
```

（4）查看 Java 是否安装成功，如图 4-2 所示。

```
jave -version
```

```
root@root:~# java -version
openjdk version "1.8.0_292"
OpenJDK Runtime Environment (build 1.8.0_292-8u292-b10-0ubuntu1~18.04-b10)
OpenJDK 64-Bit Server VM (build 25.292-b10, mixed mode)
```

图 4-2　Java 版本

正常返回 Java 版本信息，成功安装了 Java8。

3. 安装 Elasticsearch

（1）下载并安装 Elasticsearch：

```
sudo apt-get -y install elasticsearch=6.5.4
```

（2）绑定节点 IP：

```
echo 'network.host: 192.168.136.176' >>/etc/elasticsearch/elasticsearch.yml
```

（3）启动 Elasticsearch 并设为开机自启动模式：

```
sudo systemctl start elasticsearch
sudo systemctl enable elasticsearch
```

4. 验证 Elasticsearch 服务

验证 Elasticsearch 服务,如图 4-3 所示。

```
curl -X GET "192.168.136.176:9200"
```

```
root@root:/etc/elasticsearch# curl -X GET "192.168.136.180:9200"
{
  "name" : "FKzVsGT",
  "cluster_name" : "elasticsearch",
  "cluster_uuid" : "4YOxRQ9WSkiCdw5PkYK1Lw",
  "version" : {
    "number" : "6.5.4",
    "build_flavor" : "default",
    "build_type" : "deb",
    "build_hash" : "d2ef93d",
    "build_date" : "2018-12-17T21:17:40.758843Z",
    "build_snapshot" : false,
    "lucene_version" : "7.5.0",
    "minimum_wire_compatibility_version" : "5.6.0",
    "minimum_index_compatibility_version" : "5.0.0"
  },
  "tagline" : "You Know, for Search"
}
```

图 4-3 验证 Elasticsearch 服务

返回 Elasticsearch 的相关信息即为安装成功。

4.2.2 Logstash 安装

将 Logstash 安装到 node01-176,在 node01-176 上进行如下配置。

1. 下载安装 Logstash

```
sudo apt install logstash=1:6.4.0-1
```

2. 测试 Logstash

测试如图 4-4 所示。

```
/usr/share/logstash/bin/logstash -e 'input { stdin {} } output { stdout {} }'
```

```
root@root:~# /usr/share/logstash/bin/logstash -e 'input { stdin {} } output { stdout {} }'
WARNING: Could not find logstash.yml which is typically located in $LS_HOME/config or /etc/logstash. You can specify the path using --path.settings. Continuing using the d
efaults
Could not find log4j2 configuration at path /usr/share/logstash/config/log4j2.properties. Using default config which logs errors to the console
[WARN ] 2021-12-17 02:52:05.985 [LogStash::Runner] multilocal - Ignoring the 'pipelines.yml' file because modules or command line options are specified
[INFO ] 2021-12-17 02:52:06.424 [LogStash::Runner] runner - Starting Logstash {"logstash.version"=>"6.4.0"}
[INFO ] 2021-12-17 02:52:07.802 [Converge PipelineAction::Create<main>] pipeline - Starting pipeline {:pipeline_id=>"main", "pipeline.workers"=>4, "pipeline.batch.size"=>1
25, "pipeline.batch.delay"=>50}
[INFO ] 2021-12-17 02:52:07.913 [Converge PipelineAction::Create<main>] pipeline - Pipeline started successfully {:pipeline_id=>"main", :thread=>"#<Thread:0xf15f379 run>"}
[INFO ] 2021-12-17 02:52:07.960 [Ruby-0-Thread-1: /usr/share/logstash/lib/bootstrap/environment.rb:6] agent - Pipelines running {:count=>1, :running_pipelines=>[:main], :n
on_running_pipelines=>[]}
The stdin plugin is now waiting for input:
[INFO ] 2021-12-17 02:52:08.162 [Api Webserver] agent - Successfully started Logstash API endpoint {:port=>9600}
Hello world
{
    "@timestamp" => 2021-12-17T02:52:20.400Z,
      "@version" => "1",
       "message" => "Hello world",
          "host" => "root"
}
```

图 4-4 测试 Logstash

在使用 Logstash 时需将配置文件放到/etc/logstash/conf.d/目录下,根据实际应用场景配置 input、filter 和 output。

3. 启动 Logstash

```
sudo systemctl restart logstash && systemctl enable logstash
```

4.2.3 Kibana 安装

将 Kibana 安装到 node01-176，在 node01-176 上进行如下配置。

1. 下载安装 Kibana

在安装 Elasticsearch 时已经添加了 Elastic 源，因此可以使用 apt 安装 Elastic Stack 的其余组件。

```
sudo apt install -y kibana=6.5.4
```

2. 修改 Kibana 配置

```
echo 'server.port: 5601
server.host: "192.168.136.176"
elasticsearch.url: "http://192.168.136.176:9200" ' >>/etc/kibana/kibana.yml
```

3. 启动 Kibana

```
sudo systemctl enable kibana && sudo systemctl start kibana
```

4. 验证安装

在同一网段内的机器上打开浏览器访问 http://192.168.136.176:5601 可以进入 Kibana 界面，图 4-5 所示。

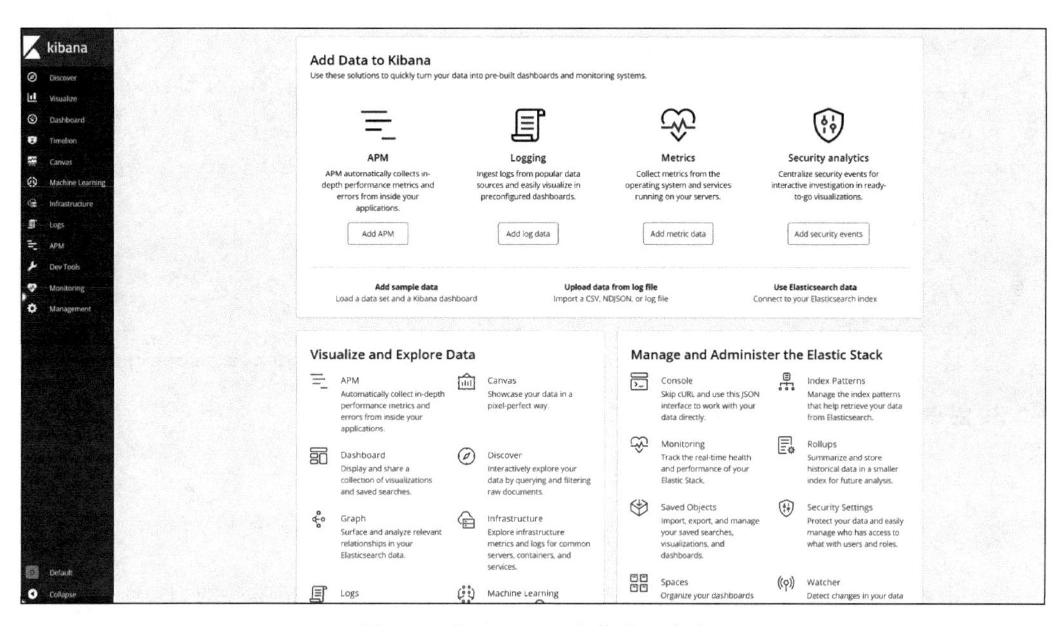

图 4-5 验证 Kibana 安装是否成功

4.2.4 Filebeat 安装

将 Filebeat 安装到 node02-181，在 node02-181 上进行如下配置。

1. 配置 Elastic 源

请读者自行下载 Elasticsearch 公共 GPG 密钥 GPG-KEY-elasticsearch 并导入 APT。接着把 Elastic6.x 源列表添加到 sources.list.d 目录中。

2. 下载 Filebeat

```
sudo apt install filebeat=6.5.4
```

3. 启动 Filebeat

```
sudo systemctl start filebeat && systemctl enable filebeat
```

通过配置/etc/filebeat/filebeat.yml 文件,来确定 Filebeat 的输入/输出。

4.2.5 Kafka 安装

安装 Kafka 时需要提前安装 Java 环境,在安装 Elasticsearch 时已经安装了 Java 环境,此处不再重复安装。运行 Kafka 需要依赖 Zookeeper,Kafka 官网提供的 tar 包中已经包含了 Zookeeper,直接下载 Kafka 即可。

将 Kafka 安装到 node01-176,在 node01-176 上进行如下配置。

1. 安装 Kafka

从官方网站下载 kafka_2.11-2.0.0.tgz,并解压到/usr/local 目录下。

```
tar -xzvf kafka_2.11-2.0.0.tgz -C /usr/local/
```

2. 配置 Zookeeper

```
sed -i 's/^[^#]/#&/' /usr/local/kafka_2.11-2.0.0/config/zookeeper.properties
echo 'dataDir=/opt/zookeeper/data
dataLogDir=/opt/zookeeper/logs
clientPort=2181
tickTime=2000
initLimit=20
syncLimit=10' >>/usr/local/kafka_2.11-2.0.0/config/zookeeper.properties
```

3. 创建 Zookeeper 所需目录

```
mkdir -p /opt/zookeeper/{data,logs}
mkdir -p /tmp/zookeeper/data/
echo 0 >/tmp/zookeeper/data/myid
```

myid 文件里存放的是服务器的编号,每台 Kafka 机器都要指定唯一的 ID。

4. 配置 Kafka

```
sed -i 's/^[^#]/#&/' /usr/local/kafka_2.11-2.0.0/config/server.properties
echo 'broker.id=0
listeners=PLAINTEXT://192.168.136.176:9092
log.dirs=/opt/kafka/logs
zookeeper.connect=192.168.136.176:2181' >>/usr/local/kafka_2.11-2.0.0/config/
server.properties
```

5. 创建 Kafka 的 log 目录

```
mkdir -p /opt/kafka/logs
```

6. 后台启动 Zookeeper

启动效果如图 4-6 所示。

```
cd /usr/local/kafka_2.11-2.0.0
bin/zookeeper-server-start.sh config/zookeeper.properties
```

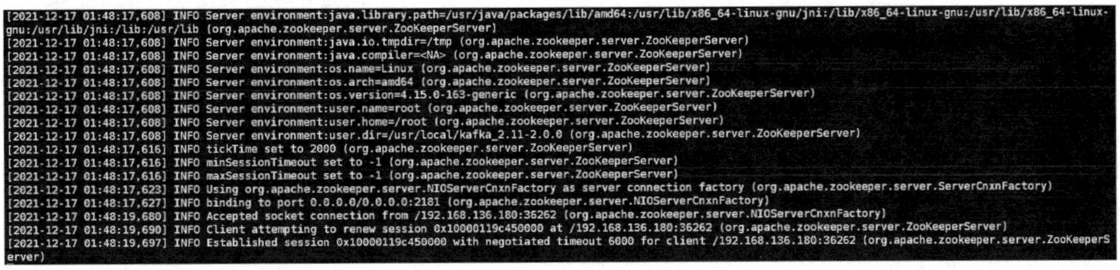

```
[2021-12-17 01:48:17,608] INFO Server environment:java.library.path=/usr/java/packages/lib/amd64:/usr/lib/x86_64-linux-gnu/jni:/lib/x86_64-linux-gnu:/usr/lib/x86_64-linux-gnu:/usr/lib/jni:/lib:/usr/lib (org.apache.zookeeper.server.ZooKeeperServer)
[2021-12-17 01:48:17,608] INFO Server environment:java.io.tmpdir=/tmp (org.apache.zookeeper.server.ZooKeeperServer)
[2021-12-17 01:48:17,608] INFO Server environment:java.compiler=<NA> (org.apache.zookeeper.server.ZooKeeperServer)
[2021-12-17 01:48:17,608] INFO Server environment:os.name=Linux (org.apache.zookeeper.server.ZooKeeperServer)
[2021-12-17 01:48:17,608] INFO Server environment:os.arch=amd64 (org.apache.zookeeper.server.ZooKeeperServer)
[2021-12-17 01:48:17,608] INFO Server environment:os.version=4.15.0-163-generic (org.apache.zookeeper.server.ZooKeeperServer)
[2021-12-17 01:48:17,608] INFO Server environment:user.name=root (org.apache.zookeeper.server.ZooKeeperServer)
[2021-12-17 01:48:17,608] INFO Server environment:user.home=/root (org.apache.zookeeper.server.ZooKeeperServer)
[2021-12-17 01:48:17,608] INFO Server environment:user.dir=/usr/local/kafka_2.11-2.0.0 (org.apache.zookeeper.server.ZooKeeperServer)
[2021-12-17 01:48:17,616] INFO tickTime set to 2000 (org.apache.zookeeper.server.ZooKeeperServer)
[2021-12-17 01:48:17,616] INFO minSessionTimeout set to -1 (org.apache.zookeeper.server.ZooKeeperServer)
[2021-12-17 01:48:17,616] INFO maxSessionTimeout set to -1 (org.apache.zookeeper.server.ZooKeeperServer)
[2021-12-17 01:48:17,623] INFO Using org.apache.zookeeper.server.NIOServerCnxnFactory as server connection factory (org.apache.zookeeper.server.ServerCnxnFactory)
[2021-12-17 01:48:17,627] INFO binding to port 0.0.0.0/0.0.0.0:2181 (org.apache.zookeeper.server.NIOServerCnxnFactory)
[2021-12-17 01:48:19,680] INFO Accepted socket connection from /192.168.136.180:36262 (org.apache.zookeeper.server.NIOServerCnxnFactory)
[2021-12-17 01:48:19,690] INFO Client attempting to renew session 0x10000119c450000 at /192.168.136.180:36262 (org.apache.zookeeper.server.ZooKeeperServer)
[2021-12-17 01:48:19,697] INFO Established session 0x10000119c450000 with negotiated timeout 6000 for client /192.168.136.180:36262 (org.apache.zookeeper.server.ZooKeeperServer)
```

图 4-6 启动 Zookeeper

如图 4-6 所示，Zookeeper 已经成功启动，方便起见，将 Zookeeper 挂到后台执行，使用 Ctrl+C 快捷键退出当前命令后，执行如下命令：

```
nohup bin/zookeeper-server-start.sh config/zookeeper.properties &
```

7. 后台启动 Kafka

```
cd /usr/local/kafka_2.11-2.0.0
nohup bin/kafka-server-start.sh config/server.properties &
```

验证 Kafka，验证效果如图 4-7 所示。

```
jps
```

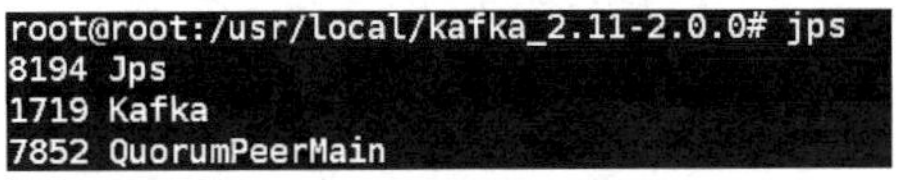

```
root@root:/usr/local/kafka_2.11-2.0.0# jps
8194 Jps
1719 Kafka
7852 QuorumPeerMain
```

图 4-7 验证 Kafka 安装成功

可以看到 Zookeeper 和 Kafka 进程已经在后台正常启动。

8. 模拟 Kafka 生产数据消费数据

（1）创建 topic。服务器成功启动后，需要创建一个 topic 用于发送和接收消息。

```
cd /usr/local/kafka_2.11-2.0.0
bin/kafka-topics.sh --create --zookeeper 192.168.136.176:2181 --topic Test --
partitions 1 --replication-factor 1
```

上述命令中，--partitions 1 代表该 topic 只有一个分区，--replication-factor 1 代表该分区只有一个副本。

（2）模拟生产消息，如图 4-8 所示。

```
cd /usr/local/kafka_2.11-2.0.0
bin/kafka-console-producer.sh --broker-list 192.168.136.176:9092 --topic Test
```

```
root@root:/usr/local/kafka_2.11-2.0.0# bin/kafka-console-producer.sh --broker-list 192.168.136.180:9092 --topic Test
>Hello kafka
>This is my first message
>
```

图 4-8 模拟生成数据

在编辑区输入“Hello kafka This is my first message”。

按 Ctrl+C 快捷键退出编辑区。

(3) 模拟消费数据,如图 4-9 所示。

```
cd /usr/local/kafka_2.11-2.0.0
bin/kafka-console-consumer.sh --bootstrap-server 192.168.136.176:9092 --topic
Test --from-beginning
```

```
root@root:/usr/local/kafka_2.11-2.0.0# bin/kafka-console-consumer.sh --bootstrap-server 192.168.136.180:9092 --topic Test --from-beginning
Hello kafka
This is my first message
```

图 4-9 模拟消费数据

通过 Kafka 提供的脚本,消费了 Test 这个 topic 中的消息并打印到标准输出。至此,Kafka 的功能可以正常使用。

4.3 项目技术知识

4.3 微课

4.3.1 ELKF Stack 数据处理工具

ELKF Stack 是数据处理的工具软件,其包括 Elasticsearch、Logstash、Kibana 组件,通常将三者组合用于实时数据检索分析等场合,具有以下特点。

(1) 灵活的处理方式。Elasticsearch 是实时全文索引,可直接使用,不需要预先编程。

(2) 简单易操作的配置。Elasticsearch 都采用 JSON 接口,相关配置语法设计十分通用。

(3) 高效的检索性能。Elasticsearch 搜索时为实时计算,可达百亿级数据查询的秒级响应。

(4) 线性扩展的集群。Elasticsearch 集群和 Logstash 集群都可线性扩展。

(5) 操作清晰的前端。通过鼠标在 Kibana 界面上单击,就可以实现搜索、聚合等功能,并且能够生成清楚明了的仪表盘。

4.3.2 Beats 轻量级日志采集器

1. Beats 介绍

Beats 是一款轻量级日志采集器,可以作为代理程序安装到服务器上,将日志数据发送到 Elasticsearch。Beats 系列包括 6 个工具:Packetbeat(网络数据)、Metricbeat(指标)、

Filebeat(日志文件)、Winlogbeat(windows 事件日志)、Auditbeat(审计数据)、Heartbeat(运行时间监控)。

Packetbeat 是一款实时网络抓包与分析工具,内置了 HTTP、MySQL、DNS 等常见的网络协议。通常将 Packetbeat、Elasticsearch、Kibana 联合用于数据搜索、分析及展示。

Metricbeat 是一个轻量级的传送器,可以安装在服务器上,定期从操作系统及服务器中运行的服务上收集指标。Metricbeat 将收集的指标和统计信息等数据发送到指定目的,如 Elasticsearch、Logstash。

Winlogbeat 作为 Elastic Stack 的一部分,能够与 Logstash、Elasticsearch 和 Kibana 协作使用。Winlogbeat 可以使用 Logstash 更加有效地转换 Windows 事件日志,可以在 Elasticsearch 中随意处理一些数据分析,以及在 Kibana 内的仪表板或 SIEM 应用中查看数据。

Auditbeat 是一个轻量级数据收集器,可以安装在服务器上,用来审核系统上用户及进程的活动。Auditbeat 能够从 Linux Audit Framework 收集和集中审核事件,也可以使用检测关键文件是否更改,从而确定潜在的安全策略冲突。

Heartbeat 作为 Linux-HA 工程的组件之一,具有高可用性,可修改其配置文件指定主服务器和热备服务器,通过配置热备服务器的 Heartbeat 守护程序来监听主服务器的心跳消息。如果未在指定时间内监听到心跳,就会将已经发生故障的主服务器的资源转移到热备服务器上,并继续提供服务。

2. Filebeat 轻量型日志收集器

1) Filebeat 简介

Filebeat 隶属于 Beats,是使用 Go 语言实现的轻量级日志收集器,也是 Elasticsearch Stack 中的一员。Filebeat 是一个没有任何依赖的二进制文件,且占用资源极少,重构了 Logstash 采集器源码,根据配置将对应位置的日志进行读取,并将它们发送到 Logstash 或 Elasticsearch 等。Filebeat 可靠性强,能够保证日志至少会上报一次,如果出现中断,能够在恢复正常后,从中断前停止的位置继续开始,不错过任何检测信号。

2) Filebeat 工作原理

Filebeat 的工作流程如图 4-10 所示。当 Filebeat 启动时,它同时会启动一个或者多个查找器(Prospector)用于检测指定目录或者文件。对于存在查找器的日志文件,Fllebeat 会启动收集进程(Harvester)。每一个进程都能够为新内容读取单个日志文件,并将数据发送到后台处理程序(Spooler)中,后台处理程序负责将多个进程中的数据进行聚合,最后发送聚合的数据到指定的目的地。

Filebeat 能够将每一个文件的状态保留并刷新到注册列表文件当中。用该状态记录进程读取的最后一个偏移量,确保所有日志行已发送。若无法访问输出,则跟踪最后发送的行,再次可用时能够继续读取文件。Filebeat 能够将每个文件的唯一标识符进行存储,用于检测该文件是否被捕获过。

3) Fileabeat 的目录结构

Filebeat 解压后的目录中有配置文件 filebeat.yml,包含 filebeat.inputs 和 output,主要

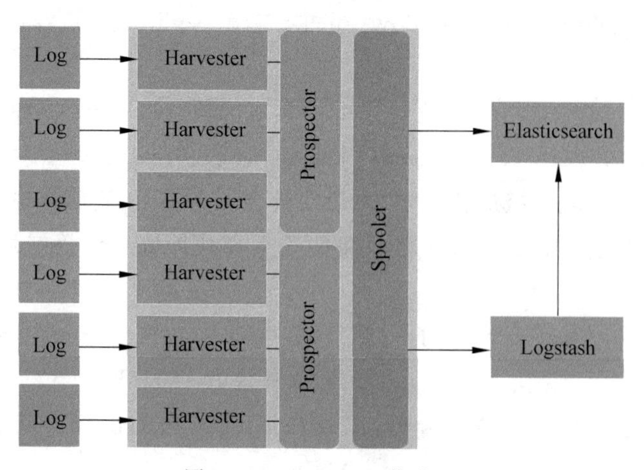

图 4-10 Filebeat 工作流程

定义 prospector 的列表并监控日志文件的位置，可以参考 filebeat.yml 中的注释了解定义的详细信息。解压后的 Filebeat 文件结构如表 4-2 所示。

表 4-2 Filebeat 的文件结构

文件名称	描 述
filebeat	启动 Filebeat 的二进制文件
data	持久化数据文件的位置
logs	Filebeat 创建的日志位置
modules.d	Filebeat 配置模板文件夹
filebeat.yml	配置文件

4) Filebeat 的简单使用

将使用 Filebeat 读取/export/servers/es/beats/logs 目录下的所有文件，输出到控制台。

注意：Linux 服务器的域名为 node01-176，IP 地址为 192.168.136.176，防火墙已关。

(1) 创建/export/servers/es/beats/目录，将 Filebeat 压缩包解压到该目录。

```
[es@node01-176 ~]$ sudo mkdir -p /export/servers/es/beats/
[es@node01-176 ~]$ tar -zxvf filebeat-6.5.4-linux-x86_64.tar.gz -C /export/
servers/es/ beats/
[es@node01-176 ~]$ cd /export/servers/es/beats/filebeat-6.5.4-linux-x86_64/
```

(2) 在 filebeat-6.5.4 主目录下新建一个自定义配置文件 scc-log.yml，文件内容如下。

```
filebeat.inputs:
-type: log
  enabled: true
  paths:
  -/export/servers/es/beats/logs/*                    #读取文件路径
setup.template.settings:
```

```
  index.number_of_shards: 3
output.console:
  pretty: true
  enable: true
```

(3) 启动 Filebeat 并指定 scc-log.yml 为配置文件。

```
[es@node01-176 filebeat-6.5.4-linux-x86_64]$./filebeat -e -c scc-log.yml
```

打开一个 Shell 新窗口,写入信息到/export/servers/es/beats/logs 目录下:

```
[es@node01-176 logs]$echo "hello filebeat" >>test.log5
```

原窗口输出结果如图 4-11 所示。

```
2022-01-09T21:35:07.360+0800    INFO    log/harvester.go:254    Harvester started for file: /export/servers/es/beats/logs/test.log
{
  "@timestamp": "2022-01-09T13:35:07.360Z",
  "@metadata": {
    "beat": "filebeat",
    "type": "doc",
    "version": "6.5.4"
  },
  "host": {
    "name": "node01-176"
  },
  "message": "hello filebeat",
  "source": "/export/servers/es/beats/logs/test.log",
  "offset": 0,
  "prospector": {
    "type": "log"
  },
  "input": {
    "type": "log"
  },
  "beat": {
    "hostname": "node01-176",
    "version": "6.5.4",
    "name": "node01-176"
  }
}
```

图 4-11 写入日志文件

(4) Filebeat 模块功能的使用。使用 Filebeat 的 nginx 模块功能读取 nginx 服务器日志。

配置 nginx 安装环境:

```
[es@node01-176 ~]$sudo yum install -y gcc-c++
[es@node01-176 ~]$sudo yum install -y pcre pcre-devel
[es@node01-176 ~]$sudo yum install -y zlib zlib-devel
[es@node01-176 ~]$sudo yum install -y openssl openssl-devel
```

安装 nginx 到/export/servers/es/目录下:

```
[es@node01-176 nginx]$mkdir -p /export/servers/es/nginx
[es@node01-176 ~]$tar -zxvf nginx-1.20.0
[es@node01-176 ~]$cd nginx-1.20.0
[es@node01-176 nginx-1.20.0]$./configure --prefix=/export/servers/es/nginx
[es@node01-176 nginx-1.20.0]$make && make install
```

启动 nginx 服务:

```
[es@node01-176 nginx-1.20.0]$cd /export/servers/es/nginx/
[es@node01-176 nginx]$sbin/nginx
```

开启 Filebeat 的 nginx 模块功能:

```
[es@node01-176 ~]$cd /export/servers/es/beats/filebeat-6.5.4-linux-x86_64
[es@node01-176 filebeat-6.5.4-linux-x86_64]$./filebeat modules enable nginx
```

配置 Filebeat 的 nginx module：

```
[es@node01-176 filebeat-6.5.4-linux-x86_64]$cd modules.d
[es@node01-176 modules.d]$vim nginx.yml
#将文件内容修改为如下配置
-module: nginx
  #Access logs
  access:
    enabled: true
    var.paths: ["/export/servers/es/nginx/logs/access.log*"]
  #Error logs
  error:
    enabled: true
    var.paths: ["/export/servers/es/nginx/logs/error.log*"]
```

进入 Filebeat 主目录下新建一个 scc-nginx.yml 文件，文件内容如下：

```
filebeat.config.modules:
  path: ${path.config}/modules.d/*.yml
  reload.enabled: false
setup.template.settings:
  index.number_of_shards: 3
output.console:
  pretty: true
  enable: true
```

启动 Filebeat 并指定 scc-log.yml 为配置文件：

```
[es@node01-176 filebeat-6.5.4-linux-x86_64]$./filebeat -e -c scc-nginx.yml
```

使用浏览器访问 http://node01-176:80 后，在控制台输出如图 4-12 所示。


```
{
  "@timestamp": "2022-01-09T15:28:34.491Z",
  "@metadata": {
    "beat": "filebeat",
    "type": "doc",
    "version": "6.5.4",
    "pipeline": "filebeat-6.5.4-nginx-access-default"
  },
  "fileset": {
    "name": "access",
    "module": "nginx"
  },
  "prospector": {
    "type": "log"
  },
  "beat": {
    "name": "node01-176",
    "hostname": "node01-176",
    "version": "6.5.4"
  },
  "host": {
    "name": "node01-176"
  },
  "source": "/export/servers/es/nginx/logs/access.log",
  "offset": 380,
  "message": "172.17.8.54 - - [09/Jan/2022:23:28:25 +0800] \"GET / HTTP/1.1\" 304 0 \"-\" \"Mozilla/5.0 (Windows NT 10.0; Win64; x64)
AppleWebKit/537.36 (KHTML, like Gecko) Chrome/97.0.4692.71 S
afari/537.36\"",
  "input": {
    "type": "log"
  }
}
```


图 4-12 验证 Filebeat 安装是否成功

3. Packetbeat 轻量型网络数据采集器

1）Packetbeat 简介

Packetbeat 作为一款开源实时网络抓包与分析框架，内置了许多常见的捕获及解析协议，如 HTTP、MySQL、Redis 等，每一个协议都有一个或多个固定端口用于通信，需要定义协议端口，按照 TCP 或 UDP 实现接口，Packetbeat 将捕获的数据包进行解析，解析后将结构化数据封装成 JSON 格式，再使用 Elasticsearch 进行应用层的数据分析。通常为了实现数据搜索、分析以及数据展示功能，将 Packetbeat、Elasticsearch、Kibana 组合使用。

2）Packetbeat 的简单使用（需要提前安装好 Elasticsearch 和 Kibana）

用 Packetbeat 获取 linux 服务器上的 HTTP 请求信息存入 Elasticsearch 并使用 Kibana 进行数据可视化。

注意：Linux 服务器的域名为 node01-176，IP 地址为 192.168.136.176，防火墙已关。

（1）将 Packetbeat 压缩包解压到 /export/servers/es 目录下：

```
[es@node01-176 ~]$ tar -zxvf packetbeat-6.5.4-linux-x86_64.tar.gz -C /export/
servers/es/beats/
```

（2）修改 Packetbeat 配置文件：

```
[es@node01-176 ~]$ cd /export/servers/es/beats/packetbeat-6.5.4-linux-x86_64/
[es@node01-176 packetbeat-6.5.4-linux-x86_64]$ vim packetbeat.yml 修改为如下内容
packetbeat.interfaces.device: eth0                  #本机网卡名称
packetbeat.flows:
  timeout: 30s
  period: 10s
packetbeat.protocols:
- type: http
  ports: [80, 8080, 8000, 5000, 8002]               #监听的端口号
setup.template.settings:
  index.number_of_shards: 3
setup.kibana:
  host: "node01-176"                                #kibana 服务器的地址
output.elasticsearch:
  hosts: ["node01-176:9200"]                        #elasticsearch 的地址及端口号
processors:
  - add_host_metadata: ~
  - add_cloud_metadata: ~
```

（3）使用 root 身份启动 Packetbeat：

```
[es@node01-176 packetbeat-6.5.4-linux-x86_64]$ sudo chmod 644 packetbeat.yml
[es@node01-176 packetbeat-6.5.4-linux-x86_64]$ sudo chown root packetbeat.yml
[es@node01-176 packetbeat-6.5.4-linux-x86_64]$ sudo ./packetbeat -e
```

（4）使用浏览器访问 Kibana，查看 Dashboard，会显示本 Linux 服务器接收到的 HTTP 请求信息，Kibana 的访问地址为 http://node01-176:5601，如图 4-13 所示。

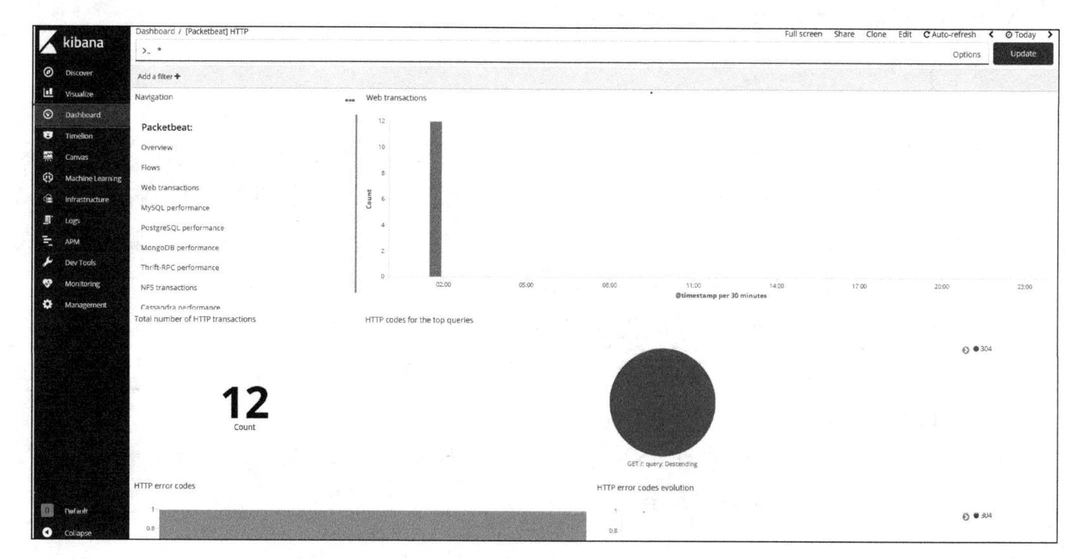

图 4-13　验证 Kibana 安装是否成功

4.3.3　Logstash 日志分析过滤工具

1. Logstash 概念

Logstash 作为一款功能强大的数据处理工具,能够从许多不同的来源采集数据并转换数据,再将其发送到指定位置,不会受到格式或者复杂度的影响。

Logstash 事件处理过程包括三个阶段:输入(Input)、过滤(Filter)、输出(Output)。在输入阶段,Logstash 从数据源处采集数据,在过滤阶段根据要求对数据进行修改,在输出阶段把数据写入指定位置,通常用于日志分析过滤、应用日志、webserver 日志、错误日志等。

2. Logstash 插件

Logstash 的一大特色是插件,通过 Logstash 事件处理过程可以看出其常用插件包括 Input、Filter、Output 等。Logstash 的架构如图 4-14 所示。

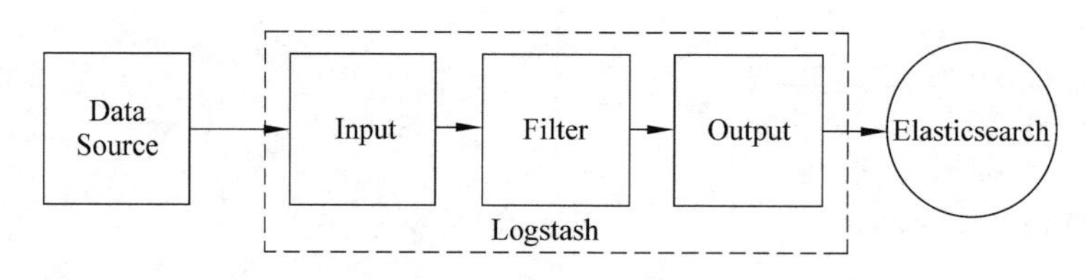

图 4-14　Logstash 架构

在 Logstash 的体系架构中,收集的数据在 Logstash 中作为 Input 插件,得到输入的数据后通过 Filter 插件来转换,转换完成的数据通过 Output 插件存储到指定位置中。

如果想要配置存储输入数据、过滤数据及输出数据的插件,可以通过修改 Logstash 配置文件来完成。Input 插件和 Output 插件是强制使用的插件,Filter 插件可以根据需求选择使用。如果不需要转换输入数据,只需要将数据存储到某个地方,那么在这种情况下,可以不使用 Filter 插件,如图 4-15 所示。

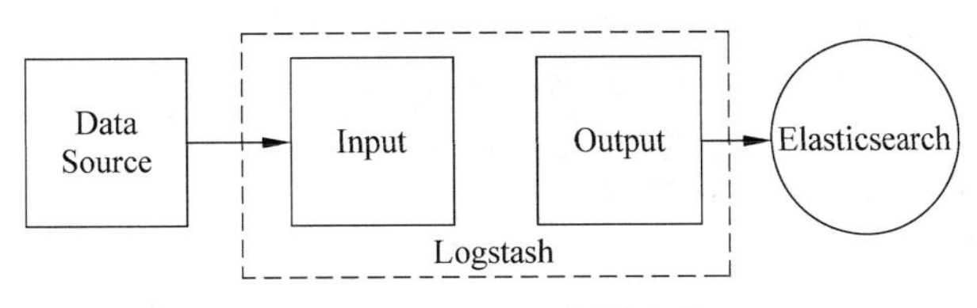

图4-15 无Filter插件架构

1）input插件

Logstash的数据输入插件将从单一或者多源数据源中获取的数据传输到Logstash中。输入插件通常是logstash配置文件/etc/logstash/logstash.conf的第一部分。

（1）stdin输入。stdin是Logstash中最简单、最基础的插件，能够读取标准输入设备中的数据。stdin将从控制台读取的数据传送到Logstash中，能够验证是否正确安装Logstash、是否能够读取Logstash中的数据。

配置示例如下：

```
input {
   stdin{
     add_field =>{"key"=>"value"}
     codec =>"plain"
     tags =>["add"]
     type =>"std"
   }
}
```

在上面的示例中，输入是plain格式的，常用于没有分隔的纯文本。tags和type是Logstash事件中的两个特殊字段，type用于标记事件类型；tags是由具体的插件在数据处理过程中添加或删除的。

stdin插件中的参数项没有必选项，可以选用如下参数项。

- add_field：向事件添加一个字段。
- codec：可通过这个参数设置编码方式，默认是line。
- enable_metric：是否开启记录日志，默认是true。
- id：为相应的插件添加一个唯一的标识符，如果没有指定ID，那么将生成一个ID。ID可以用来追踪插件的运行轨迹及调试。
- tags：用来标记事件类型，常用于条件判断。
- type：在数据处理过程中，由具体的插件添加或删除。type能够从众多数据源中区分不同数据和不同的处理逻辑。

（2）file输入。file插件可以从指定的目录或者文件中读取信息，还可以读取文件的最后位置、跟踪文件的变化、更新文件数据等。

Logstash中使用Ruby Gem库监听文件变化，能够支持glob展开文件路径，同时能够读取被sincedb跟踪监听的日志文件的当前位置。

配置示例如下：

```
input {
```

```
    file {
       path =>["/var/log/ * .log","/var/log/message"]
       type =>"system"
       start_position =>"beginning"
    }
}
```

file 插件中 path 为必选项,可以通过以下配置项指定 FileWatch 库的行为。

- path:监听文件的路径。
- discover_interval:每隔一段时间检查被监听的路径下是否有新的文件产生,默认值为 15s。
- exclude:Logstash 会自动忽略已排除监听的文件。exclude 与 path 的配置规则类似,要求必须是绝对路径。
- sincedb_write_interval:设置写入读取的位置信息的时间,默认值为 15s。
- stat_interval:每隔一定时间检查被监听文件是否有更新,默认值为 1s。
- start_position:Logstash 开始监听位置,默认是 end。即如果文件没有记录读取信息,Logstash 进程将从文件末尾开始读取新添加的内容,若配置为"beginning",则从文件开始处读取。

(3) TCP 输入。TCP 插件可以监控端口,当数据进入 Logstash 监听的端口队列时,Logstash 可以进行数据采集。

配置示例如下:

```
input {
    tcp {
       port =>8888
       mode =>"server"
       ssl_enable =>false
    }
}
```

在 TCP 插件中,port 是必选项,其他可用参数如下。

- mode:值是 server、client 其中之一,server 监听 client 的连接请求,client 连接 server,默认值是 server。
- port:"server"模式时指定远程监听的端口,"client"模式时指定连接端口。
- ssl_enable:是否使用布尔值类型,true 标识使用。

(4) UDP 输入。UDP 插件可以读取基于 UDP 中的数据。

配置示例如下:

```
input {
   udp {
       buffer_size =>65536
       host =>"0.0.0.0"
       port =>8888
       queue_size =>2000
       workers =>2
```

```
    }
}
```

在 UDP 插件中，port 是必选项，其他可选项如下。

- port：指定 Logstash 监听事件或信息的端口。
- host：指定 Logstash 将要监听的地址。
- add_field：向事件添加字段。
- buffer_size：从网络读取的最大数据包的大小。
- ecs_compatibility：控制 UDP 插件与 ECS 的兼容性。
- codec：用于输入数据的解码。
- enable_metric：禁用或启用插件的指标日志记录。
- id：为插件添加独特的标识，有助于监控插件。若未指定 id，则 Logstash 将生成。
- tags：向数据添加标签，有助于后续的处理。
- type：向输入处理的数据添加字段，主要用于激活过滤器，使用 type 字段，为不同的数据增加不同的处理逻辑。
- queue_size：指定在内存中保留的未处理的数据包的数量，超出设定值的待处理数据包，其相应的数据会被丢弃，默认值为 2000。
- receive_buffer_bytes：指定接收缓冲区大小（以字节为单位），若未设置该选项，则使用操作系统默认值，若超过最大值，操作系统将使用最大允许值。
- workers：进行数据包处理的线程数，默认值为 2。

在上述配置示例中，Logstash 会从设置的 host 和 port 中读取事件和数据，设定 workers 的值为 2，表示有 2 个线程将并行处理数据包。

2）过滤插件

过滤插件作为 Logstash 功能强大的重要因素，可用于 Logstash 事件中的数据解析、字段删除、转换类型等操作。

常见的过滤插件有以下几个。

（1）grok 插件。grok 插件能够将非结构化事件数据分析到字段中，适用于系统日志、MySQL 日志、Apache 和其他可读取的日志，在 grok 中能够预定义命名正则表达式，并在后续的操作中引用。grok 能够完成解析并且结构化数据，将文本模式结合到数据结构化当中，从而将日志文件与相应的字段匹配、组织并结合。Logstash 默认附带大约 120 种 grok 模式，也可以添加自己的内容进行设置。

grok 模式的语法如下：

```
%{SYNTAX:SEMANTIC}
```

其中，SYNTAX 代表匹配值的类型；SEMANTIC 代表存储该值的一个变量名称，能够提供匹配的模式或者正则表达式。

grok 的基本配置如下：

```
filter{
    grok{
        match => { "message" => %{IP:client} %{WORD:method} %{URIPATHPARAM:
```

```
        request} %{NUMBER:bytes} %{NUMBER:duration}" }
    }
}
```

该插件没有必选项，可选配置项如下。

- add_field：为输入的数据增添字段。
- add_tag：为输入的数据添加标签，标签可以是静态或者动态的。
- break_on_match：默认值为 true，grok 的第一次成功匹配将会结束 filter 操作。如果想让 grok 尝试所有的匹配，那么将其设置为 false。
- keep_empty_captures：如果为 true，则捕获失败的字段。
- match：将字段与值匹配，可用于单模式或者多个模式。
- named_captures_only：如果该值为 true，则只存储 grok 模式定义的字段。
- overwrite：覆盖字段内容，允许覆盖已存在的字段的值。
- patterns_dir：指定目录，用来存放正则表达式的文件。
- patterns_files_glob：用于选择 patterns_dir 指定目录中的所有文件。
- periodic_flush：如果设置为 true，会定期调用 filter flush 方法。
- remove_field：删除当前文档中指定的字段。
- remove_tag：从数据中移除标签，标签可以是动态的。
- tag_on_failure：若事件没有匹配成功，将值返回字段。
- tag_on_timeout：若 grok 正则表达式超时，则应用标记。
- timeout_millis：超时后终止正则表达式，若应用于多个 grok 模式，则适用于每个模式。

(2) date 插件。date 插件对于事件排序和旧数据回填十分重要，可以用来转换日志记录中的时间字符串，转存到@timestamp 字段中。

通常 Logstash 会将收集到的日志全部打上时间戳，但该时间是 input 接收数据的时间，而不是日志生成的时间，有可能导致处理事件时产生时间偏差，因此 date 插件十分重要。

配置示例如下：

```
filter {
    grok{
        match->[ "message","%(HTTPDATE:logdate)"]
    }
    date {
        mateh >["logdate", "dd/MMM/yyyy:HH: mm : ss Z"]
    }
}
```

date 插件支持以下配置选项。

- locale：指定用于日期解析的语言环境。
- match：用于匹配时间戳。
- tag_on_failure：如果日志时间戳没有匹配成功，则会将值附加到标签字段。
- target：将成功匹配时间戳，存储到指定的目标字段中，如果日志数据没有提供时间

戳，则默认更新事件的@timestamp 字段。

- timezone：用于日期解析的时区规范 ID，若没有指定 ID，则使用平台默认值。

（3）csv 插件。csv 插件能够对接收到的 CSV 类型的输入数据执行各种操作，将逗号分隔开的数据进行解析。csv 插件作为数据的过滤插件，对解析分隔符隔开的数据十分有效。

配置文件示例如下：

```
filter {
    csv {
        csv
        columns =>["id","name" , "money" ]
        convert =>{"id" =>"integer","money" =>"float"}
        quote_char =>"#"
        separator =>" "
    }
}
```

csv 插件无必选配置项，有如下可选配置项。

- add_field：为输入的数据增添字段。
- add_tag：为输入的数据添加标签，标签可以是静态或者动态的。
- autogenerate_column_names：若设置为 true，则自动生成字段名。
- columns：定义文件中出现的数据列名称，若未指定则使用默认名称。若有大量数据列，则对列名自动编号。
- convert：对字段的数据类型进行转换，可以转换为整型、字符串型、浮点型、布尔型等。
- quote_char：为字符串指定引用的 csv 字段中的值。
- remove_field：去掉读取数据中的某些指定字段。
- remove_tag：去掉读取数据中的某些指定标签。
- separator：用于定义列的分隔符。
- source：用于扩展字段的值。
- target：用于指定存储数据的目标字段。

（4）mulate 插件。mulate 插件能够进行字段重命名、类型转换（不支持对哈希类型的字段做该处理）、字符串处理和字段处理等。

该插件配置文件示例如下：

```
filter {
  mutate {
    convert =>[ "request_ time" , "float" ]
  }
}
```

mulate 插件无必选配置项，可选项如下。

- add_field：为输入数据添加字段。
- add_tag：为输入的数据添加标签。这些标签可以是静态或者动态的。
- convert：对字段进行类型转换，将字段值转换为字符串型、整型、浮点型、日期型等。

- gsub：用正则表达式实现搜索和替换字段值。该配置项仅对字符串类型字段有效。
- merge：将数组或者哈希数据的两个字段进行连接。
- split：使用分隔符拆分字段，让其成为一个数组，该配置项仅对字符串类型字段有效。
- replace：将字段中的值进行替换。
- strip：将字段中的空格进行删除。
- update：将某个字段的值更新，若该字段不存在，则 update 无效。
- remove_field：去掉读取数据中的某些指定字段。
- remove_tag：去掉读取数据中的某些指定标签。

3）输出插件

输出插件用于将数据发送到指定的位置，是 Logstash 配置文件的最后一部分。

（1）stdout 插件。stdout 插件是最简单、基础的输出插件，能够将数据输出到程序的标准输出端，能够调试插件的配置文件。

插件的配置文件示例如下：

```
output {
  stdout {
    codec => rubydebug
    workers => 2
  }
}
```

stdout 插件配置选项如下。

- codec：将从 Logstash 输出的数据通过 codec 解码成相应格式。
- workers：处理数据包的线程数。

（2）file 插件。通过 file 插件将输出事件写入文件，生成存储输出事件的文件，日后可以继续使用该文件。默认情况下，以 JSON 格式为每行写入一个事件，并且能够通过 codec 插件编码、解码，完成对数据的格式转换。

配置文件示例如下：

```
output {
  file {
      path => ...
      codec => line { format => "custom format: %{message}"}
  }
}
```

该插件中，path 为必选属性，其他可选配置项如下所述。

- path：用于指定写入的文件路径，可以是目录或者文件名。
- codec：用于输出数据的编码、解码。
- create_if_deleted：如果插件处理了某一事件，但配置文件已被删除，则该文件将重新被创建。
- dir_mode：指定使用目录的访问模式。
- file_mode：指定使用文件的访问模式。

- filename_failure：如果提供的路径无效，那么事件将会被写入这个文件中，通过配置文件中该属性的字段来设定相关属性。
- flush_interval：确定日志文件写入的时间间隔(以秒为单位)。
- gzip：在文件写入信息之前，以 GZIP 格式输出相关信息。
- workers：定义处理数据包的线程数。

(3) Elasticsearch 插件。Elasticsearch 插件是十分常用的输出插件之一，通过它可以将 Logstash 采集到的数据输出到 Elasticsearch 中。如果想要使用 Kibana 界面来分析数据，则需要使用 Logstash 中的 Elasticsearch 插件将数据发送到 Elasticsearch 中。

配置文件示例如下：

```
output{
    elasticsearch{
        host =>"127.0.0.1:9200"
        protocol =>"http"
        index =>"logstash-%{type}-%{+YYYY.MM.dd} "
        index_type =>"%{type} "
        workers =>5
        template_overwrite =>true
    }
}
```

elasticsearch 插件无必选配置，配置选项如下。

- hosts：指定主机 IP 地址，用于连接 Elasticsearch 节点并发送信息，能够一次指定单个或者多个 hosts，默认端口号为 9200。
- action：指定 Elasticsearch 执行的操作，例如 index、delete、create、update。默认为 index，为文档产生索引；delete，通过 id 删除文档；create 生成文档索引，如果该文档索引已存在，则无法生成；update，通过 id 更新文档。
- cacert：验证服务合法性的.cer 或者.pem 文件路径。
- codec：用于输出数据的编码、解码。
- document_id：设定文档 id，作为唯一标识符。
- document_type：设定要被存储数据的文档类型，由于一个索引可能包含多个类型，所以需要指定输出数据的类型索引。
- index：索引名称。
- path：设置 Elasticsearch 节点的路径。
- proxy：设置连接 Elasticsearch 节点的代理服务器地址。
- flush_size：Logstash 一次性发送到 Elasticsearch 的数据量，默认值为 500。
- idle_flush_size：默认值 1s，每 1s 将 500 条数据一次性发送到 Elasticsearch，若未达到 500 条仍一次性将数据发送到 Elasticsearch。

4) 编/解码插件

Codec 插件用于数据的编码、解码。输入数据通常为多种格式，被读取后也会传输到不同格式的指定地址中，因此，使用 Codec 插件对数据进行相应的处理。

(1) json 插件。如果输入 Logstash 的内容为 json 格式或者 Logstash 输出格式为

JSON,可以使用 json 插件对数据进行编解码。

配置文件示例如下：

```
codec {
    json { charset =>"UTF-8"}
}
```

json 插件无必选项,常用可选项如下所述。

- charset：设置数据的字符编码。

(2) multiline 插件。multiline 插件用于将多个事件合并为一个事件,在 Java 日志中每一行都属于同一事件,由于被分行显示,造成阅读上的不便,使用 multiline 插件能够将多行信息合并为一个事件。根据实际情况,借助各种正则表达式,能够确定哪些行与事件相关。

配置示例如下：

```
codec {
    multiline {
        multiline_tag =>"multiline"
        pattern =>"^\[ "
        negate =>"true"
        what =>"previous"
    }
}
```

multiline 插件中 patten 和 what 属性为必选项,配置项如下所述。

- pattern：设置匹配的正则表达式。
- what：设置未匹配的内容是向前还是向后合并,可选 previous 和 next,previous 对应前面的事件,next 对应后面的事件。
- auto_flush_interval：当超过一段时间没有新的数据,则把已经积累的数据转换为一个事件。该参数用于指定转换为事件的时间间隔,1 表示 1s。
- charset：设置字符编码方式。
- max_bytes：设定最大的字节数。
- max_lines：设定最大的行数,默认为 500 行。
- multiline_tag：设置一个时间标签,默认 multiline。
- negate：设置匹配了模式的事件是向前匹配还是向后匹配,该参数仅支持布尔值,true 表示向前匹配,false 表示向后匹配,默认值为 false。
- patterns_dir：可以设置多个正则表达式。

3. Logstash 的使用

注意：Linux 服务器的域名为 node01-176,IP 地址为 192.168.136.176,防火墙已关。

1) Logstash 安装部署

下载 Logstash 软件包 logstash-6.5.4.tar.gz,并解压到/export/servers/es/目录即完成安装：

```
[es@node01-176 ~]$tar -zxvf logstash-6.5.4.tar.gz -C /export/servers/es/
```

2) Logstash 简单使用

使用 Logstash 可读取标准输入(键盘)并输出到标准输出(显示器)。

(1) 配置参数启动 Logstash。

```
[es@node01-176 ~]$cd /export/servers/es/logstash-6.5.4
[es@node01-176 logstash-6.5.4]$bin/logstash -e 'input { stdin { } } output {
stdout {} }'
```

(2) 键盘输入"hello logstash"并查看结果,如图 4-16 所示。

```
[2022-01-10T19:41:47,786][INFO ][logstash.pipeline        ] Pipeline started successfully {:pipeline_id=>"main", :thread=>"#<Thread:0x46ddd7b4 sleep>"}
[2022-01-10T19:41:47,827][INFO ][logstash.agent           ] Pipelines running {:count=>1, :running_pipelines=>[:main], :non_running_pipelines=>[]}
[2022-01-10T19:41:47,984][INFO ][logstash.agent           ] Successfully started Logstash API endpoint {:port=>9600}
hello logstash
{
       "message" => "hello logstash",
          "host" => "node01-176",
    "@timestamp" => 2022-01-10T11:42:55.018Z,
      "@version" => "1"
}
```

图 4-16　命令结果

3) 使用 Logstash 配置文件读取自定义日志

使用 Logstash 读取 Nginx 服务器日志文件,以空格对日志进行分隔,将分隔后的内容输出到控制台展示(需要确保 Nginx 服务器已经正常部署并启动)。

(1) 复制配置文件模板 logstash-sample.conf 到主目录下,命名为 logstash-nginx.conf:

```
[es@node01-176 logstash-6.5.4]$cp ./config/logstash-sample.conf logstash-
nginx.conf
```

(2) 修改 logstash-nginx.conf 配置文件。

```
[es@node01-176 logstash-6.5.4]$vim logstash-nginx.conf        修改为如下内容
input {
  file {
     path =>"/export/servers/es/nginx/logs/access.log"       #Nginx 日志文件存储路径
     start_position =>"beginning"                            #从头开始读取
  }
}
filter {
  mutate {
     split =>{"message"=>" "}                                #将 Nginx 日志以空格分隔
  }
}
output {
  stdout { codec =>rubydebug }                               #输出到控制台
}
```

(3) 以指定配置文件的方式启动 Logstash 并查看结果,如图 4-17 所示。

```
[es@node01-176 logstash-6.5.4]$bin/logstash -f logstash-nginx.conf
```

4.3.4　Elasticsearch 分布式日志搜索引擎

1. Elasticsearch 基本概念

Lucene 是用于全文检索和搜寻的开源式库,提供了一个高性能、全功能的应用式接口,

```
{
      "message" => [
        [ 0] "172.17.8.54",
        [ 1] "-",
        [ 2] "-",
        [ 3] "[10/Jan/2022:01:18:08",
        [ 4] "+0800]",
        [ 5] "\"GET",
        [ 6] "/",
        [ 7] "HTTP/1.1\"",
        [ 8] "304",
        [ 9] "0",
        [10] "\"-\"",
        [11] "\"Mozilla/5.0",
        [12] "(Windows",
        [13] "NT",
        [14] "10.0;",
        [15] "Win64;",
        [16] "x64)",
        [17] "AppleWebKit/537.36",
        [18] "(KHTML,",
        [19] "like",
        [20] "Gecko)",
        [21] "Chrome/97.0.4692.71",
        [22] "Safari/537.36\""
    ],
          "path" => "/export/servers/es/nginx/logs/access.log",
          "host" => "node01-176",
      "@version" => "1",
    "@timestamp" => 2022-01-10T12:01:32.940Z
}
```

图 4-17　启动 Logstash

用来做全文搜索引擎。但 Lucene 使用时烦琐、复杂，于是出现了 Elasticsearch，它基于 Java 语言编写，对 Lucene 进行了一层封装，提供了 RESTful Web 接口使全文检索变得简单。

Elasticsearch 是面向文档的(Document-Oriented)，这意味着它可以存储整个对象或文档。然而它不仅仅是存储，还会索引每个文档的内容使之可以被搜索，能够对文档(并不是成行成列的数据)进行索引、搜索、排序和过滤操作。

1) Index 索引

索引是一个具有相似特征的文档集合，如一个产品目录的索引、一个订单目录的索引。用一个名字来标识(全部为小写字母)一个索引，通过名字对索引文档进行搜索、删除、更新等操作。索引与 MySQL 中的数据库类似，能够定义任意多个。

2) Type 类型

一个索引能够定义一种或者多种类型。类型作为索引逻辑上的分类，可以自定义。通常将一组拥有共同字段的文档定义为一个类型，如博客平台运营数据存储在一个索引中，可以把其中的用户数据定义为一个类型，将评论数据定义为一个类型，类型于 MySQL 中的表类似。

3) Filed 字段

Filed 字段相当于数据表的字段，将文档数据根据不同属性进行分类标识。

4) Mapping 映射

Mapping 是对处理数据的方式和规则做一些限制，如某个字段的数据类型、默认值、分析器、是否被索引等。通过建立映射，可以有效提高数据处理的性能，相当于为结构化数据表添加主键、外键的操作。

5) Document 文档

文档是能够被索引的基础信息单元，如一个产品文档、一个订单文档。文档为 JSON 格式，JSON 是互联网数据交互格式。在一个 index/type 里面，可以存储任意多的文档。需要

注意的是，虽然文档存在于一个索引中，必须赋予文档一个索引的 type。插入索引库以文档为单位，类比于数据库中的一行数据。

6）Cluster 集群

集群是由一个或者多个节点组织在一起，一起持有数据并提供索引、搜索功能。一个集群的默认标识为“elasticsearch”，是唯一的名字标识。

7）Node 节点

ElasticSearch 是分布式的架构，多个实例协同工作、存储数据、参与索引和检索。一个 ElasticSearch 的实例成为一个 Node 节点。虽然每台服务器能够运行多个 ElasticSearch 实例，但建议生产环境中一台服务器只运行一个实例。

8）Shards & Replicas 分片和复制

一个索引能够存储远远超过单个节点硬件限制的数据量，这是因为 Elasticsearch 能够将索引划分成多份，称之为分片。创建索引时，可以指定分片的数量。每一分片也是一个独立的“索引”，可以将其置于集群中的任何节点上。

由于网络和云的环境，随时存在失败的可能性。例如，某个分片、节点突然处于离线状态或异常消失了，需要为分片创建一份或多份拷贝，建立故障转移机制，该机制称为复制分配，简称分片。

2. Elasticsearch 体系结构

为了进一步学习 Elasticsearch 的工作原理，了解索引、类型、文档和字段是如何协同工作的，需要了解 Elasticsearch 的体系结构。Elasticsearch 体系结构如图 4-18 所示。

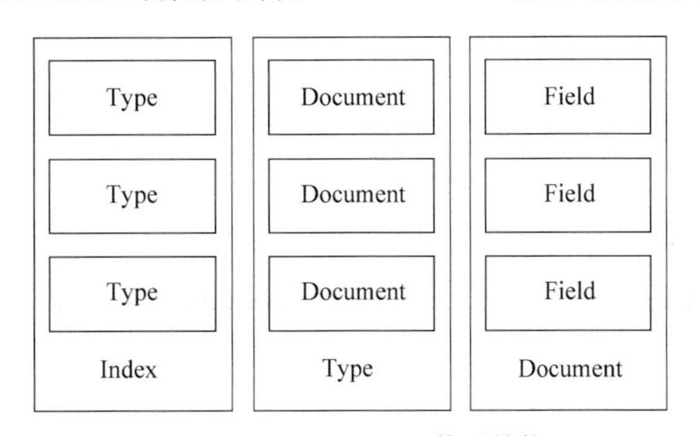

图 4-18 Elasticsearch 体系结构

如图 4-18 所示，索引由一个或者多个类型组成，类型由一个或者多个文档组成，文档由一个或者多个字段组成。

集群包含一个或者多个节点，集群的默认标识为 Elasticsearch，或者标识为节点的名字。若在同一个网络中设置多个 Elasticsearch 实例，则需要为不同的集群设置不同的名称，否则全部节点会加入同一个集群。除集群外，节点也具有名称，并且可以为其指定名称和集群名，若不指定集群名称，则默认自动搜索、加入 Elasticsearch 集群。

若不设置节点名称，程序则会给该节点分配一个随机且唯一的识别码作为 ID 号，ID 号的前 7 位作为该节点的名称，每个节点都是唯一的。

如果一个索引中存储的数据量超过了一个集群节点所在硬件的内存，可以将索引分成多个分片。分片包括两种类型，分别是主分片和副本分片。文档存入索引时，首先被添加到主分片，再添加到一个或者多个副本分片中。若集群有多个节点，则副本分片将位于不同节点。Elasticsearch 默认创建 5 个主分片，每一主分片有一个副本分片。若索引没有指定，则会创建 10 个分片，可以根据需求修改此配置。

3. Elasticsearch 架构模块

Elasticsearch 是面向文档的，它能够将整个文档或对象进行存储，除此之外，还可以索引文档中的内容。在 Elasticsearch 中，可以对文档进行索引、搜索、过滤、排序等操作，这些功能由 Elasticsearch 中的若干模块支撑。Elasticsearch 主要包含以下几个模块。

1）集群模块

集群中有一个或者多个节点。从集群内部来讲，其中一个节点为主节点，该节点是由选举产生的。从集群外部来讲，该集群与任一节点的通信及与整个集群的通信是等价的。该模块通过将分片分配给节点并对分片在集群内的移动进行处理，从而保持集群的负载均衡。

2）Recovery 模块

Recovery 表示数据恢复或重新分布，该模块在节点加入或退出时能够根据机器的负载重新分配索引分片，重新启动挂掉的节点时也能够恢复数据。

3）Gateway 模块

Gateway 能够持久化存储索引，Elasticsearch 默认是将索引存放在内存中，当内存变满则会持久化到硬盘。将 Elasticsearch 关闭后再重启时，能够读取 Gateway 中的索引数据。

4）Transport 模块

Transport 表示 Elasticsearch 内部节点、集群与客户端的交互方式，默认协议是 TCP，同时也支持 HTTP、Servlet 等传输协议。

5）网络模块

网络模块负责建立生产级别的节点和集群等网络相关的设置。默认所有设置均适用于本地主机。

4. Elasticsearch 使用

Elasticsearch 提供了许多种交互方式，包括 Client 和 RESTful API 等交互方式。其中 Client 能够支持目前主流编程语言，包括 Java、Python、Go 等。下面将重点介绍使用较多的 RESTful API 和 Java Client 交互方式。

1）Elasticsearch 安装部署（单节点）

（1）下载 Elasticsearch 软件包 elasticsearch-6.5.4.tar.gz，并解压到 /export/servers/es 目录。

```
[es@node01-176 ~]$tar -zxvf elasticsearch-6.5.4.tar.gz -C /export/servers/es#
```

（2）修改配置文件：

```
[es@node01-176 ~]$cd /export/servers/es/elasticsearch-6.5.4/
[es@node01-176 elasticsearch-6.5.4]$vim config/elasticsearch.yml      修改为如下内容：
cluster.name: cluster-elasticsearch                     #集群名称
node.name: node-01                                      #节点名称(tag)
node.master: true                                       #是否有资格成为master
node.data: true                                         #是否是数据节点
path.data: /export/servers/es/elasticsearch-6.5.4/datas
```

```
                                                            #数据目录,若没有则手动创建
path.logs: /export/servers/es/elasticsearch-6.5.4/logs
                                                            #日志目录,若没有则手动创建
network.host: 0.0.0.0
http.port: 9200                                             #http访问集群的端口号
discovery.zen.ping.unicast.hosts: ["node01-176"]   #集群节点域名集合,用于服务发现
discovery.zen.minimum_master_nodes: 2
http.cors.enabled: true
http.cors.allow-origin: "*"
```

(3) 解除 Linux 系统中打开文件最大数目的限制。

```
[es@node01-176 elasticsearch-6.5.4]$sudo vim /etc/security/limits.conf
```

执行上述命令打开 limits.conf 文件,在空白处添加如下内容并保存。

```
* soft nofile 65536
* hard nofile 131072
* soft nproc 2048
* hard nproc 4096
```

(4) 修改普通用户可以创建的最大线程数。

```
[es@node01-176 elasticsearch-6.5.4]$ sudo vim /etc/security/limits.d/20-nproc.conf
```

执行上述命令打开 20-nproc.conf 文件,在文件末尾处添加如下内容并保存。

```
es soft nofile 65536
es hard nofile 65536
* hard nproc 4096
```

(5) 修改系统文件。

```
[es@node01-176 elasticsearch-6.5.4]$sudo vim /etc/sysctl.conf
```

执行上述命令打开 sysctl.conf 文件,添加如下内容并保存。

```
vm.max_map_count=655360
```

(6) 重新加载。

```
[es@node01-176 elasticsearch-6.5.4]$sudo sysctl -p
```

(7) 后台启动 Elasticsearch 服务。

```
[es@node01-176 elasticsearch-6.5.4]$bin/elasticsearch -d
```

(8) 使用浏览器访问安装部署的 Elasticsearch,地址:http://192.168.136.176:9200,结果如图 4-19 所示,则部署成功。

2) RESTful API 使用

Elasticsearch 支持 RESTful API 的访问方式,API 的访问端口号为 9200。用户可以使用 curl 命令或者 Postman API 访问工具与 Elasticsearch 进行通信。API 的请求格式,遵循 RESTful 格式,组成部件如下。

```
{
  "name" : "node-01",
  "cluster_name" : "cluster-elasticsearch",
  "cluster_uuid" : "57vQZXUcTta47uCq6MUGtg",
  "version" : {
    "number" : "6.5.4",
    "build_flavor" : "default",
    "build_type" : "tar",
    "build_hash" : "d2ef93d",
    "build_date" : "2018-12-17T21:17:40.758843Z",
    "build_snapshot" : false,
    "lucene_version" : "7.5.0",
    "minimum_wire_compatibility_version" : "5.6.0",
    "minimum_index_compatibility_version" : "5.0.0"
  },
  "tagline" : "You Know, for Search"
}
```

图 4-19 验证 Elasticsearch 部署是否成功

```
curl -X<VERB>'<PROTOCOL>://<HOST>:<PORT>/<PATH>?<QUERY_STRING>' -d '<BODY>'
```

下面将演示通过 curl 命令调用 RESTful API 来与 Elasticsearch 交互，其中 Elasticsearch 集群 master 节点的 IP 地址为 192.168.136.176，对外暴露的端口号为 9200，Linux 域名为 node01-176，防火墙已关。

(1) 索引操作。索引相当于关系数据库中的数据库概念。

创建索引。

```
输入命令：
curl-XPUT "http://node01-176:9200/users"
返回结果：
{
  "acknowledged" : true,
  "shards_acknowledged" : true,
  "index" : "users"
}
```

查看单个索引。

```
输入命令。
curl -XGET "http://node01-176:9200/users"
返回结果：
{
  "users" : {
    "aliases" : { },
    "mappings" : { },
    "settings" : {
      "index" : {
        "creation_date" : "1641569931072",
        "number_of_shards" : "1",
        "number_of_replicas" : "1",
        "uuid" : "mQDz5YpfRkqiH4LrI2iABQ",
```

```
          "version" : {
            "created" : "7080099"
          },
          "provided_name" : "users"
        }
      }
    }
}
```

查看全部索引。

```
输入命令:
curl -XGET "http://node01-176:9200/_cat/indices?v"
```

删除索引。

```
输入命令:
curl -XDELETE "http://node01-176:9200/users"
返回结果:
{
  "acknowledged" : true
}
```

(2) 文档操作。文档的概念相当于关系数据库中的表,文档中的数据格式为 JSON。

创建文档:先创建 users 索引,再创建文档,并添加数据,指定该条数据的唯一标识(_id)为 1001。

```
输入命令:
curl -XPUT "http://node01-176:9200/users/_doc/1001" -H 'Content-Type: application/
json' -d'
{
  "name": "Riven",
  "age": 20,
  "gender": "female",
  "hobbies": [
     "reading",
     "coding",
     "swimming"
  ],
}'
返回结果:
{
  "_index" : "users",                        #索引: "users"
  "_type" : "_doc",                          #类型—文档: "_doc"
  "_id" : "1001",                            #唯一标识: 可以类比 MySQL 中的主键
  "_version" : 1,                            #版本: 1
  "result" : "created",                      #表示创建成功
  "_shards" : {                              #分片:
     "total" : 2,                            #分片—总数
     "successful" : 2,                       #分片—成功
     "failed" : 0                            #分片—失败
  }
```

```
}
```

查看文档：通过文档的唯一性标识查看文档，类似于 MySQL 中的主键查询。

```
输入命令：
curl -XGET "http://node01-176:9200/users/_doc/1001"
```

修改文档：修改文档时，须指定文档的 ID。文档修改操作，使用新内容覆盖原有内容。

```
输入命令：
curl -XPOST "http://node01-176:9200/users/_doc/1001" -H 'Content-Type: application/
json' -d'
{
  "name": "Riven",
  "age": 26,
  "gender": "female",
  "hobbies": [
    "running",
    "coding",
    "game"
  ],
}'
返回结果：
{
  "_index" : "users",
  "_type" : "_doc",
  "_id" : "1001",
  "_version" : 5,
  "result" : "updated",
  "_shards" : {
    "total" : 2,
    "successful" : 2,
    "failed" : 0
  }
}
```

修改字段：修改文档中的字段操作，可以修改数据中的部分信息，类似于 Python 程序中可以修改字典数据中的部分数据。

```
输入命令：
curl-XPOST "http://node01-176:9200/users/_doc/1001/_update"-H 'Content-Type:
application/json'-d'
{
  "doc": {
    "age": 19
  }
}'
```

删除文档：删除文档操作执行的是逻辑删除，只是将被删除的文档的状态标记为已删除。

输入命令：

```
curl -XDELETE "http://node01-176:9200/users/_doc/1001"
```

条件删除文档：一般删除数据都是根据文档的唯一性标识进行删除，实际操作时，也可以根据条件对多条数据进行删除，这里先添加多条数据，再根据“name”字段匹配删除。

先添加 2 条数据：

```
curl-XPOST "http://node01-176:9200/users/_doc/1001" -H 'Content-Type: application/
json' -d'
{
  "name": "Riven",
  "age": 20,
  "gender": "female",
  "hobbies": ["reading", "coding", "swimming"],
}'
curl-XPOST "http://node01-176:9200/users/_doc/1002" -H 'Content-Type: application/
json'-d'
{
  "name": "Yasso",
  "age": 26,
  "gender": "male",
  "hobbies": ["running", "game", "coding"]
}'
```

再根据字段删除：

```
curl-XPOST "http://node01-176:9200/users/_delete_by_query" -H'Content-Type: applica-
tion/json' -d'
{
  "query": {
     "match": {
       "name": "Yasso"
     }
  }
}'
```

返回结果：

```
{
  "took" : 656,                                  #耗时
  "timed_out" : false,                           #是否超时
  "total" : 1,                                   #总数
  "deleted" : 1                                  #删除数量
  ...
}
```

(3) 映射操作。索引库(index)中的映射类似于数据库(database)中的表结构(table)。在数据表创建时，需要确定字段名称、长度、类型等；索引库也一样，需要知道这个类型下有哪些字段，每个字段有哪些约束信息，这就叫作映射(mapping)。

创建映射：

```
curl-XPUT "http://node01-176:9200/student"
curl-XPUT "http://node01-176:9200/student/_mapping"-H'Content-Type: application/
json'-d'
```

```
{
  "properties": {
    "name": {
      "type": "text",
      "index": true
    },
    "gender": {
      "type": "text",
      "index": false
    },
    "age": {
      "type": "long",
      "index": false
    }
  }
}'
```

映射数据说明如下。

type：类型。Elasticsearch 支持丰富的数据类型，关键类型包括 String 和 Numerical 两种。

String 类型分为以下两种。

① text：可分词；

② keyword：不可分词，数据作为完整字段进行匹配操作。

Numerical：数值类型分为以下两类。

① 基本数据类型：long、integer、short、byte、double、float、half_float；

② 浮点数的高精度类型：scaled_float。

另外还有 Date—日期类型；Array—数组类型；Object—对象。

index：是否索引，默认为 true，无须配置所有字段均被索引。

① true：字段被索引，可以用来进行搜索；

② false：字段未被索引，不能用来搜索。

store：是否独立存储数据，默认为 false。

analyzer：分词器。

查看映射：

```
curl-XGET "http://node01-176:9200/student/_mapping"
```

索引映射关联：

```
curl-XPUT "http://node01-176:9200/student2" -H'Content-Type: application/json
'-d'
{
  "settings": {},
  "mappings": {
    "properties": {
      "name": {
        "type": "text",
        "index": true
```

```
        },
        "gender": {
          "type": "text",
          "index": false
        },
        "age": {
          "type": "long",
          "index": false
        }
      }
    }
}'
```

(4) 高级查询。Elasticsearch 提供了基于 JSON 的 DSL(Domain Specific Language)来定义各种查询,在进行高级查询前,先准备数据。

```
curl-XPOST"http://node01-176:9200/school/_bulk"-H'Content-Type: application/json
'-d'
{"index":{"_id":1}}
{"name":"liubei","age":20,"gender":"male","birth":"1996-01-02","self-introduction":
"I like sunshangxaing and reading"}
{"index":{"_id":2}}
{"name":"guanyu","age":21,"gender":"male","birth":"1995-01-02","self-introduction":
"I like reading and running"}
{"index":{"_id":3}}
{"name":"zhangfei","age":18,"gender":"male","birth":"1998-01-02","self-introduction":
"I like traveling"}
{"index":{"_id":4}}
{"name":"diaochan","age":20,"gender":"female","birth":"1996-01-02","self-introduc-
tion":"I like traveling and sports"}
{"index":{"_id":5}}
{"name":"sunshangxiang","age":25,"gender":"girl","birth":"1991-01-02","self-introduc-
tion":"I like traveling and liubei"}
{"index":{"_id":6}}
{"name":"caocao","age":30,"gender":"male","birth":"1988-01-02","self-introduction":
"I like writing"}
{"index":{"_id":7}}
{"name":"zhaoyun","age":31,"gender":"male","birth":"1997-01-02","self-introduction":
"I like traveling and music"}
{"index":{"_id":8}}
{"name":"xiaoqiao","age":18,"gender":"female","birth":"1998-01-02","self-introduction":
"I like writing and zhouyu"}
{"index":{"_id":9}}
{"name":"daqiao","age":20,"gender":"female","birth":"1996-01-02","self-introduction":
"I like traveling and history"}'
```

使用 match_all 做查询:通过 match_all 匹配后,会把所有的数据检索出来。注:不推荐,直接检索全部数据容易造成 GC(JVM 虚拟机垃圾回收)时间过长等现象。

```
curl-XGET "http://node01-176:9200/student/_search"-H'Content-Type: application/
json'-d'
```

```
{
  "query": {
    "match_all": {}
  }
}'
```

通过关键字匹配查询，如查询自我介绍里喜欢旅游的人。

```
curl-XGET "http://node01-176:9200/school/_search"-H'Content-Type: application/
json'-d'
{
  "query": {
    "match": {"self-introduction": "traveling"}
  }
}'
```

bool的复合查询：当查询操作需要多个查询语句组合时，可以用bool复合查询。bool合并聚包含must，must_not或者should，should表示or的意思。

【例4-1】 查询非男性中喜欢旅行的人。

```
curl-XGET"http://node01-176:9200/school/_search"-H'Content-Type: application/json
'-d'
{
  "query": {
    "bool": {
      "must": {"match": {"self-introduction": "traveling"}},
      "must_not": {"match": {"gender": "male"}}
    }
  }
}'
```

bool的复合查询中的should：should表示可有可无的，若信息匹配成功就展示，否则不展示。

【例4-2】 查询喜欢旅游的或者性别是男性的。

```
curl-XGET "http://node01-176:9200/school/_search"-H'Content-Type: application/
json'-d'
{
  "query": {
    "bool": {
      "should": [
        {"match": {"self-introduction": "traveling"}},
        {"match": {"gender": "male"}}
      ]
    }
  }
}'
```

term匹配词条查询。可以使用term精确匹配，如日期、数字、布尔或not_analyzed的字符串(未经分析的文本数据类型)等。term语法如下：

```
{ "term": { "age": 20 }}
{ "term": { "date": "2018-04-01" }}
{ "term": { "sex":"boy" }}
{ "term": { "about": "trivel }}
```

【例4-3】 查询喜欢旅行的人。

```
curl-XGET"http://node01-176:9200/school/_search"-H'Content-Type: application/json
'-d'
{
  "query": {
     "bool": {
       "must": {"term": {"self-introduction": "traveling"}}
     }
  }
}'
```

使用terms匹配多个。

```
curl-XGET "http://node01-176:9200/school/_search"-H'Content-Type: application/
json'-d'
{
  "query": {
     "bool": {
       "must": {"terms": {"self-introduction": ["traveling", "history"]}}
     }
  }
}'
```

比较：term是用于非常精确的过滤，比如“好好学习”，在match下面匹配可以为包含“好”“学”“习”“学习”等，在term语法下面就精准匹配到：“好好学习”。

range过滤：range过滤可以指定范围对数据查询，指定范围关键字包括：gt：>，gae：>=，lt：<，lte：<=。

【例4-4】 查找出大于15岁，小于或等于20岁的学生。

```
curl-XGET "http://node01-176:9200/school/_search"-H'Content-Type: application/
json'-d'
{"query":{"range":{"age":{"gt":15,"lte":20}}}}'
```

exists和missing过滤：

exists和missing过滤可以查询文档中是否包含某个指定字段。

【例4-5】 查找字段中包含age的文档。

```
curl-XGET "http://node01-176:9200/school/_search"-H'Content-Type: application/
json'-d'
{"query":{"exists":{"field":"age"}}}'
```

bool多条件过滤：bool可以像match一样过滤多行条件。

- must：多个查询条件的完全匹配，类似and；
- must_not：多个查询条件的相反匹配，类似not；

• should：至少有一个查询条件匹配，类似 or。

【例 4-6】 过滤出 about 字段包含 travel 且年龄大于 18 岁小于 28 岁的同学。

```
curl -XGET "http://node01-176:9200/school/_search" -H 'Content-Type: application/
json' -d'
{
  "query": {
    "bool": {
      "must": [{"term": {
        "self-introduction": {
          "value": "traveling"
        }
      }},{"range": {
        "age": {
          "gte": 18,
          "lte": 28
        }
      }}]
    }
  }
}'
```

查询与过滤条件合并：通常复杂的查询语句，需要配合过滤语句来实现缓存，可用 filter 语句实现。

【例 4-7】 查询出年龄 20 岁且喜欢旅行的同学。

```
curl -XGET "http://node01-176:9200/school/_search" -H 'Content-Type: application/
json' -d'
{
  "query": {
    "bool": {
      "must": {"match": {"self-introduction": "traveling"}},
      "filter": [{"term": {"age": 20}}]
    }
  }
}'
```

3) Java Client 使用

Java Client 集成了丰富的 Elasticsearch 接口，开发者可直接使用。客户端的类型有两个，分别是节点客户端(Node client)和传输客户端(Transport client)，Java Client 默认使用 9300 号端口并遵循 Elasticsearch 的原生信息传输协议与集群进行通信。集群中各个节点也默认使用 9300 号端口相互访问。如果节点上这个通信端口没有打开，该节点加入集群。

(1) 节点客户端(Node Client)。节点客户端不保存任何数据，只是作为集群中的非数据节点存在，但客户端可以查询到数据在集群中的哪个节点中，并且可以把请求转发到正确的节点。

(2) 传输客户端(Transport Client)。传输客户端同样不存储数据，且不加入集群，只是可以将请求发送到集群节点上。

4.3.5 Kibana 日志汇总、分析和搜索展示系统

1. Kibana 概念

Kibana 是一款开源的数据分析、搜索、展示平台，作为 Elastic Stack 的重要成员之一，设计的初衷就是与 Elasticsearch 配套使用。Kibana 通过与 Elasticsearch 交互，搜索、查看、展示索引数据，并可以实现高级的数据分析与可视化，以图表、表格、地图等直观的形式展现出来。

ELKF 技术是一种很典型的模型-视图-控制器(MVC)思想，Logstash 作为控制层，负责收集和过滤数据；Elasticsearch 作为数据持久层，负责存储数据；Kibana 则是视图层，能够查询和分析各种维度的数据。Kibana 为 Elasticsearch 中的数据提供丰富的图形化展示界面，并汇总、分析、搜索其中的数据。

Kibana 支持主流的浏览器，并基于浏览器动态跟踪 Elasticsearch 的实时数据变化，不同的浏览器可以展示相同的内容。Kibana 通过 Elasticsearch 中开放的基于 REST 的接口与其进行交互，Elasticsearch 提供简单的协议 HTTP，REST 通过 HTTP 实现多种系统间的交流。REST 是一组架构约束条件和原则，使用 HTTP 来进创建、更新、查询和删除等操作，使大数据变得通俗易懂。对于用户来说，Kibana 是一种终端，能够将 Filebeat、Logstash 收集的数据和 Elasticsearch 中存储的数据展示出来。

Kibana 主要包括以下几个功能。

(1) Discover：通过 Discover，实现 Kibana 探索自己的数据，可以提交搜索查询，筛选搜索结果，访问与指定索引模式相匹配的文档并查看其数据信息。可以使用 Discover 查看符合搜索条件的文档数量，以及对相关字段值的统计数据。如果索引模式配置了时间字段，则可以在页面顶部看到一段时间内的文档分布图，如图 4-20 所示。

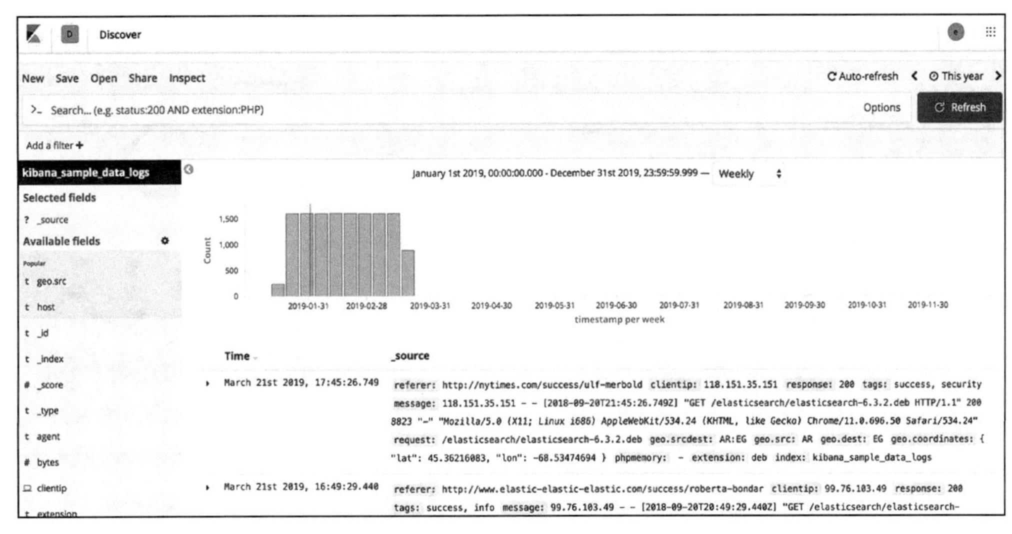

图 4-20　Discover 界面(图片源自 Kibana 官网)

(2) Visualize：该页面能够用来设计可视化(Visualize)，可以保存可视化(Visualize)，后续再进行应用，或者将可视化(Visualize)加载合并到 Dashboard 中。Visualize 利用

Elasticsearch 的各种查询聚合功能对复杂数据进行提取和处理，并通过创建图表呈现数据分布和趋势，也可提供创建、删除、查看、更新和自定义可视化(Visualize)内容的操作，如图 4-21 所示。

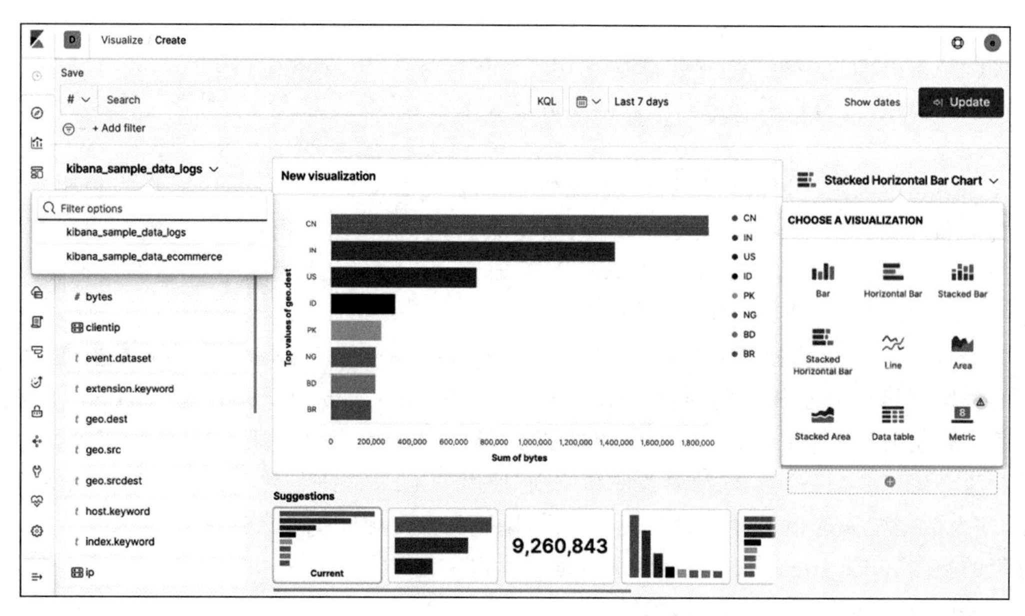

图 4-21 Visualize 界面(图片源自 Kibana 官网)

(3) Dashboard：Kibana 仪表盘可以显示可视化和搜索的集合，可调整大小，也可编辑仪表盘内容，然后将仪表盘保存以便共享，如图 4-22 所示。

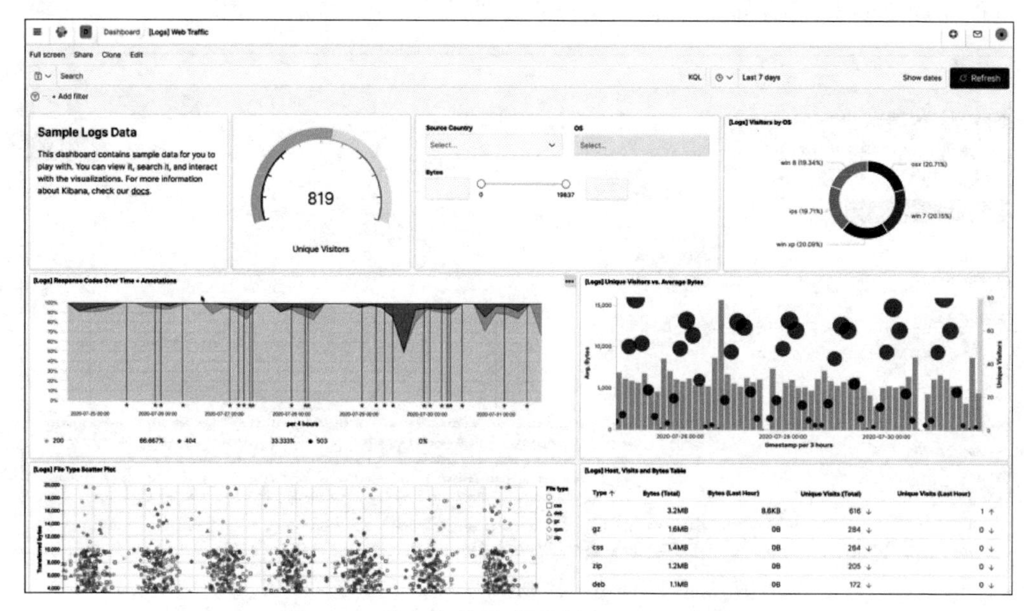

图 4-22 仪表盘界面(图片源自 Kibana 官网)

(4) Timelion：Timelion 是 Kibana 时间序列的可视化工具。该工具通过时间顺序来分

析数据。Timelion 使用特定语法，将功能链接在一起来定义图形的显示。该语法可以将不同索引或数据源的数据整合绘制到一个图形中，如图 4-23 所示。

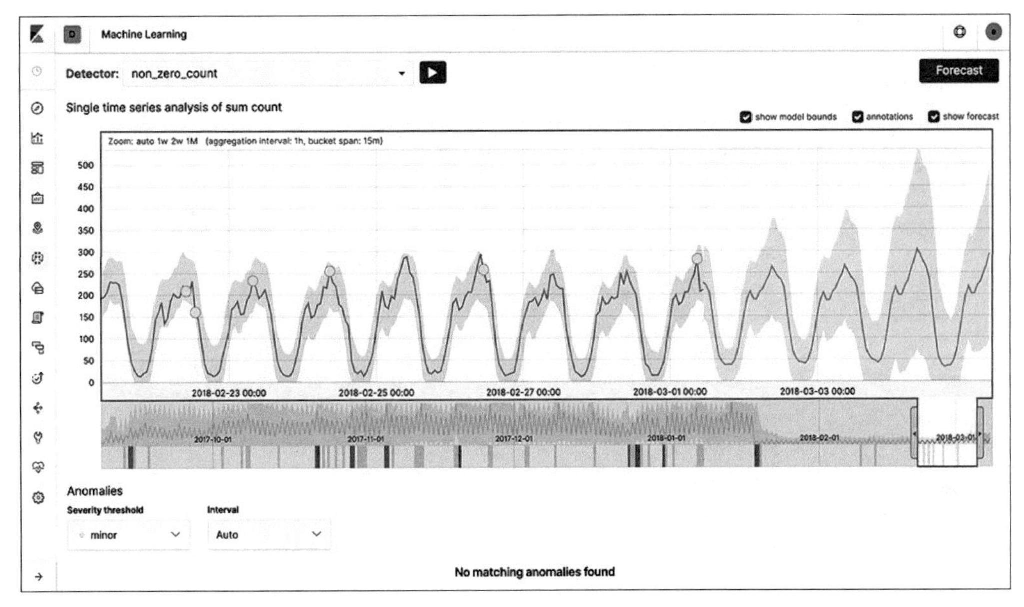

图 4-23　时间序列可视化（图片源自 Kibana 官网）

（5）Dev Tools：Dev Tools 页面中包含各种开发工具，可以使用 Dev Tools 与 Kibana 中的数据进行互联，可以让用户用浏览器直接与 Elasticsearch 进行通信。Kibana 的 Dev Tools 栏下提供了 Console UI，Console 有两个主要区域，左侧是用来书写 REST 请求的编辑区域，右侧显示的是请求返回结果，如图 4-24 所示。

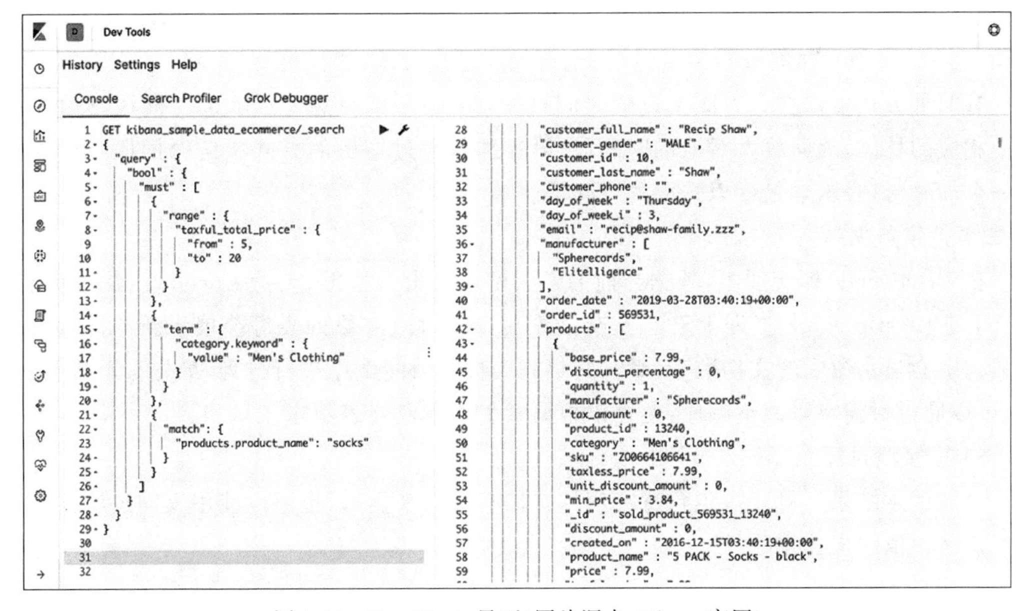

图 4-24　Dev Tools 界面（图片源自 Kibana 官网）

(6) Management：该页面可以控制数据、用户、集群操作等，能够配置单个或者多个新的索引模式，修改现有的配置参数，可以将保存的对象导入和导出，显示 Kibana 版本的详细信息，创建、提交 Kibana 中的内容，如图 4-25 所示。

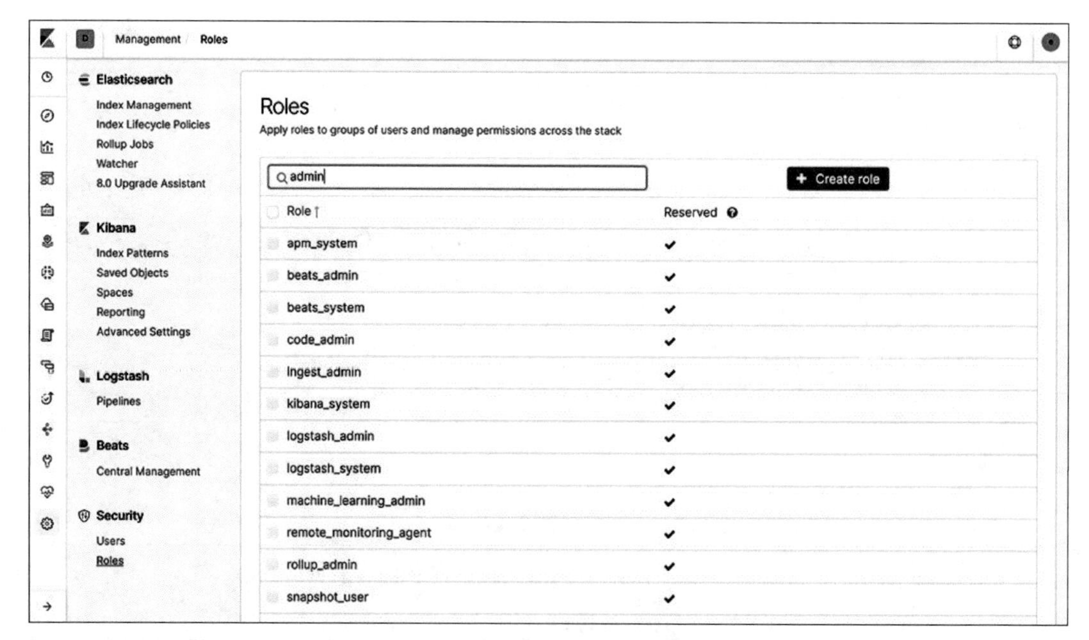

图 4-25　用户和角色管理界面(图片源自 Kibana 官网)

2. 探索数据

1) 设置时间过滤器

时间过滤器能够将查询结果限制在特定的周期内，可以选择 quick 时间、relative 相对时间、absolute 绝对时间进行搜索过滤，也可以通过直方图设置时间过滤器。

有两种方式可以在直方图上设置时间过滤器：一种选择想要放大的时间段，直接单击图中相应的柱体，从而放大对应的时间段；第二种是通过拖曳的方式指定时间段，当光标变成一个加号时，表示这是可以选取的时间段。

2) 搜索数据

在 Discover 页提交搜索，根据当前的索引模式去索引数据，支持 Lucene 语法或者基于 JSON 的 Elasticsearch 查询 DSL。提交搜索后，直方图、字段列表等会展示新的搜索结果，工具栏中会显示命中的文档数量，默认文档列表按照时间倒序进行排列，最先显示最新的文档，可以通过时间字段调整顺序，也可以根据索引值指定列表顺序。

3) 按字段过滤

过滤搜索结果。可以将包含特定值的文档筛选出来显示，也可以使用反向过滤器，将含有特定字段值的文档排除。

3. 探索可视化

可视化作为 Kibana 的核心功能，可以对实时大数据信息进行可视化，能够轻松地创建出可视化图表，主要包括选择可视化类型、选择数据源、可视化编辑器三步。

1）选择可视化类型

在新建可视化（Visualization）向导第一步，选择可视化类型。可视化有以下几种类型。

（1）Area Chart：区块图，根据不同序列对总体的贡献进行可视化。

（2）Data Table：数据表，可以显示聚合后的原始数据。

（3）Line Chart：折线图，用连线来比较不同的序列数据。

（4）Markdown Widget：用于显示自定义格式信息或仪表盘的使用说明信息。

（5）Metric：指标可视化，可以在仪表盘显示单个数字。

（6）Pie Chart：饼图能够显示每一来源的占比。

（7）Tile Map：瓦片地图可以将聚合结果与经纬度联系起来。

2）选择数据源

可以新建一个搜索，也可以读取已经保存的搜索。作为可视化的数据源，搜索可以关联一个或多个索引。

3）可视化编辑器

可视化编辑器用于配置、编辑可视化，其主要的功能包括预览画布（Preview Canvas）、工具栏（Toolbar）和聚合构建器（Aggregation Builder）。

工具栏中通过用户交互式搜索框来保存、加载可视化。由于可视化为保存好的搜索，因此搜索栏会变成灰色。如果需要编辑搜索，则需要双击搜索框，使用编辑后的搜索替换已经保存的搜索。在搜索框的右侧有多个按钮，可以用来新建可视化、保存当前可视化、加载已保存可视化或者刷新当前可视化的数据。

聚合构建器通过 bucket（桶）和 metric（指标）来配置可视化。在折线图可视化里，buckets 为 X 轴，metrics 为 Y 轴。在饼图里，buckets 为分片的数量，metrics 为分片大小。

预览画布可以预览在聚合构建器里定义的可视化效果。单击工具栏的 Refresh，可以刷新可视化预览。

4. Kibana 插件

Kibana 通过插件为其实现附加功能，通过以下命令来安装插件：

```
bin/kibana-plugin install <package name or URL>
```

当指定不带 URL 的插件名称时，插件工具会尝试下载官方 Elastic 插件，例如：

```
$bin/kibana-plugin install x-pack
```

要更新插件，请删除当前版本并重新安装插件。

要删除插件，请使用 remove 命令，如下例所示：

```
$bin/kibana-plugin remove x-pack
```

使用以下命令禁用插件：

```
./bin/kibana --<plugin ID>.enabled=false
```

5. Kibana 实践

1）环境准备

本项目案例 Linux 服务器的域名为 node01-176，IP 地址为 192.168.136.176，防火墙已

关。Kibana 必须与 Elasticsearch 配合使用，因此在部署 Kibana 之前要部署、配置好 Elasticsearch。在上节中，已经部署好 Elasticsearch，其访问地址为：http://192.168.136.176:9200。

2）Kibana 安装

（1）从官网下载 kibana-6.5.4-linux-x86_64.tar.gz，并解压到/export/servers/es 目录。

```
[es@node01-176 ~]$tar -zxvf kibana-6.5.4-linux-x86_64.tar.gz -C /export/servers/es/
```

（2）修改配置文件：

```
[es@node01-176 ~]$cd /export/servers/es/kibana-6.5.4-linux-x86_64/
[es@node01-176 kibana-6.5.4-linux-x86_64]$vim config/kibana.yml 添加如下内容
server.host: "192.168.136.176"                #对外暴露服务的地址，默认端口号为 5601
elasticsearch.url: "http://192.168.136.176:9200"        #访问 elasticsearch 的 URL
```

（3）启动 Kibana 服务：

```
[es@node01-176 kibana-6.5.4-linux-x86_64]$bin/kibana
```

（4）浏览器访问，地址：http://192.168.136.176:5601，如图 4-26 所示。

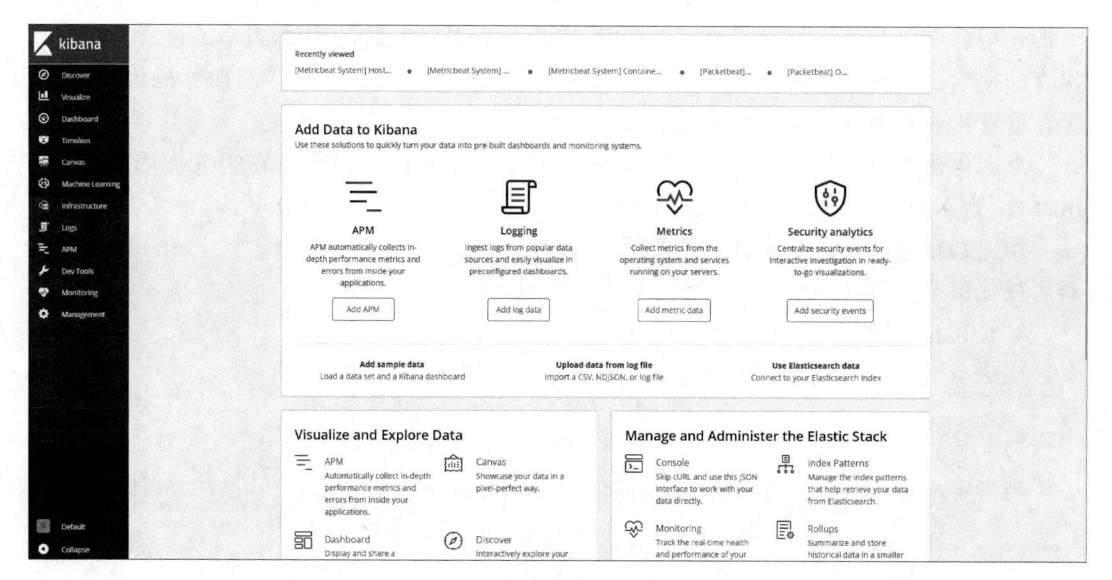

图 4-26　Kibana 首页

3）Kibana 应用实践

实践目标：使用轻量级性能指标采集器 Metricbeat 采集 Linux 服务器各项性能指标，传入 Elasticsearch 并使用 Kibana 进行可视化监控。

（1）下载 metricbeat-6.5.4-linux-x86_64.tar.gz，并解压到 /export/servers/es/beats/目录下。

```
[es@node01-176~]$tar-zxvf metricbeat-6.5.4-linux-x86_64.tar.gz-C /export/servers/es/
beats/
```

(2) 修改 Metricbeat 配置文件并启动:

```
[es@node01-176 ~]$cd /export/servers/es/beats/metricbeat-6.5.4-linux-x86_64/
[es@node01-176 metricbeat-6.5.4-linux-x86_64]$vim metricbeat.yml
```

执行上述命令打开文件 metricbeat.yml,修改为如下内容并保存:

```
metricbeat.config.modules:
  path: ${path.config}/modules.d/*.yml
  reload.enabled: false
setup.template.settings:
  index.number_of_shards: 1
  index.codec: best_compression
setup.kibana:
  host: "192.168.136.176:5601"          #Kibana 对外暴露的 URL
output.elasticsearch:
  hosts: ["192.168.136.176:9200"]       #ElasticSearch 服务的 URL
processors:
  - add_host_metadata: ~
  - add_cloud_metadata: ~
```

(3) 安装 Metricbeat 默认可视化模板到 Kibana:

```
[es@node01-176 metricbeat-6.5.4-linux-x86_64]$./metricbeat setup --dashboards
```

(4) 以后台方式启动 Metricbeat:

```
[es@node01-176 metricbeat-6.5.4-linux-x86_64]$nohup ./metricbeat -e >/dev/null
2>&1 &
```

浏览器访问 Kibana 查看 Metricbeat 的 Dashboard,地址:http://192.168.136.176:5601,如图 4-27~图 4-29 所示。

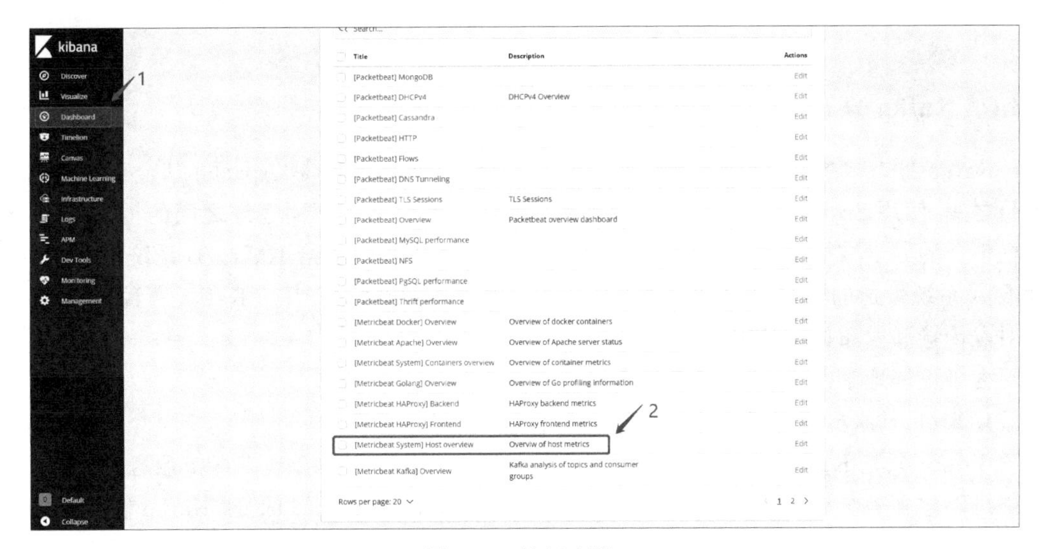

图 4-27 访问步骤 1

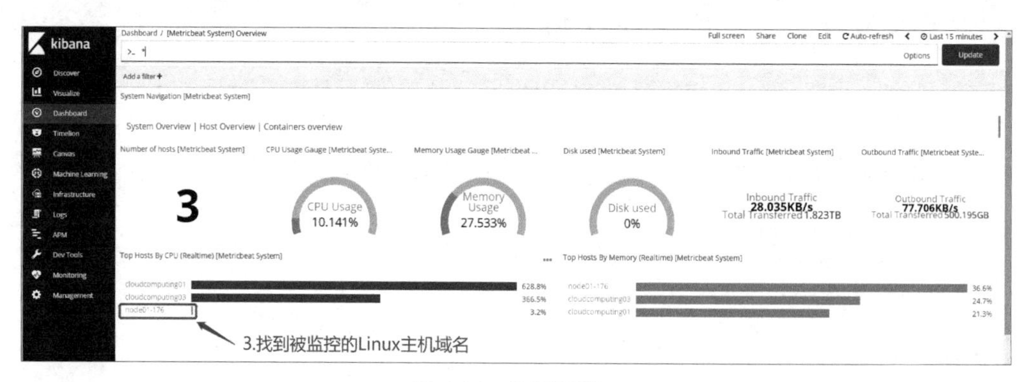

图 4-28　访问步骤 2

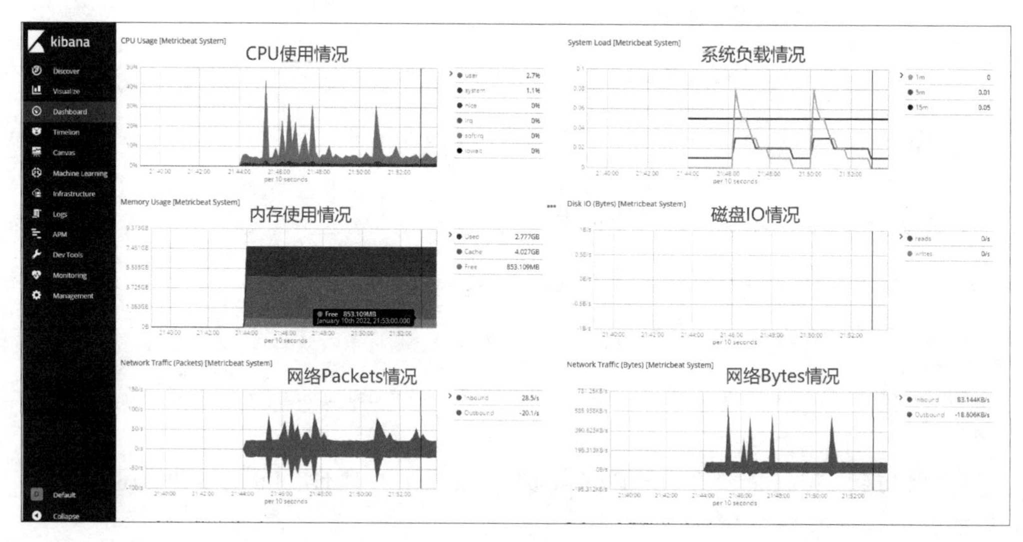

图 4-29　访问步骤 3

4.3.6　Kafka 分布式消息系统

Kafka 是一款高吞吐量的分布式发布、订阅消息引擎系统，是 Apache 基金会顶级开源项目之一，使用 Scala 和 Java 编程语言编写。Kafka 可以实现不同系统之间的消息传递，实现松耦合的异步数据处理。通俗地讲，就是 A 系统将消息发送给 Kafka，B 系统再从 Kafka 读取 A 系统发送的消息，Kafka 从中起到一个消息传递的桥梁作用。Kafka 两种运行模式：点对点传输和发布订阅传输。

为了更好地学习 Kafka，先来了解一下 Kafka 的相关概念。

1. Broker（服务器代理）

Broker 只是 Kafka 集群的一个服务进程，但通常用 Broker 指代 Kafka 服务。Kafka 集群中可以包含一个或多个 Broker 进程。Broker 服务监听、接收和处理 Kafka 客户端发送的请求，并对消息做持久化处理。虽然一台服务器可以运行多个 Broker 进程，但在生产环境中，建议将 Broker 分散运行在不同的服务器中，实现 Kafka 服务的高可用。

2. Record(消息)

Kafka 主要作为一个消息引擎,其处理的主要对象被称为 Record。相关术语如下所述。

消息位移(Offset):表示分区中每条消息的位置信息,是一个单调递增且不变的值。

副本(Replica):Kafka 中的消息通过复制,实现数据冗余。复制的数据称为副本。副本分为两种副本:领导者副本(Leader)和追随者副本(Follower)。所有副本中,有且仅有一个领导者副本,领导者副本是当前负责数据的读写的存储区域,而追随者副本仅作为备份使用,与领导者副本保持同步。只有当领导者副本挂掉时,才会从追随者副本中选举新的领导者副本。

3. Topic(消息主题)

Topic 是用于接收消息的逻辑容器,在实际使用中多用来区分不同的业务。Topic 类似于消息的类型,Kafka 接收的每一条消息,都通过 Topic 来区分不同的类型。

4. Partition(消息分区)

Partition 是 Kafka 中最小的存储单元。Kafka 中的 Topic 被 Partition 分为多个存储分区。一个 Topic 中可以包含一个或多个 Partition。

5. Producer(消息生产者)

Producer 是向 Topic 发送新消息的代理或应用程序。

6. Consumer(消息消费者)

Consumer 用来指代从 Topic(主题)订阅新消息的应用程序,或者是向 Kafka broker 读取/订阅消息的客户端。相关概念包括:

消费者位移:Consumer Offset。表示消费者消费消息的进度。

7. Consumer Group(消费者组)

Consumer Group 表示多个消费者组成的一个组。Consumer Group 可以同时消费消息,以实现消息的高吞吐。每个 Consumer 都有所属的 Consumer Group。

4.4 项目实践

近几年,中国的网约车市场快速拓展,网约车已经逐步成为人们日常出行的主要选择之一。网约车在不增加出租车供应的前提下,让更多资源得到了有效利用,改变了出行方式,同时填补了城市公共交通的短板,促进共享经济的发展。虽然新冠肺炎疫情期间各大网约车平台承受了不同程度的打击,但在我国个人互联网应用保持着良好发展势头的大环境下,网上预约专车/快车仍有巨大潜力。

本项目案例模拟了网约车平台中成功预约车辆并完成行程后的用车数据,该模拟程序主要从网约车平台类型、用车城市、用车分类、用户年龄群体、里程长度和里程结束后用户的评分来设计网约车平台的用车数据。在数据生成后,使用 ELKF 收集、过滤、分析展示数据。实践流程如图 4-30 所示。

在 node02-181 节点运行网约车平台模拟数据生成程序,将生成的数据保存到 Car.log 中;使用 node02-181 上的 Filebeat 组件收集 Car.log 中的数据,转发到 node01-176 上 topic 为 Car 的 Kafka 中;使用 node01-176 上的 Logstash 消费 Kafka 中的数据,使用 Grok 过滤器将日志过滤成 JSON 格式,发送到 Elasticsearch 进行存储;最后使用可视化平台 Kibana

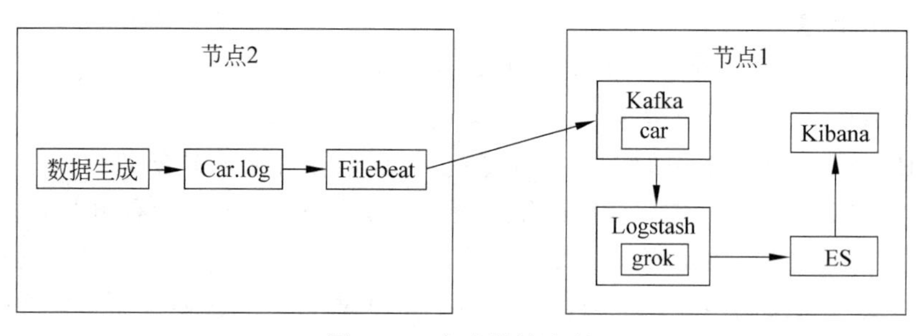

图 4-30 实验设计流程

从 Elasticsearch 中读取数据，并对数据进行分析展示。

数据分析展示的内容如下所述。

(1) 平台约车评价分析：不同约车平台的使用评分，每个平台不同车型分类的使用评分，评分最高的约车平台和车型。

(2) 地域约车分析：不同城市的约车使用量分析，约车使用偏好分析。

(3) 用户群体分析：不同年龄段偏好平台车型和里程长度的分析。

(4) 网约车平台数字化运营：实时展示某平台在一段时间内的约车量，并根据以上功能指标和其他指标为指导网约车平台调整营销战略提供一定的思路。

4.4.1 网约车平台日志数据收集

4.4.1 资源

本部分进行日志数据收集，由于启动 1 个 Logstash 就需要消耗 500MB 左右的内存，而 Filebeat 仅需要十几兆字节的内存资源，因此将使用 Filebeat 实现日志数据收集的功能。常用的 ELKF 日志采集方案大部分将节点的日志内容通过 Filebeat 发送到 Logstash，再进行后续的过滤、存储和展示。

1. 模拟数据生成

Python 网约车平台数据模拟生成程序：

```
import random
import time

age_bracket =["18-25", "25-35", "35-45", "45-55"]
platform =[
    "platform_1", "platform_2", "platform_3", "platform_4", "platform_5",
    "platform_6", "platform_7", "platform_8",
    "platform_9", "platform_10"
]
p_platform =[0.15, 0.08, 0.02, 0.1, 0.12, 0.08, 0.09, 0.1, 0.22, 0.04]
type =["economy", "comfortable", "business"]
distance =["0-10", "10-20", "20-30", "30-40", ">=40"]
region =["beijing", "shanghai", "shenzhen", "guangzhou", "chengdu", "hangzhou",
"nanjing", "jinan", "dalian", "tianjin"]
p_region =[0.17, 0.18, 0.12, 0.11, 0.1, 0.09, 0.08, 0.05, 0.03, 0.07]
def acquire_region():
    return random.choices(region, weights=p_region)[0]
```

```
def acquire_age():
    return random.choices(age_bracket, weights=[1, 4, 3, 2])[0]

def choices_platform():
    return random.choices(platform, weights=p_platform)[0]

def acquire_type(platform):
    if p_platform[platform.index(platform)] >=0.1:
        a_type =random.choices(type, weights=[6, 3, 1])[0]
    elif 0.05 <=p_platform[platform.index(platform)] <0.1:
        a_type =random.choices(type, weights=[5, 3.5, 1.5])[0]
    elif p_platform[platform.index(platform)] <0.05:
        a_type =random.choices(type, weights=[4.5, 3.5, 2])[0]
    return a_type
def acquire_distance(age):
    if age ==age_bracket[0]:
        a_distance =random.choices(distance, weights=[6, 1.5, 1.2, 1, 0.3])[0]
    elif age ==age_bracket[1]:
        a_distance =random.choices(distance, weights=[1.5, 1.5, 2, 3, 2])[0]
    elif age ==age_bracket[2]:
        a_distance =random.choices(distance, weights=[1.5, 2, 2, 2.5, 2])[0]
    else:
        a_distance =random.choices(distance, weights=[1, 1.5, 2, 2.5, 3])[0]
    return a_distance
def acquire_score(c_platform):
    if p_platform[platform.index(c_platform)] >=0.2:
        a_score =format(random.uniform(8, 10), '.1f')
    elif 0.1 <=p_platform[platform.index(c_platform)] <0.2:
        a_score =format(random.uniform(7, 9.5), '.1f')
    else:
        a_score =format(random.uniform(6.5, 9.5), '.1f')
    return a_score
def generator_log(count=10):
    time_str =time.strftime("%Y-%m-%d %H:%M:%S", time.localtime())
    f =open("/var/log/car.log", "a+")
    while count >=1:
        t_region =acquire_region()
        t_age =acquire_age()
        t_platform =choices_platform()
        t_type =acquire_type(t_platform)
        t_distance =acquire_distance(t_age)
        t_score =acquire_score(t_platform)
        query_log ="{region}\t{platform}\t{age_bracket}\t{type}\t{distance}\t
        {score}\t{date}\t".format(region=t_region, platform=t_platform, age_
        bracket=t_age, type=t_type, distance=t_distance, score=t_score, date=
       time_str)
        f.write(query_log +"\n")
        #print(query_log)
        count =count -1
if _name_ =='_main_':
    while True:
```

```
        generator_log(random.randint(10,30))
        time.sleep(random.randint(1,10))
```

将该代码上传到 node02-181 的/root/目下，并命名为 generate_data.py。

在当前目录下执行 python3 generate_data.py 时脚本将向/var/log/car.log 文件内，每隔 $n(1\leqslant n \leqslant 10)$秒随机生成 $m(10\leqslant m \leqslant 30)$条数据。每条数据格式为：用车城市＋用车平台＋用户年龄段＋用车类型＋里程区间＋使用评分＋时间，示例数据如下所示。

```
beijing platform_8 35-45 comfortable 10-20 7.6 2021-12-29 06:57:06
```

该数据表示用一名年龄在 35～45 岁的北京用户在 2021-12-29 06:57:06 使用了 platform_8 的 comfortable 类车型，该次行程行驶距离区间为 10～20km，该次用车体验用户评分为 7.6 分。

2. 配置 filebeat

在 node02-181 节点上配置 Filebeat。

```
vim /etc/filebeat/filebeat.yml
```

添加如下内容。

```
filebeat.prospectors:
-input_type: log
  paths:
    -/var/log/car.log
output.kafka:
  hosts: [ "192.168.136.181:9092" ]
  topic: 'onlinecar'
```

需要注释文件里的 Elasticsearch output 的输出模块以及输入模块。

在该配置文件中 input_type：log 指定了输入类型，paths 指定了文件所在的路径，该处支持基本的正则，支持/var/＊/＊.log 的写法。output.kafka 指定了输出位置是 Kafka，hosts 处指定获取集群元数据的 Kafka 代理地址列表，topic 指定了用于生成事件的 Kafka 主题。

上述配置表示，从本地的/var/log/car.log 中读取输入类型为 log 的文件，将读取的日志数据输出到地址为 192.168.136.181：9092 的 Kafka 中，并在 Kafka 中设置名为 onlinecar 的 topic 用于处理事件。

修改好 filebeat.yml 后，重启 Filebeat 使配置生效。

```
sudo systemctl restart filebeat
```

4.4.2 网约车平台日志数据传输和过滤

4.4.2 微课

在数据的传输、过滤过程中，采用数据从 Filebeat 到 Kafka 再到 Logstash 的架构。

由于 Kafaka 已经在安装阶段配置完成，此处仅是使用 Kafka 的功能，因此 Kafka 的配置不需要修改，只需要在 node01-176 上修改 Logstash

即可。

在 node01-176 节点配置 Logstash。

```
vim /etc/logstash/conf.d/onlinecar.conf
```

添加如下内容：

```
input {
    kafka {
        bootstrap_servers =>"192.168.136.176:9092"
topics =>"onlinecar"
        codec =>"json"
    }
}
filter {
    grok {
        match =>{"message"=>"(?<region>[a-z]+)\s+(?<platform>[0-9,a-z\_]+)\s
        +(?<age bracket>[0-9\-]+)\s+(?<type>[a-z]+)\s+(?<distance>[0-9\-,>,
        =]+)\s+(?<score>[0-9\.]+)\s+(?<data>[0-9\-]+)\s+(?<time>[0-9\:]+)"}
    }
    mutate {
        convert =>["score","float"]
    }
}
output {
    elasticsearch {
        hosts =>["192.168.136.176"]
        index =>'logstash-onlinecar-%{+YYYY-MM-dd}'
    }
}
```

Logstash 配置文件必须有两个部分：input 和 output，可选配置部分为 filter。input 用于指定数据的输入，可以是本地文件路径，也可以是 Kafka 的 topic。filter 用于过滤、处理数据，如果不做 filter，则数据将原样输出。output 用于将数据发送到指定位置，可以是本地文件路径，也可以是 Kafka 或 Elasticsearch。

在该配置文件中，input 中指定 Kafka 为数据来源。bootstrap_servers 指定用于建立初始连接的 Kafka 实例的 URL 列表，topics 指定订阅 Kafka 的主题列表，codec 指定输入数据的编/解码器。filter 中指定使用 grok 插件和 mutate 插件过滤数据，grok 中的 match 指定了待解析的文本，该部分可以使用正则自定义过滤数据，mutate 中的 convert 对指定字段进行转换。ouput 指定输出到 Elasticsearch 中，hosts 为 Elasticsearch 所在的服务器列表，index 为写入时间的索引。可以按照日志来创建索引，以便删除旧数据和按时间搜索日志。

以上配置表示，输入数据源从 IP 地址为 192.168.136.176 中的 Kafka 获取，从 onlinecar 中消费数据，并将输入格式设置为 JSON 格式。过滤器使用 grok 和 mutate 插件进行过滤，grok 部分通过自定义正则匹配规则，过滤出用车城市＋用车平台＋用户年龄段＋用车类型＋里程区间＋使用评分＋时间，格式依旧为输入的 JSON 格式。由于从 Logstash 中读取的内容为字符串类型 mutate 部分使用 convert 将 score 对应的值转为 float 类型。输出位置指定为 IP 地址为 192.168.136.176 的单节点 elasticsearch，并为数据设置名为'logstash-onlinecar-%{+YYYY-MM-dd}'的索引名，方便用户的搜索管理。%{+YYYY-MM-dd}在 Logstash 中解析为年月日，至此实现了从 Kafka 中消费数据，使用 grok 和 mutate 两个插件过滤后，将数据推送到 elasticSearch 的当天日期索引中。

修改好 onlinecar.conf 后，重启 Logstash：

```
sudo systemctl restart logstash
```

4.4.3 日志数据汇集及存储

Elasticsearch 负责将日志数据存储以及分析，Logstash 配置好输出后，经过过滤后的日志数据就会自动流转到 Elasticsearch 中，无须进行额外的配置和数据复制。

通过前文可以看出，Elasticsearch 具有强大的数据检索、分析能力，但是数据的检索方式以及数据分析结果展示方式都不直观，不方便用户直接使用，因此需要 Kibana 调用 Elasticsearch 的接口，完成与用户的交互以及检索、分析结果的展示功能。

4.4.4 日志数据分析及可视化展示

4.4.4 微课

使用 node01-176 节点的 Kibana 对数据进行展示分析。

1. 创建索引

在部署 Kibana 服务的同网段下，使用浏览器访问 http://192.168.136.176:5601/进入 Kibana 首页，如图 4-31 所示。

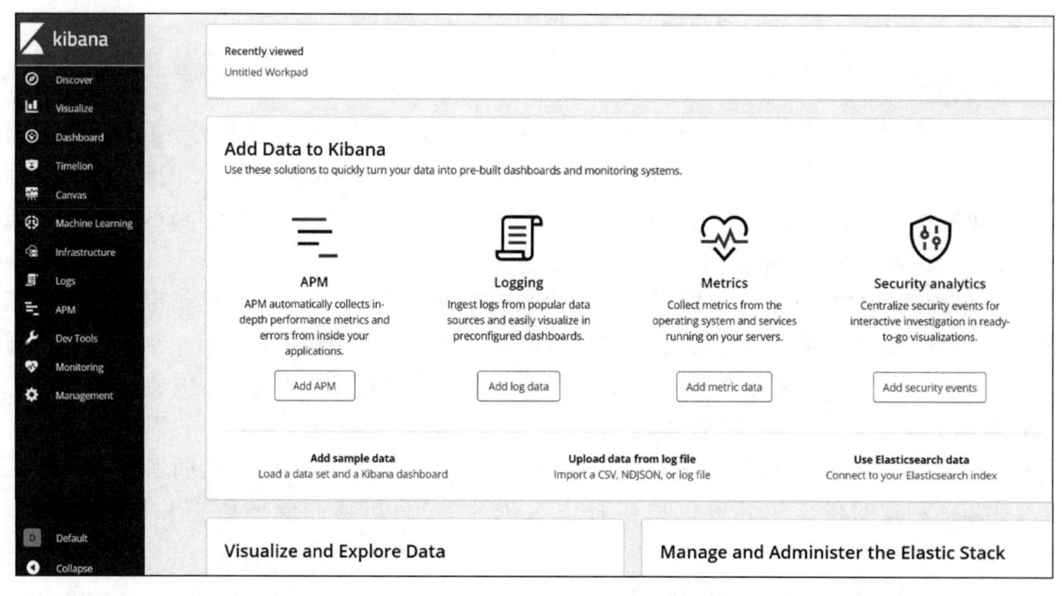

图 4-31 Kibana 首页

单击 Management 选项卡，进入 Kibana 管理页面，如图 4-32 所示。

单击 Index Patterns 选项卡，进入索引模式界面，如图 4-33 所示。

Kibana 会显示所有可以使用的索引，此处的索引名称即为 Logstash 中配置数据输出

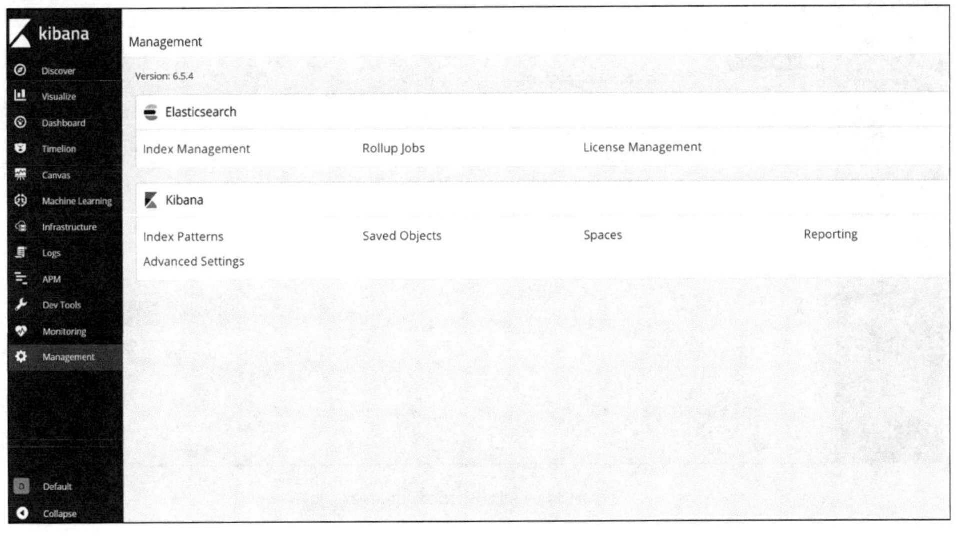

图 4-32　Kibana 管理页面

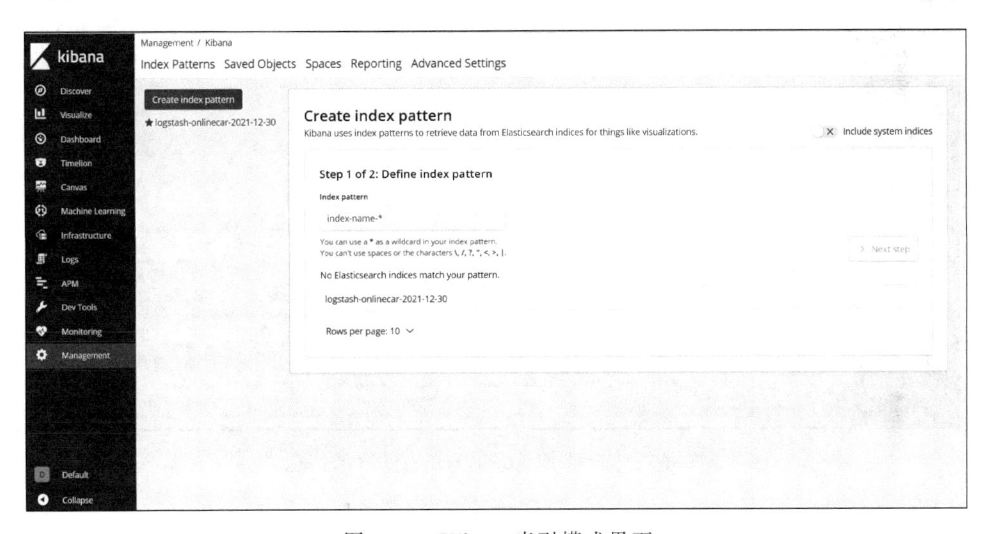

图 4-33　Kibana 索引模式界面

的 index(为 onlineca)，在本例中仅有 logstash-onlineca-2021-12-30，将 logstash-onlineca-2021-12-30 输入 Index pattern 文本框中，完成后，单击下一步按钮，如图 4-34 所示。

Kibana 中创建 index pattern 默认需要设置时间过滤器，此处选择默认的时间戳 @timestamp 作为时间过滤字段，之后单击 Create index pattern。此时索引已经成功创建。创建完成后可以在仪表盘左侧单击 Discover 选项卡查看从 Elasticsearch 中读取的数据，如图 4-35 所示。

单击某条数据时间左侧的展开按钮(三角形符号)，即可查看该条记录所包含的数据内容。通过图 4-36 可以看出成功地过滤出 region(用车城市)、platform(用车平台)、age bracket(用户年龄段)、type(用车类型)、distance(里程区间)和 score(使用评分)，由此验证了数据的生成、过滤和存储功能正常。

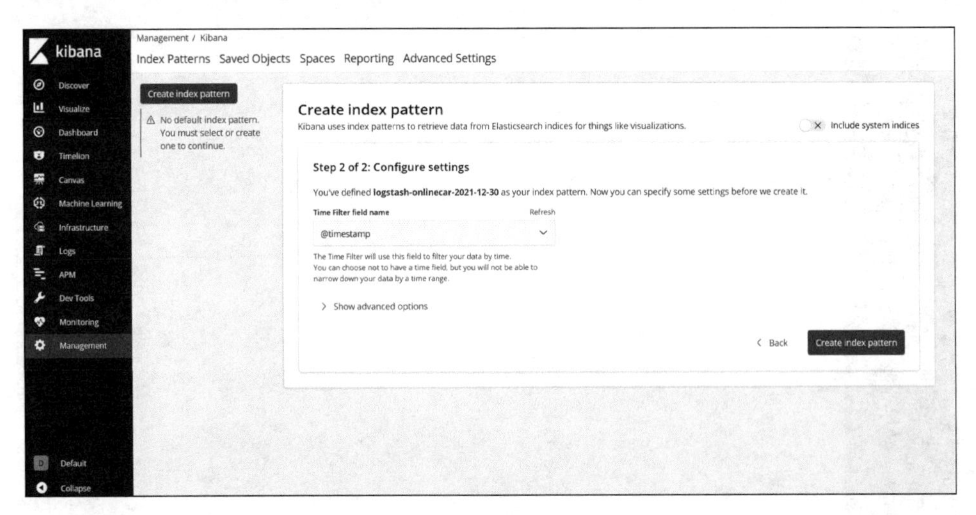

图 4-34 创建 index pattern

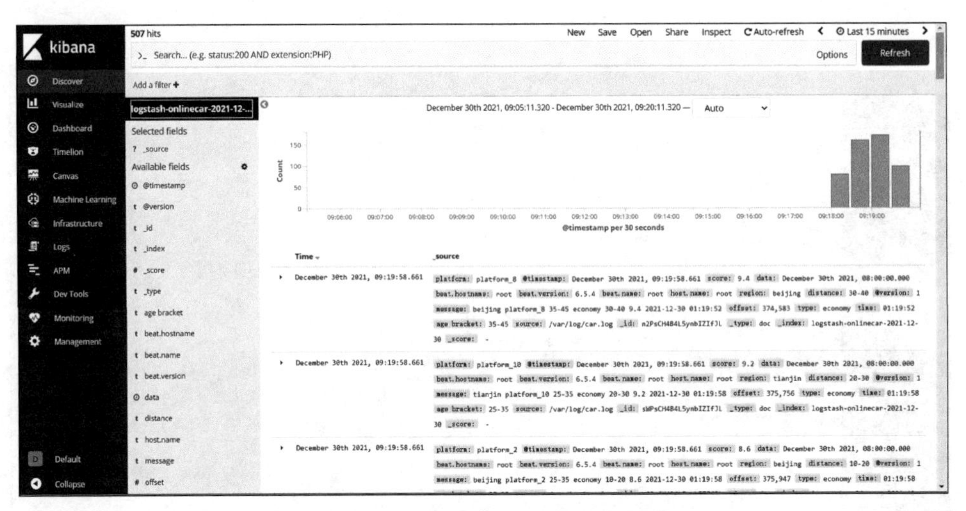

图 4-35 查看 Elasticsearch 中读取的信息

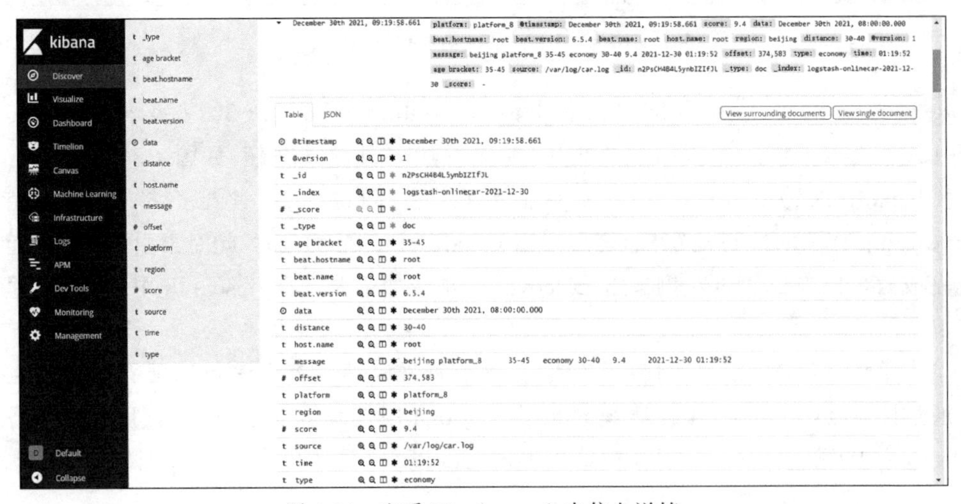

图 4-36 查看 Elasticsearch 中信息详情

2. Visualize 数据分析

可视化 (Visualize)可以为数据创建不同的可视化控件,并且用户可以通过仪表板将这些可视化控件整合在一起,统一展示。

Kibana 可视化控件调用 Elasticsearch 的复杂查询聚合功能来提取、处理、整合数据,用户可以使用 Visualize 创建仪表盘来展示关心的数据分布和趋势。

单击左侧导航栏的 Visualize 进入可视化功能的创建页面,如图 4-37 所示。

图 4-37　创建 Visualize

单击右上角的加号按钮,创建可视化图例模板,单击 other 下的 Tag Cloud(词云图),如图 4-38 所示。

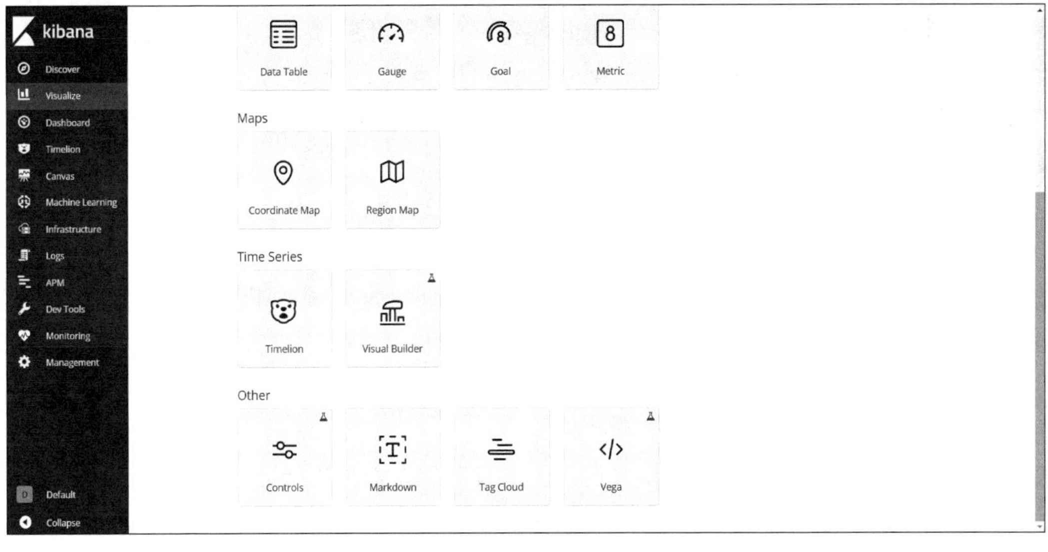

图 4-38　选择 Visualize 模板

选择来源数据的索引名称，单击刚在 Logstash 配置中创建的索引 logstash-shop-2021-12-30，如图 4-39 所示。

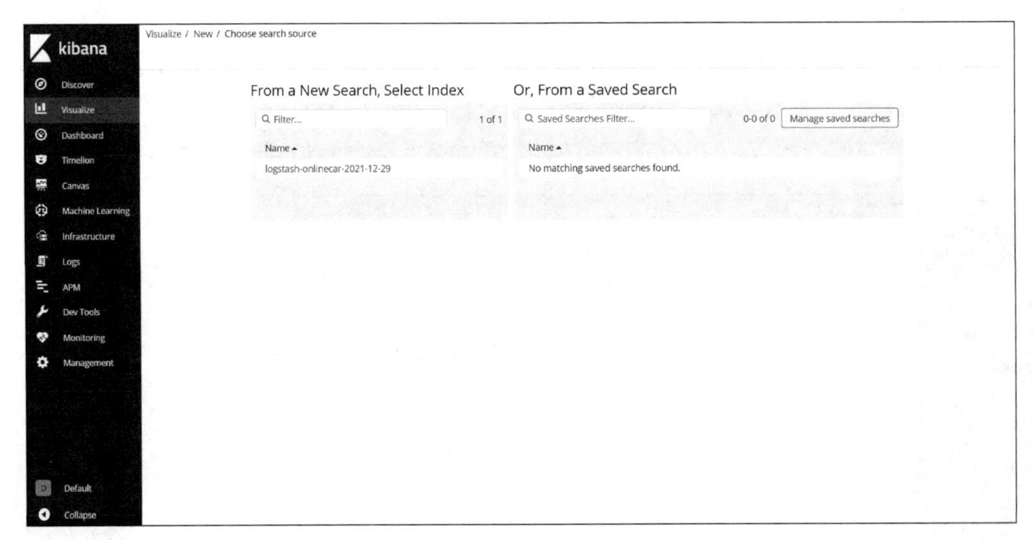

图 4-39　选择数据来源

使用 Elasticsearch 聚合功能需要了解两个概念：Buckets（桶）和 Metrics（指标）。桶（Buckets）是满足特定条件的一个文档集合，指标（Metrics）提供了文档的划分方法。聚合是对一系列桶和指标的组合。在桶中甚至可以有多个嵌套的桶，来实现一些更加复杂的聚合操作。

1）词云图展示网约车使用量分析

使用词云图对不同城市网约车使用量分析时需要设置 Buckets 和 Metrics，Buckets 使用区域划分不同城市，Metrics 使用 Count 累计统计数据条数的方式作为计算指标，具体配置如图 4-40 所示，Buckets 中 Aggregation（聚合）使用的是 Terms（词条），聚合的范围是 region 这个关键词，采用 metric：Count 以累计计数作为指标，排序方式使用 Descend 降序的方式显示分类大小为 10 条，单击索引下的小三角号即可出现右侧的词云图。

从图中可以看出，上海和北京的网约车订单量最大，深圳、广州紧随其后，订单量最少的城市是大连。影响订单数量的原因可能与每个城市的人口基数、GDP 和消费水平息息相关。消费能力越强的城市对网约车的需求量就越大，同时这些城市不同网约车平台的竞争也会相应地异常激烈。

如果用户想保存该图例模板，可以单击顶部的 Save，根据提示进行操作。

2）面积图展示用车里程和用车类型分析

下面将使用面积图，对不同年龄段的用车里程和用车类型进行分析。

同创建词云图类似，在 Visualize→New 下单击 Area，之后选择索引为 logstash-onlinecar-2021-12-30 作为数据源，如图 4-41 所示。

为分析不同年龄段用车里程和用车类型分析，此处需要 3 个 Buckets 分别划分用户年

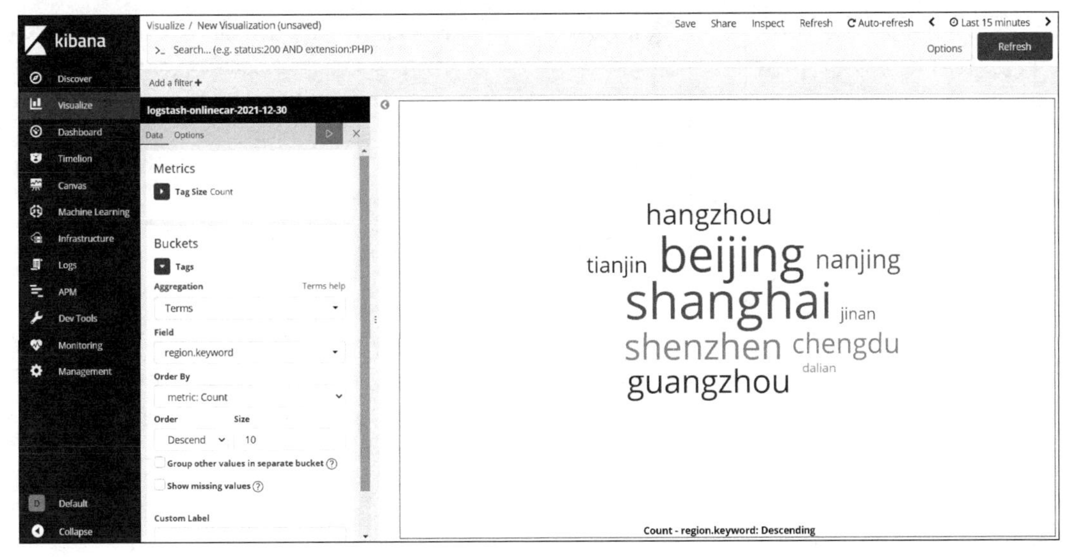

图 4-40 词云图显示

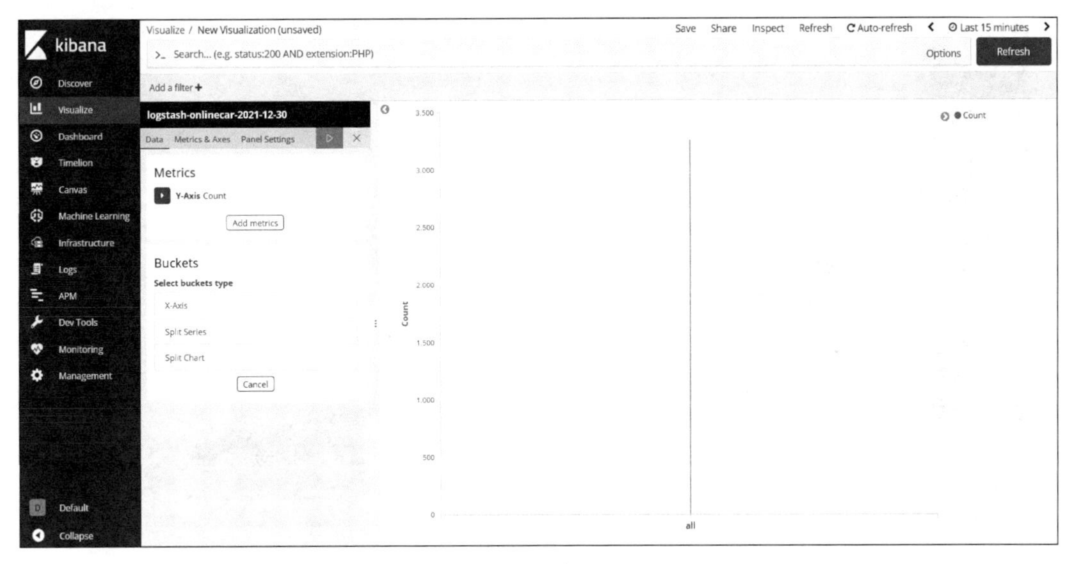

图 4-41 创建面积图

龄段、用车里程、用车类型。单击 X-Asis，添加划分用户年龄段的 Buckets，如图 4-42 所示。

最后添加用车类型 Buckets，单击 Buckets 下的 Add sub-buckets→ Split Chart，具体配置如图 4-43 所示。

Split Series 用来拆分切片，Split Chart 用来拆分图表，在上述配置中面积图使用 age bracket 和 distance 进行划分，根据 type 类型将图表拆分为多个。

配置完成后单击索引下的小三角号，即可展示出刚配置的图，单击图中左上角的箭头可以收起 Buckets 和 Metrics 配置栏，扩大展示空间，如图 4-44 所示。

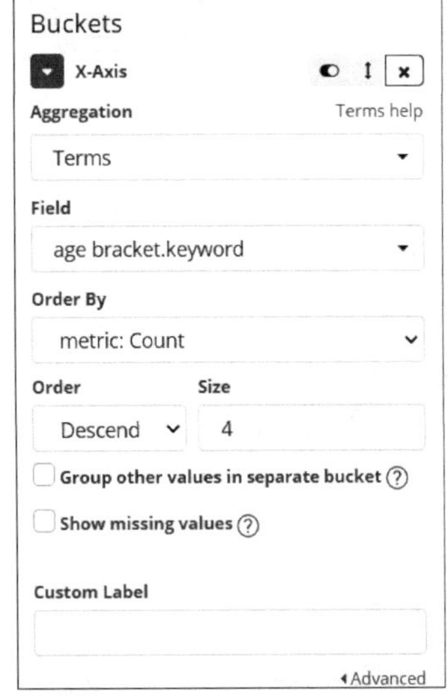

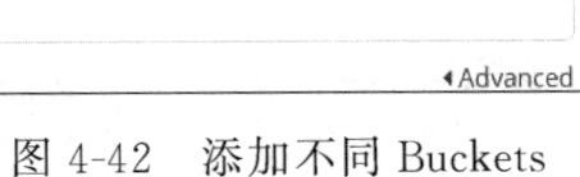
图 4-42　添加不同 Buckets

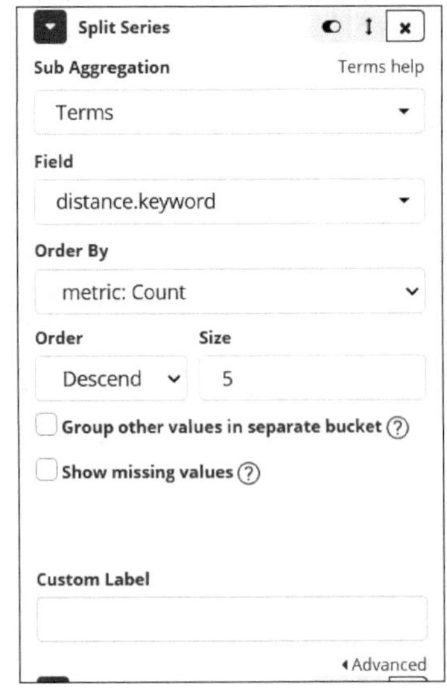

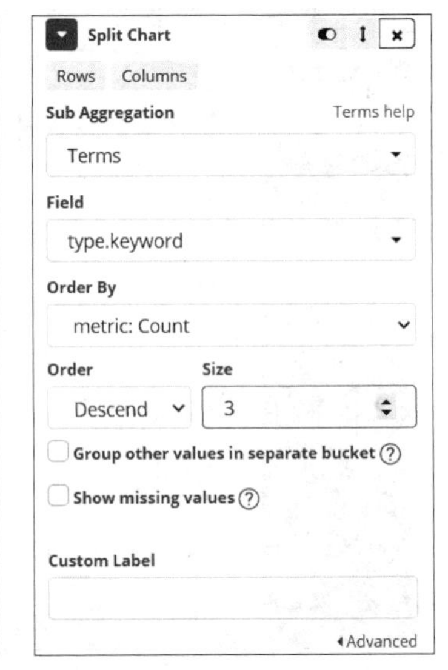

图 4-43　添加其他 Buckets

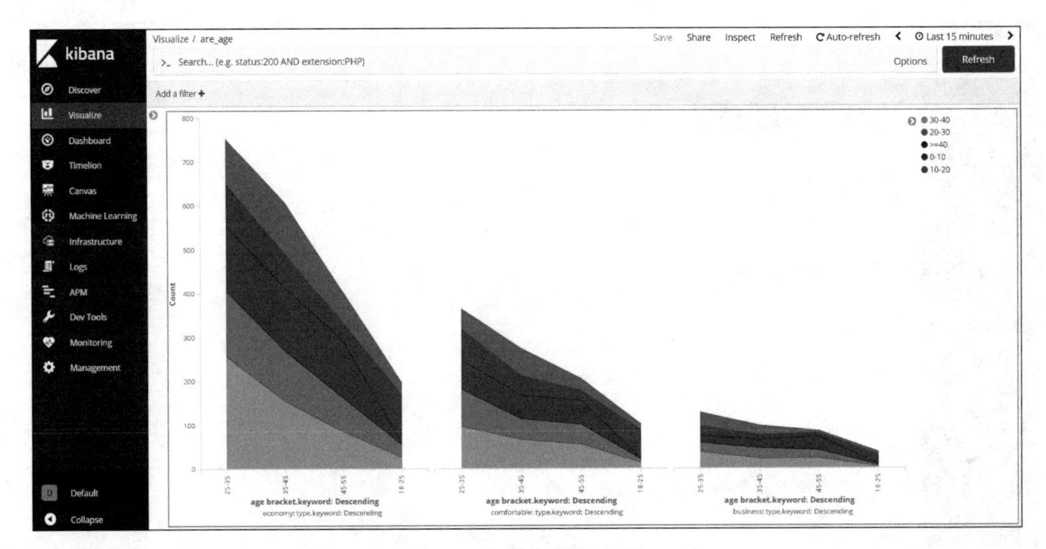

图 4-44　最大展示空间

同样单击该图顶部的 Save 按钮保存起来，从图中可以看出：不同类型的车型收费不同，从高到低依次是商务型、舒适型和经济型，大多数用户在网约车平台选择经济车型，部分用户选择舒适车型，极少数用户选择商务车型。出现该现象的原因可能是实惠的经济车型费用能被大多数用户所接受，因此所占的市场份额最大。

从里程长度来看，18～25 岁的人群多集中在 10km 以内，而 25～35 岁的人群大多数在 30km 以上。出现该现象的原因可能是在 18～25 岁的人群中大多是学生，日常生活中没有太多远距离出行的需求，而 25～35 岁人群都已经参加工作，外出出差、业务往来让他们对远距离出行有了一定的需求。

从图中还可以看出，打车最少的两个年龄区间分别是 18～25 岁和 45～55 岁。出现该

现象的原因可能是 18～25 岁人群中学生为主体用户，他们平时可能会选择更经济实惠的公交车作为短途出行工具，而 45～55 岁的人群一部分可能是因为年龄原因没有办法流畅地使用网约车功能，另一部分可能是出行时多由子女开车陪同。

3）时序图展示网约车订单量分析

接下来使用时序图，对不同平台在一定时间段内网约车订单量进行实时展示。

在 Visualize→New 下单击 Visual Builder，进入图表设计页面，每 10s 显示一次不同平台的网约车订单量，如图 4-45 所示。

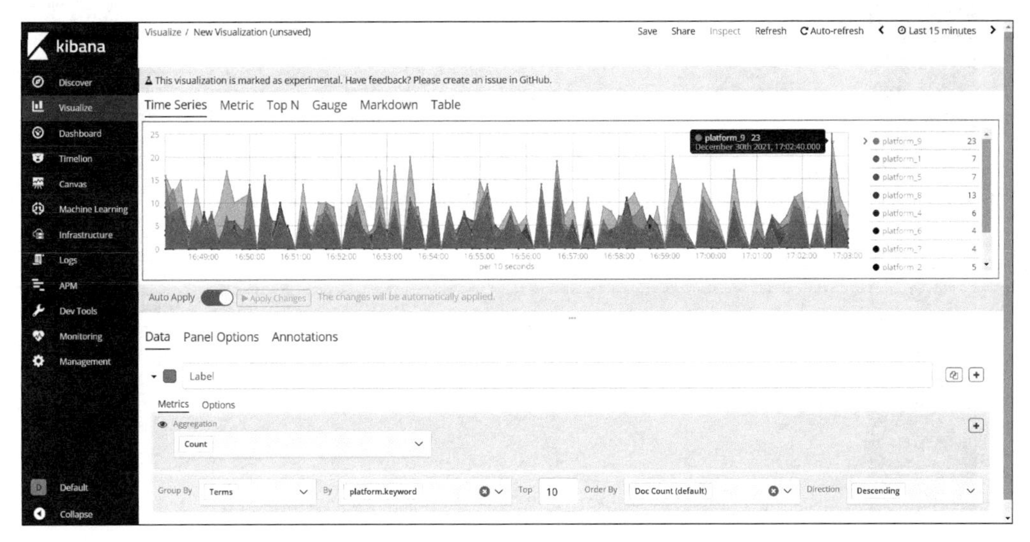

图 4-45　创建 Visual Builder 展示图

从图 4-45 中可以看出，所示的时间段内 platfom_9 有全平台的峰值，此前的时间片段里也多次超过同类平台，因此可以预测在这段时间内 platfom_9 的订单量最大。

如果用户想保存该图模板，可以单击顶部的 Save，根据提示进行操作。

词云图能分析的不仅限于分析 region，在本例中也可以分析不同年龄段网约车使用量、每个平台网约车用户评分等。面积图和时序图同样如此，用户可以根据自己的需求选择合适的图例并设置好 Buckets 和 Metrics 就能进行个性化分析展示。

4）Dashboard 集中显示

Dashboard（仪表板）用于已保存可视化集合的统一展示。在编辑模式下，用户配置、调整可视化集合，并保存仪表板，以便根据最新的配置对数据进行展示。

单击左侧导航栏的 Dashboard，进入 Dashboard 创建页面，如图 4-46 所示。

单击 Create your first dashboard 进入创建页面，根据提示单击 Add 添加图表，此时将显示在 Visualize 中保存的各种图表，单击标题即可将该图表添加到 Dashboard 中，如图 4-47 所示。

添加好图表后的 Dashboard 如图 4-48 所示，用户可以根据自己的喜好拖动图表的位置以及图表的大小。Dashboard 还拥有自动刷新功能，用户单击顶部的 Auto-refresh 从列表中选择自动刷新时间，如图 4-49 所示。

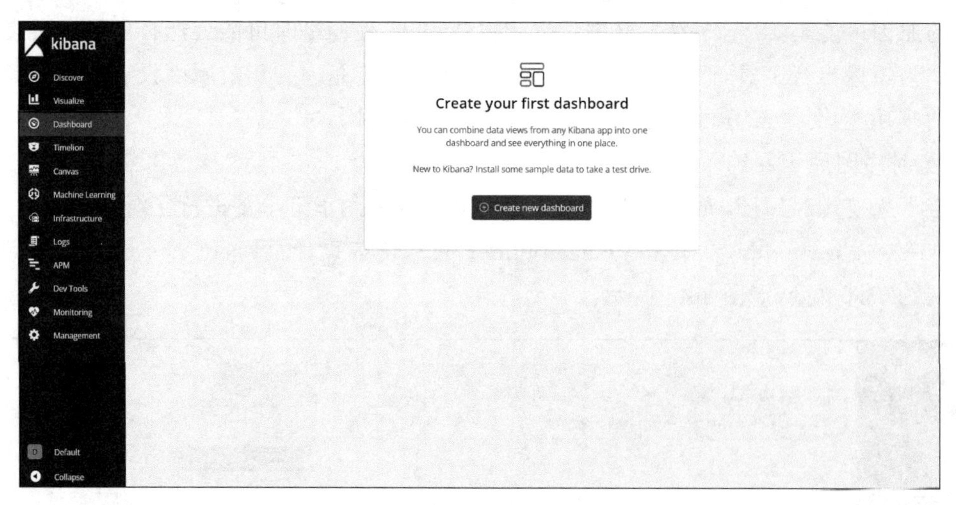

图 4-46 Dashboard 创建页面

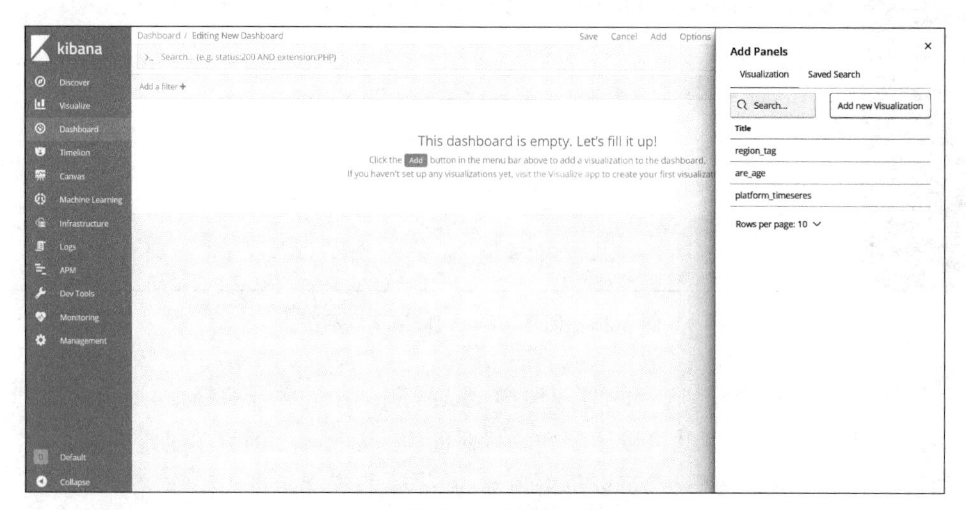

图 4-47 将图标添加到 Dashboard

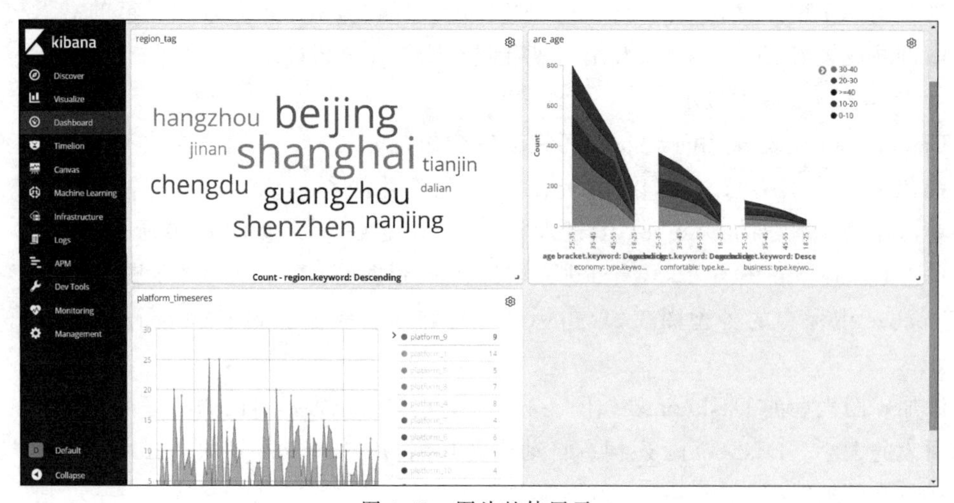

图 4-48 图片整体展示

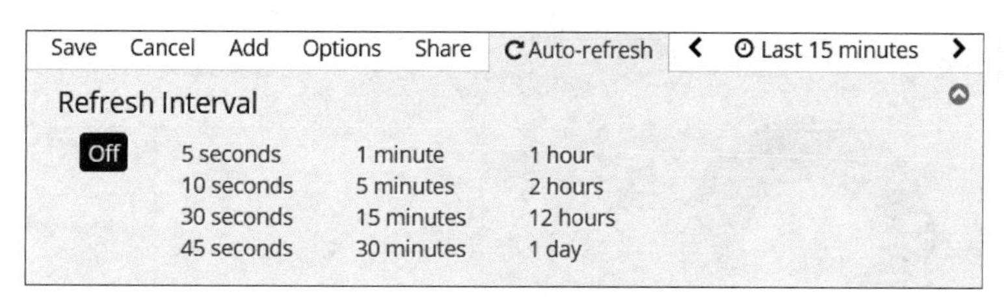

图 4-49　设置刷新时间

通过使用 Dashboard 将 3 张图表整合到一个页面中，用户可以从多个维度实时对数据进行分析，帮助用户更好地分析数据间的关联关系，挖掘数据内部的规则。

3. Canvas 数据分析

Canvas 是 Kibana 中新的可视化展现技术，能够非常自由灵活地对 Elasticsearch 中的数据进行可视化布局与展现，也可以实现非常酷炫的 Infographic 效果，对比使用传统的 Photoshop 设计出来的静态 Infographic，Kibana Canvas 设计出来的图都是使用真实数据，并且是实时更新和交互操作，非常适合展现复杂的报告，效果一流。

下面将使用 Canvas 进行数据分析，单击左侧导航栏的 Canvas，如图 4-50 所示。

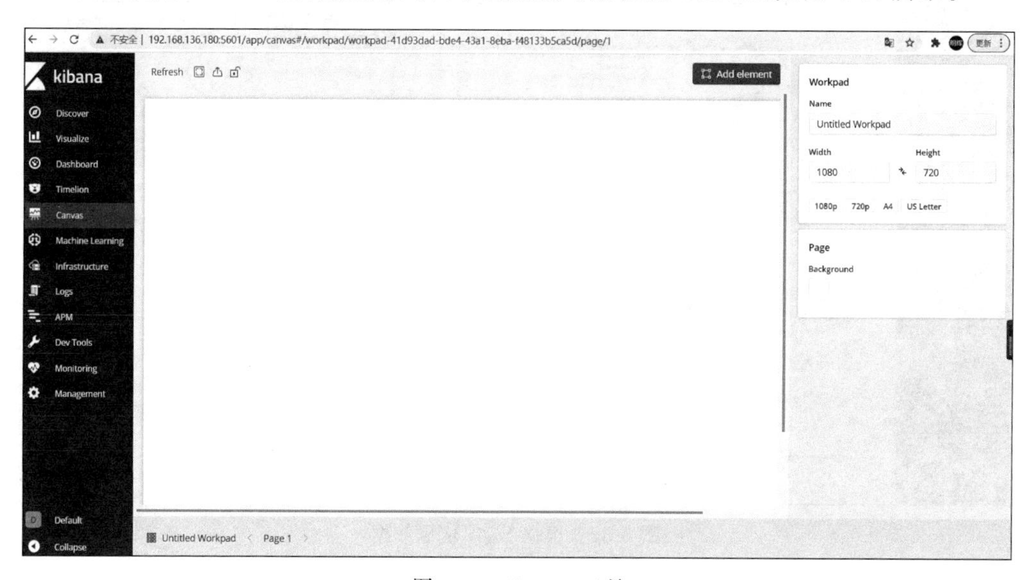

图 4-50　Canvas 工具

单击 Add element 添加图例，找到 Donut chart 后单击添加该元素到画布，如图 4-51 所示。

选中该元素，在右侧单击 Data→Change your data source→Elasticsearch SQL，如图 4-52 所示。

在 Elasticsearch SQL query 的文本框中输入 SELECT platform，COUNT(platform) FROM "logstash-onlinecar-2021-12-30" GROUP BY platform，单击 Preview 验证是否可以正常获得数据，无误后单击 Save 保存该设置。该语句的内容为查询当天不同网约车平台的订单数量，之后在 Selected Layer 下的 Display 进行配置，便可以查看各网约车平台订单数量的占比。Display 中的配置主要是设置 Slice Labels(切分标签)和 Slice Angles(切分角

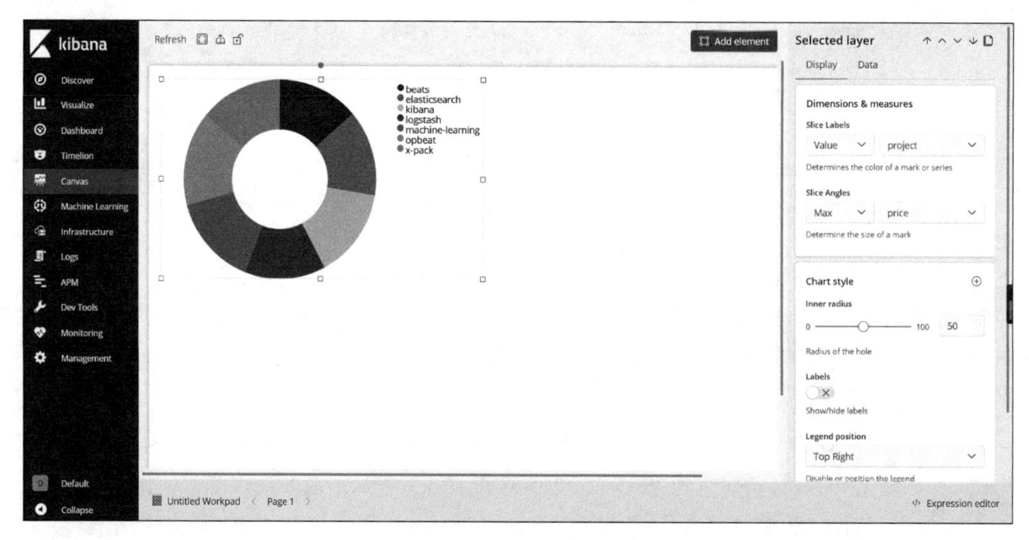

图 4-51　为画布添加元素

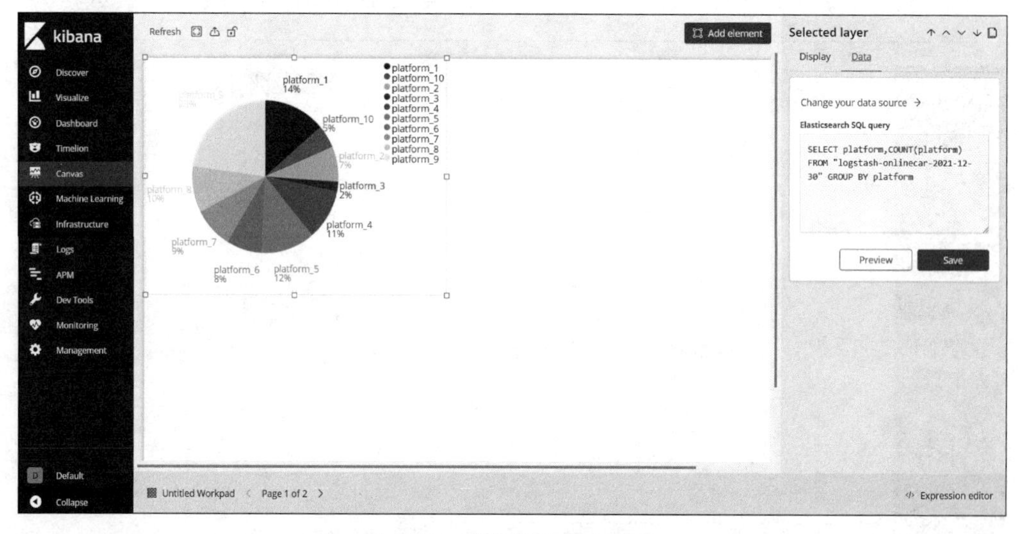

图 4-52　根据 SQL 显示数据

度)，切分标签使用 platform 作为切分类别，如图 4-53 所示。

添加柱状图，单击 Add element→Vertical bar chart 添加条形图，在 Selectd layer → Change your data source → Elasticsearch SQL 的 Elasticsearch SQL query 文本框内输入 SELECT platform, score FROM "logstash-onlinecar-2021-12-30"并保存。

在 Display 面板设置网约车平台种类作为 x 轴，设置不同网约车平台的平均用户评分作为 y 轴，并统计不同网约车平台用户评价的次数，如图 4-54 所示。

通过以上设置可以展示用户对不同网约车平台给出的评价次数和平均评分。从图 4-54 中可以看出，platform_9 的用户评分高于其他几个网约车平台。用户的评分高，那么相应地用户也就更喜欢使用该平台打车。

进一步地，对 platform_9 的车型结构组成进行分析。

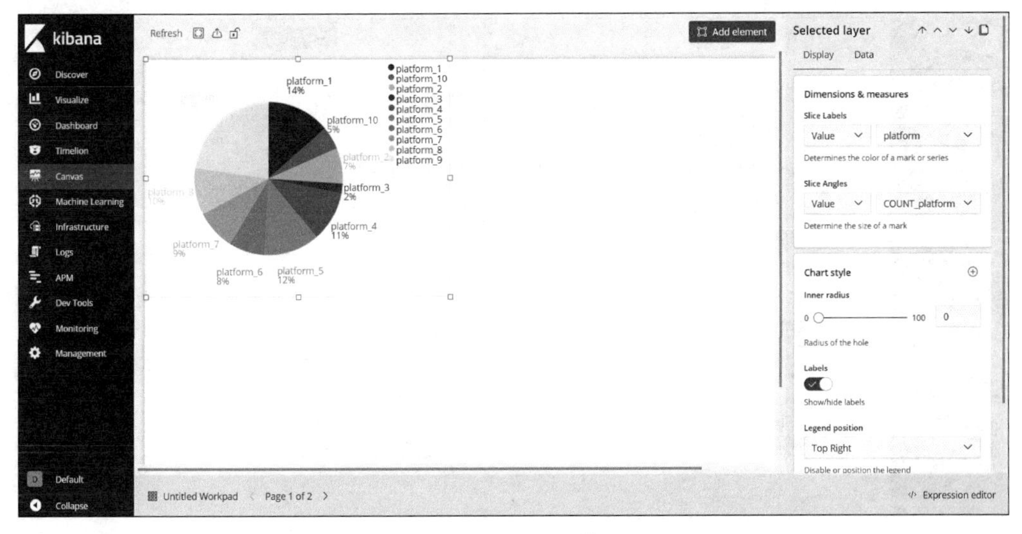

图 4-53 Display 设置

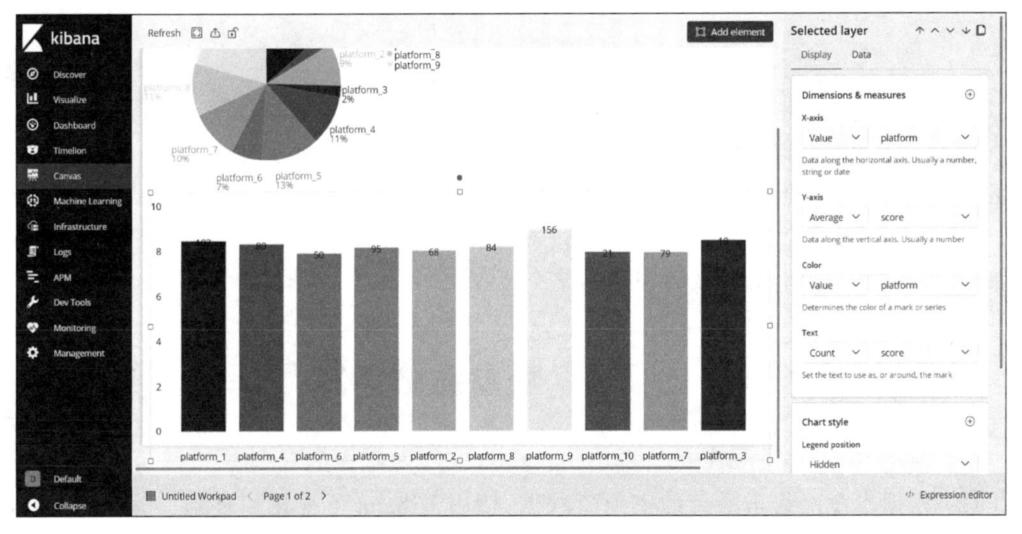

图 4-54 设置 Display

添加横条图，单击 Add element→Horizontal bar chart 添加横条图，在 Selectd layer → Change your data source → Elasticsearch SQL 的 Elasticsearch SQL query 文本框内输入 SELECT type FROM "logstash-onlinecar-2021-12-30" where platform = 'platform_1'并保存。在 Display 面板设置不同车型数量和作为 x 轴，设置 platform_9 的车型分类作为 y 轴，并统计 platform_9 不同车型的订单量，如图 4-55 所示。

通过以上设置可以展示网约车平台 platform_9 中不同车型结构组成以及不同车型的订单量。从图 4-55 中可以看出，platform_9 中占比最大的是经济车型，同时也兼顾了舒适和商务车型，因此能被大多数用户所喜爱。

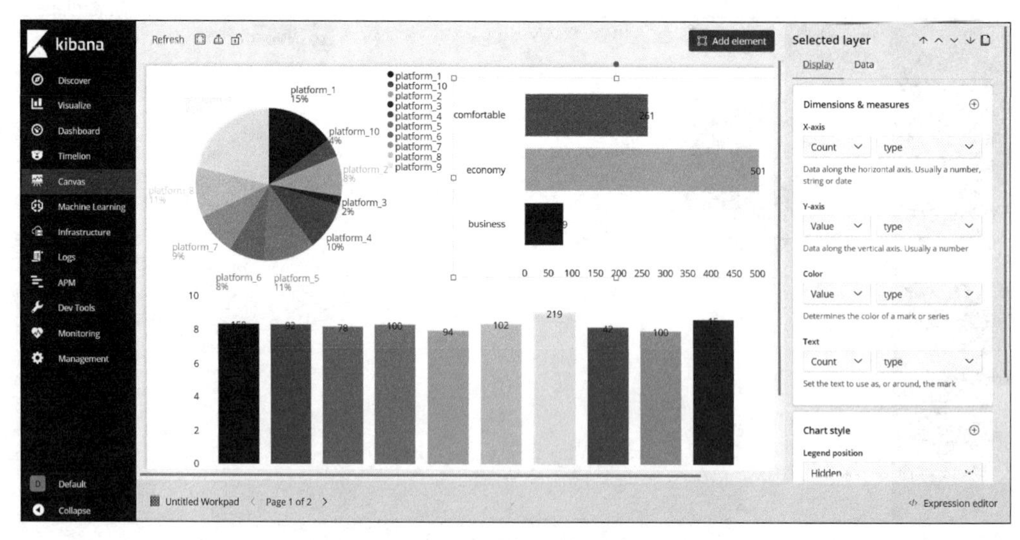

图 4-55　设置 x 轴和 y 轴统计数据

4.5　项目小结

通过本章的学习,可对 ELKF 平台各个组件的安装部署、基本使用和应用场景有个初步的个解和认识,体验了 ELKF 架构的使用简单、快速响应、扩展方便等特点。通过项目实训,学习和掌握了基于 Elasticsearch+Logstash+Kibana+Filebeat 的网约车平台日志数据收集、传输、过滤、存储、分析及可视化的整个流程。

4.6　项目拓展训练

4.6 拓展训练答案

(1) 使用 Filebeat 的 MySQL 模块,收集 MySQL 数据库的日志。

(2) 根据本章网约车平台的模拟流数据,使用 Kibana 可视化组件绘制图例,解决以下问题:为了避免用户恶意差评,舍弃评分小于 3 分的用车数据;为了避免网约车平台刷评分,舍弃评分大于 9.5 分的用车数据;分析用户平均评分最高和最低的网约车平台。

参考文献

[1] 中国信息通信研究院.大数据白皮书(2020年)[R/OL]. https://www.sohu.com/a/441190793_653604,2020-12-29.

[2] 方巍,郑玉,徐江. 大数据:概念、技术及应用研究综述[J]. 南京信息工程大学学报(自然科学版),2014,6(5):405-419.

[3] 刘智慧,张泉灵. 大数据技术研究综述[J]. 浙江大学学报(工学版),2014,48(6):957-972.

[4] 夏敏捷,尚展垒. Python爬虫超详细实战攻略[M]. 北京:清华大学出版社,2021.

[5] 黄源,何捷. 数据清洗[M]. 北京:清华大学出版社,2021.

[6] 齐文光. Python网络爬虫实例教程[M]. 北京:人民邮电出版社,2018.

[7] 谭志彬,邓立,吴子颖. 大数据综合实战案例教程[M]. 北京:机械工业出版社,2020.

[8] 曾剑平. Python爬虫大数据采集与挖掘[M]. 北京:清华大学出版社,2020.

[9] 林子雨.Spark课程综合实验案例:淘宝双11数据分析与预测[R/OL]. http://dblab.xmu.edu.cn/post/8116/,2019-2-05.

[10] 林子雨,郑海山,赖永炫. Spark编程基础(Python版)[M]. 北京:人民邮电出版社,2020.

[11] 安俊秀,靳宇倡,等. 云计算与大数据技术应用[M]. 北京:机械工业出版社,2021.

[12] 大讲台大数据研习社. Hadoop大数据技术基础及应用[M]. 北京:机械工业出版社,2019.

[13] 肖政宏,李俊杰,谢志明. 大数据技术与应用[M]. 北京:清华大学出版社,2020.

[14] 吕云翔,钟巧灵,张璐,等. 云计算与大数据技术[M]. 北京:清华大学出版社,2018.

[15] 林子雨.大数据技术原理与应用:概念、存储、处理、分析与应用[M].2版. 北京:人民邮电出版社,2017.

[16] Y.古普塔,R.K.古普塔. 精通Elastic Stack[M]. 高凯,等,译. 北京:清华大学出版社,2018.

[17] 饶琛琳. ELK stack权威指南[M]. 北京:机械工业出版社,2017.